高等院校数字化建设精品教材

首届黑龙江省教材建设奖优秀教材

U0220744

概率论与数理统计

主 编 赵 辉 罗来珍 袁丽丽

北京大学出版社

PEKING UNIVERSITY PRESS

内 容 简 介

本书是根据教育部高等学校大学数学课程教学指导委员会制定的非数学专业"概率论与数理统计"课程教学基本要求和全国硕士研究生入学统一考试数学考试大纲编写而成的数字化新媒体教材.本书结合了编者的黑龙江省精品在线开放课程"概率论与数理统计"与"概率统计习题及案例分析",是全新设计的三维立体化新形态概率论与数理统计教材.

本书共 12 章,内容包括随机事件及其概率、随机变量及其分布、多维随机变量及其分布、随机变量的数字特征、大数定律与中心极限定理、数理统计的基本概念、参数估计、假设检验、回归分析与方差分析、随机过程的基本概念、马尔可夫过程、平稳随机过程等内容.本书充分利用"互联网+教育"的教学优势,将精品在线开放课程与线下教学内容有机融合;在学习难度上注重循序渐进,并结合考研的实际情况,精选了大量的例题、习题与慕课资源,题型较为丰富,题量适中;书末附有部分习题参考答案及提示.本书具有层次清晰、结构严谨等特点.

本书可作为高等学校理工类、经管类、农林类等相关专业的线下教学用书,还可作为线上线下混合式教学用书、线上教学用书及教学参考书.

图书在版编目(CIP)数据

概率论与数理统计/赵辉,罗来珍,袁丽丽主编.—北京:北京大学出版社,2020.8
ISBN 978-7-301-31557-6

Ⅰ.①概… Ⅱ.①赵… ②罗… ③袁… Ⅲ.①概率论—高等学校—教材 ②数理统计—高等学校—教材 Ⅳ.①O21

中国版本图书馆 CIP 数据核字(2020)第 156384 号

书　　　名	概率论与数理统计
	GAILÜLUN YU SHULI TONGJI
著作责任者	赵　辉　罗来珍　袁丽丽　主编
责 任 编 辑	潘丽娜
标 准 书 号	ISBN 978-7-301-31557-6
出 版 发 行	北京大学出版社
地　　　址	北京市海淀区成府路 205 号　100871
网　　　址	http://www.pup.cn
电 子 信 箱	zpup@pup.cn
新 浪 微 博	@北京大学出版社
电　　　话	邮购部 010-62752015　发行部 010-62750672　编辑部 010-62752021
印 刷 者	长沙超峰印刷有限公司
经 销 者	新华书店
	787 毫米×1092 毫米　16 开本　14.75 印张　369 千字
	2020 年 8 月第 1 版　2022 年 8 月第 3 次印刷
定　　　价	46.00 元

前　言

本书是根据教育部高等学校大学数学课程教学指导委员会制定的非数学专业"概率论与数理统计"课程教学基本要求及全国硕士研究生入学统一考试数学考试大纲的内容和要求编写而成的,适合高等学校理工类、经管类、农林类等相关专业学生使用.

在"互联网＋教育"时代,随着大数据、云计算和人工智能的迅猛发展,对"概率论与数理统计"这门课程提出了全新要求,传统的教材已经不能适应新时期高等教育改革的需要,尤其是在"双一流"建设背景下,新工科、新商科的发展如火如荼,"概率论与数理统计"课程的教材改革势在必行.

在本书的编写过程中,编者力求使教材的体系和内容符合一流本科教育背景下课程改革的总体目标,兼顾许多学生报考硕士研究生的要求,吸取国内外优秀教材的精华,融入编者多年来在"概率论与数理统计"课程教学中积累的实际教学经验,同时充分利用线上的优秀教学资源,在传统平面教材的基础上,打造数字化新媒体教材.在内容安排上,注重以鲜活的课程案例为背景,切入相关知识内容,对于客观现象进行深入分析,并给出解决问题的概率方案,该设计有利于激发学生的学习兴趣,教会学生学以致用,培养学生的应用意识和综合运用数学理论方法解决实际问题的能力.在教学方式上,以创新的教学设计强化"以学生为教学主体"的教学理念,注重启发式、引导式等各种教学方法的使用,强调教学中的实时互动,调动学生的学习兴趣,增强学生的学习热情,最终实现学生学习效果的有效达成.

概率论与数理统计是一门研究随机现象的学科,是在推广了传统的数理逻辑的基础上公理化形成的,其内容和方法在许多领域都有较多的应用,其概念、思想和方法与经典的数学理论有较大的区别.在教学过程中,学生要特别重视总结有关概念、定理和命题,教师要充分利用习题课、实际案例与相关慕课资源增强学生的认知能力.同时学生也可以通过课程链接或二维码的方式进入线上慕课学习,与线下教学内容有机融合,实现该课程学习的二次升华.

本书内容所需学时为 80～100 学时.对于要求不同的专业(如某些专业不需要讲随机过程部分或数理统计部分),可适当删减部分内容和略去某些定理的证明过程,因此本书也适用 40～60 学时的概率论与数理统计课程.本书内容分为概率论(第 1 章～第 5 章)、数理统计(第 6 章～第 9 章)、随机过程(第 10 章～第 12 章)这三个部分,数理统计和随机过程两个部分是相互独立的,可根据专业的需要选用.赵辉(编写第 9 章～第 12 章,并负责全书的统稿工作)、罗来珍(编写第 1 章～第 4 章)、袁丽丽(编写第 5 章～第 8 章)共同完成全书的编写工作,付小军、陈会利筹备了配套教学资源,魏楠、陈平提供了版式和装帧设计方案.本书的编写得到了哈尔滨理工大学教务处和数学系的大力支持,在此一并深表感谢.

由于水平所限,书中不妥之处在所难免,殷切地希望广大读者批评指正,以便不断改进和完善.

编　者

概率论与数理统计

习题及案例分析

目　　录

第1章

随机事件及其概率

    自然界和人类社会中存在多种多样的现象.有一类现象是可以事先预见的,即在一定条件下必然发生.例如,向上抛一石子必然下落,异性电荷必定互相吸引,等等.这类现象称为**必然现象**(或**确定性现象**).还有一类现象,例如,抛掷一枚硬币,其结果可能是正面朝上,也可能是反面朝上;从一批产品中任取一件,取出的产品可能是次品,也可能是正品.这类可能出现的结果不止一个,而事先也不能确定哪个结果发生,带有不确定性的现象称为**随机现象**(或**偶然现象**).

    为了研究随机现象,可以在相同的条件下对其做多次重复的实验或观察.例如,反复地抛掷一枚硬币,从中就会看到,尽管每一次抛掷其结果带有偶然性,但在反复抛掷过程中,正面朝上(或反面朝上)出现的次数大致有一半,呈现出较强的统计规律性.概率论与数理统计是一门研究和揭示随机现象统计规律性的数学学科,它的理论和方法在科学技术领域、工农业和国民经济各部门都有广泛的应用.

§1.1 随机事件和样本空间

1.1.1 随机试验

    为了研究某种随机现象而对其进行的实验或观察,称为**随机试验**,简称**试验**,通常用大写字母 E 表示.随机试验的例子有很多,例如,抛掷一枚硬币,观察是正面 H 朝上,还是反面 T 朝上;掷一颗骰子,观察出现的点数;在一批电子器件中任取一只,测试其寿命;等等.随机试验具有以下特点:

    (1) 在相同条件下可以重复进行;

    (2) 每次试验的可能结果不止一个,并且事先可以知道试验的所有可能结果;

    (3) 在试验之前,并不能确定哪一个结果会出现.

1.1.2 样本空间

    在随机试验中,可能出现的结果不止一个,事先无法确定哪个结果出现,但能知道随机试验的所有结果可能有哪些. 随机试验 E 的所有可能结果组成的集合称为 E 的**样本空间**,记为 U. 样本空间 U 中的元素,即 E 的每个结果,称为**样本点**.

例 1.1.1

抛掷一枚硬币,观察正面 H 和反面 T 出现的情况. 这时所有可能出现的结果有两个:出现正面 H、出现反面 T,故样本空间为 $U = \{H, T\}$.

例 1.1.2

将一枚硬币抛掷三次,观察正面 H 和反面 T 出现的情况,所得样本空间为
$$U = \{HHH, HHT, HTH, THH, HTT, THT, TTH, TTT\}.$$

例 1.1.3

将一枚硬币抛掷三次,观察正面 H 出现的次数,可知样本空间为 $U = \{0, 1, 2, 3\}$.

例 1.1.4

掷一颗骰子,观察出现的点数. 这时所有可能出现的结果为 1 点 ~ 6 点,所以样本空间为
$$U = \{1, 2, 3, 4, 5, 6\}.$$

例 1.1.5

在一批电子器件中任意抽取一只,测试它的寿命,其样本空间为 $U = \{t \mid t \geqslant 0\}$.

要注意的是,样本空间中的元素是由试验的目的所确定的. 例如,在例 1.1.2 和例 1.1.3 中,同样是将一枚硬币抛掷三次,由于试验的目的不一样,所以其样本空间也不一样.

1.1.3　随机事件

我们把随机试验 E 的样本空间 U 的子集称为 E 的**随机事件**,简称**事件**,通常用大写字母 A,B,C 等表示.

我们称事件 A 发生当且仅当 A 中的一个样本点出现.

特别地,由一个样本点组成的单点集,称为**基本事件**. 样本空间 U 包含所有的样本点,它是 U 自身的子集,在每次试验中它总是发生的,称为**必然事件**. 空集 $\varnothing$ 不包含任何样本点,它也是样本空间的子集,在每次试验中都不发生,称为**不可能事件**.

必然事件和不可能事件的发生与否,已经失去了"不确定性",因而本质上它们不是随机事件,但为了研究方便,还是把它们作为随机事件的两个极端情形来处理.

例如,在例 1.1.4 中,若用 A 表示"出现点数为偶数",B 表示"出现点数小于 3",则 A,B 均为随机事件,其中 $A = \{2, 4, 6\}$,$B = \{1, 2\}$,而事件"出现点数小于或者等于 6"为必然事件,事件"出现点数大于 6"为不可能事件.

1.1.4　**事件之间的关系与运算**

在一个样本空间 U 中,可以有很多的随机事件. 概率论的任务之一是研究随机事件的规律,通过对较简单事件规律的研究,从而掌握更复杂事件的规律. 为此,我们需要研究事件之间的关系与运算. 由于事件实质上是集合,因此事件之间的关系与运算可以用集合之间的关系与运算来处理. 下面我们给出这些关系与运算在概率论中的提法及其含义.

(1) 若 $A \subset B$,则称事件 B **包含**事件 A. 它的含义是指事件 A 发生,必然导致事件 B 发生.

对于任一事件 A,有 $\varnothing \subset A \subset U$.

若 $A \subset B$ 且 $B \subset A$,即 $A = B$,则称事件 A 与事件 B **相等**.易知,相等的两个事件 A,B 总是同时发生或同时不发生.

(2) 事件 $A \bigcup B = \{x \mid x \in A \text{ 或 } x \in B\}$,称为事件 A 与事件 B 的**和事件**.它的含义是指事件 A 与事件 B 至少有一个发生.

类似地,$\bigcup\limits_{k=1}^{n} A_k$ 称为 n 个事件 $A_1, A_2, \cdots, A_n$ 的和事件;$\bigcup\limits_{k=1}^{\infty} A_k$ 称为可列个事件 $A_1, A_2, \cdots$ 的和事件.

(3) 事件 $A \bigcap B = \{x \mid x \in A \text{ 且 } x \in B\}$,称为事件 A 与事件 B 的**积事件**,简记为 AB.它的含义是指事件 A 与事件 B 同时发生.

类似地,$\bigcap\limits_{k=1}^{n} A_k$ 称为 n 个事件 $A_1, A_2, \cdots, A_n$ 的积事件;$\bigcap\limits_{k=1}^{\infty} A_k$ 称为可列个事件 $A_1, A_2, \cdots$ 的积事件.

(4) 若 $A \bigcap B = \varnothing$,则称事件 A 与事件 B 是**互不相容**(或**互斥**)的.它的含义是指事件 A 与事件 B 不能同时发生.显然,基本事件是两两互不相容的.

(5) 若 $A \bigcup B = U$ 且 $AB = \varnothing$,则称事件 A 与事件 B 互为**对立事件**(或**逆事件**).它的含义是指每次试验中,事件 A 与事件 B 必有一个发生,且仅有一个发生.事件 A 的对立事件记为 $\overline{A}$,$\overline{A}$ 表示 A 不发生.

(6) 事件 $A - B = \{x \mid x \in A \text{ 且 } x \notin B\}$,称为事件 A 与事件 B 的**差事件**.它的含义是指事件 A 发生而事件 B 不发生.显然,$A - B = A\overline{B}$.

由集合论可知,事件之间的运算满足以下法则:

设 A, B, C 为事件,则有

(1) **交换律**　　$A \bigcup B = B \bigcup A, AB = BA$;

(2) **结合律**　　$(A \bigcup B) \bigcup C = A \bigcup (B \bigcup C),(AB)C = A(BC)$;

(3) **分配律**　　$(A \bigcup B)C = (AC) \bigcup (BC),(AB) \bigcup C = (A \bigcup C)(B \bigcup C)$;

(4) **德摩根**(De Morgan)**律**　　$\overline{A \bigcup B} = \overline{A}\,\overline{B},\overline{AB} = \overline{A} \bigcup \overline{B}$.

例 1.1.6

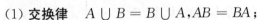

将一颗骰子抛掷两次,用 A_1 表示事件"第一次出现 2 点",A_2 表示事件"两次出现点数之和为 8",则

$$A_1 = \{(2,1),(2,2),(2,3),(2,4),(2,5),(2,6)\},$$
$$A_2 = \{(2,6),(3,5),(4,4),(5,3),(6,2)\},$$
$$A_1 \bigcap A_2 = \{(2,6)\},$$
$$A_2 - A_1 = \{(3,5),(4,4),(5,3),(6,2)\}.$$

习题 1.1

1.写出下列随机试验的样本空间:

(1) 同时抛掷三枚硬币,观察正面 H 和反面 T 出现的情况;

(2) 一口袋中有 5 个红球,8 个白球,随机取出 4 个球,记录红球出现的个数;

(3) 有三个盒子 A,B,C,三个球 a,b,c,将三个球装入三个盒中,每个盒子装一个球,观察装球的情况;

(4) 同时抛掷两颗骰子,观察它们的点数之和;

(5) 将一尺之棰折成三段,观察各段的长度;

(6) 从 1,2,3 这三个数中任意抽取两次(不放回),每次取一个,用 (x,y) 表示样本点,其中 x 表示第一次取到

的数字, y 表示第二次取到的数字.

2. 设 A,B,C,D 为四个随机事件, 用 A,B,C,D 之间的运算关系式表示下列事件:

(1) A,B 不发生, C,D 都发生;

(2) A,B,C,D 中至少有一个发生;

(3) A,B,C,D 中恰有一个发生;

(4) A,B,C,D 中至多有一个发生;

(5) A,B,C,D 都不发生;

(6) A,B,C,D 都发生.

3. 在一批产品中随机抽取 5 件, 每次取一件, 用 $A_i(i=1,2,3,4,5)$ 表示事件"第 i 次抽取的是次品", 试用 A_i 表示下列事件:

(1) 没有抽到次品;

(2) 至少抽到一件次品;

(3) 抽到的都是次品.

§1.2　频率与概率

1.2.1　频率

一个随机试验有多种可能的结果, 虽然事先无法确定某一事件(除必然事件和不可能事件外) 会不会发生, 但人们希望知道这一事件发生的可能性有多大. 设 E 为一随机试验, A 为其中任一事件, 在相同条件下进行了 n 次试验, n_A 表示事件 A 在这 n 次试验中发生的次数. 比值 $\frac{n_A}{n}$ 反映了事件 A 发生的频繁程度, $\frac{n_A}{n}$ 的值越大, 事件 A 发生越频繁, 也意味着事件 A 发生的可能性越大, 因此 $\frac{n_A}{n}$ 在某种意义上反映了事件 A 发生的可能性大小.

称比值 $\frac{n_A}{n}$ 为事件 A 在 n 次试验中发生的**频率**, 记为 $f_n(A)$. 显然, $f_n(A)$ 具有下列性质:

(1) $0 \leqslant f_n(A) \leqslant 1$;

(2) $f_n(U) = 1$;

(3) 若 $A_1, A_2, \cdots, A_n$ 是两两互不相容的 n 个事件, 则有

$$f_n(A_1 \bigcup A_2 \bigcup \cdots \bigcup A_n) = \sum_{i=1}^{n} f_n(A_i).$$

历史上许多人做过抛掷硬币的试验, 得到的数据如表 1-1 和表 1-2 所示, 其中 n 为试验次数, n_H 为出现正面的次数, $f_n(H)$ 为出现正面的频率.

表 1 - 1

试验序号	$n = 5$		$n = 50$		$n = 500$	
	n_H	$f_n(H)$	n_H	$f_n(H)$	n_H	$f_n(H)$
1	2	0.4	22	0.44	251	0.502
2	3	0.6	25	0.50	249	0.498
3	1	0.2	21	0.42	256	0.512
4	5	1.0	25	0.50	253	0.506
5	1	0.2	24	0.48	251	0.502
6	2	0.4	21	0.42	246	0.492
7	4	0.8	18	0.36	244	0.488
8	2	0.4	24	0.48	258	0.516
9	3	0.6	27	0.54	262	0.524
10	3	0.6	31	0.62	247	0.494

表 1 - 2

试验者	n	n_H	$f_n(H)$
德摩根	2 048	1 061	0.518 1
蒲丰(Buffon)	4 040	2 048	0.506 9
皮尔逊(Pearson)	12 000	6 019	0.501 6
皮尔逊	24 000	12 012	0.500 5

从上述数据可以看出, 频率 $f_n(H)$ 具有下列特征:

(1) 频率具有随机波动性, 即对于同样的 n, 所得的 $f_n(H)$ 不尽相同;

(2) 当 n 较小时, $f_n(H)$ 的随机波动性较大, 而随着 n 增大, $f_n(H)$ 在 0.5 附近摆动, 并逐渐趋于稳定.

由此可见, 尽管频率在一定程度上反映了事件 A 发生的可能性大小, 但由于 $f_n(A)$ 与试验次数 n 有关, 且具有随机波动性, 所以用 $f_n(A)$ 去定义某事件 A 在一次试验中发生的可能性大小不尽合理. 人们希望用一个与试验次数无关且无随机波动性的适当的数来度量事件 A 在一次试验中发生的可能性大小. 受频率的启发, 我们给出概率的公理化定义.

1. 2. 2　概率

定义 1.2.1　设 E 为随机试验, U 是它的样本空间. 对于 E 的每一个事件 A 赋予一个实数, 记为 $P(A)$, 若 $P(A)$ 满足下列条件:

(1) **非负性**　$P(A) \geqslant 0$;

(2) **规范性**　$P(U) = 1$;

(3) **可列可加性**　若 $A_1, A_2, \cdots$ 是两两互不相容的事件, 则

$$P(A_1 \bigcup A_2 \bigcup \cdots) = P(A_1) + P(A_2) + \cdots, \tag{1.2.1}$$

则称 $P(A)$ 为事件 A 的**概率**.

由以上概率的公理化定义可知, 概率是随机事件的函数, 可以推得概率的一些重要性质.

性质 1.2.1　$P(\varnothing) = 0$.

证　令 $A_n = \varnothing (n = 1, 2, \cdots)$, 则 $\bigcup_{n=1}^{\infty} A_n = \varnothing$, 且 $A_i A_j = \varnothing (i \neq j; i, j = 1, 2, \cdots)$. 由概率

的可列可加性得

$$P(\varnothing) = P\Big(\bigcup_{n=1}^{\infty} A_n\Big) = \sum_{n=1}^{\infty} P(A_n) = \sum_{n=1}^{\infty} P(\varnothing).$$

由于 $P(\varnothing) \geqslant 0$,故得 $P(\varnothing) = 0$.

〔**性质 1.2.2**〕　若 $A_1, A_2, \cdots, A_n$ 是两两互不相容的事件,则

$$P(A_1 \bigcup A_2 \bigcup \cdots \bigcup A_n) = \sum_{i=1}^{n} P(A_i). \tag{1.2.2}$$

式(1.2.2)称为概率的**有限可加性**.

证　令 $A_{n+1} = A_{n+2} = \cdots = \varnothing$,则 $A_i A_j = \varnothing (i \neq j; i, j = 1, 2, \cdots)$. 由概率的可列可加性得

$$\begin{aligned} P(A_1 \bigcup A_2 \bigcup \cdots \bigcup A_n) &= P\Big(\bigcup_{k=1}^{\infty} A_k\Big) = \sum_{k=1}^{\infty} P(A_k) \\ &= P(A_1) + P(A_2) + \cdots + P(A_n) + P(\varnothing) + P(\varnothing) + \cdots \\ &= P(A_1) + P(A_2) + \cdots + P(A_n) = \sum_{i=1}^{n} P(A_i). \end{aligned}$$

〔**性质 1.2.3**〕　设 A, B 为两个事件. 若 $A \subset B$,则

$$P(B - A) = P(B) - P(A), \tag{1.2.3}$$
$$P(B) \geqslant P(A). \tag{1.2.4}$$

证　由 $A \subset B$ 可知,$B = A \bigcup (B - A)$,且 $A \bigcap (B - A) = \varnothing$,则由性质 1.2.2 得

$$P(B) = P(B - A) + P(A),$$

即

$$P(B - A) = P(B) - P(A).$$

由概率的公理化定义可知,$P(B - A) \geqslant 0$,即

$$P(B) \geqslant P(A).$$

〔**性质 1.2.4**〕　对于任一事件 A,有 $P(A) \leqslant 1$.

证　由于 $A \subset U$,则由性质 1.2.3 可得

$$P(A) \leqslant P(U) = 1.$$

〔**性质 1.2.5(逆事件的概率)**〕　对于任一事件 A,有 $P(\overline{A}) = 1 - P(A)$.

证　由于 $A \bigcup \overline{A} = U$,且 $A \bigcap \overline{A} = \varnothing$,则由性质 1.2.2 得

$$1 = P(U) = P(A \bigcup \overline{A}) = P(A) + P(\overline{A}),$$

即

$$P(\overline{A}) = 1 - P(A).$$

〔**性质 1.2.6(加法公式)**〕　对于任意两个事件 A, B,有

$$P(A \bigcup B) = P(A) + P(B) - P(AB). \tag{1.2.5}$$

证　由于 $A \bigcup B = A \bigcup (B - AB)$(见图 1-1),且 $A \bigcap (B - AB) = \varnothing$,则由性质 1.2.2 及性质 1.2.3 得

$$P(A \bigcup B) = P(A) + P(B - AB) = P(A) + P(B) - P(AB).$$

式(1.2.5)还可以推广到多个事件的情形. 例如,对于任意三个事件 A_1, A_2, A_3,有

图 1-1

$$P(A_1 \bigcup A_2 \bigcup A_3) = P(A_1) + P(A_2) + P(A_3) - P(A_1 A_2)$$
$$- P(A_2 A_3) - P(A_1 A_3) + P(A_1 A_2 A_3). \tag{1.2.6}$$

一般地,对于任意 n 个事件 $A_1, A_2, \cdots, A_n$,有

$$P(A_1 \bigcup A_2 \bigcup \cdots \bigcup A_n) = \sum_{i=1}^{n} P(A_i) - \sum_{1 \leqslant i < j \leqslant n} P(A_i A_j) + \sum_{1 \leqslant i < j < k \leqslant n} P(A_i A_j A_k)$$
$$+ \cdots + (-1)^{n+1} P(A_1 A_2 \cdots A_n). \tag{1.2.7}$$

习题 1.2

1. 设事件 A, B 都不发生的概率为 0.3,且 $P(A) + P(B) = 0.8$,求 A, B 中至少有一个不发生的概率.

2. 设有两事件 A, B,已知 $P(A) = \dfrac{1}{2}$.

(1) 若 A, B 互不相容,求 $P(A\overline{B})$;

(2) 若 $P(AB) = \dfrac{1}{8}$,求 $P(A\overline{B})$.

3. 设 $P(A) = 0.7, P(A - B) = 0.3, P(B - A) = 0.2$,求 $P(AB), P(\overline{A}\,\overline{B})$.

4. 设事件 A, B 互不相容,$P(A) = 0.4$.

(1) 若 $P(A \bigcup B) = 0.7$,求 $P(B)$;

(2) 若 $P(B) = 0.3$,求 $P(\overline{A}\,\overline{B}), P(\overline{A} \bigcup B)$.

5. 设 A, B 是两事件,且 $P(A) = 0.6, P(B) = 0.7$. 问:

(1) 在什么条件下 $P(AB)$ 取到最大值,最大值是多少?

(2) 在什么条件下,$P(AB)$ 取到最小值,最小值是多少?

6. 设 $AB \subset C$,试证:$P(A) + P(B) - P(C) \leqslant 1$.

§1.3 古 典 概 型

定义 1.3.1 若一个随机试验具有下列特点:

(1) 试验的样本空间中包含有限个基本事件,即
$$U = \{e_1, e_2, \cdots, e_n\};$$

(2) 试验中每个基本事件 e_i 发生的可能性相同,

则称这种随机试验为**等可能概型**(或**古典概型**).

在古典概型中很容易得到事件概率的计算公式.

设试验的样本空间 $U = \{e_1, e_2, \cdots, e_n\}$. 由于在试验中每个基本事件发生的可能性相同,则有
$$P(e_1) = P(e_2) = \cdots = P(e_n).$$
又由于基本事件是两两互不相容的,于是
$$1 = P(U) = P(e_1) + P(e_2) + \cdots + P(e_n) = nP(e_i),$$
故有

$$P(e_i) = \frac{1}{n} \quad (i = 1, 2, \cdots, n).$$

如果试验的样本空间中含有 n 个基本事件,而事件 A 中包含 k 个基本事件,则

$$P(A) = \frac{k}{n} = \frac{A \text{ 中包含的基本事件数}}{U \text{ 中基本事件总数}}. \tag{1.3.1}$$

式(1.3.1)就是古典概型中事件 A 的概率计算公式.

例 1.3.1

在 $0,1,2,3,4,5,6$ 这七个数中任取一个数,用 A 表示"取得奇数"这一事件,求 $P(A)$.

解 样本空间 $U=\{0,1,2,3,4,5,6\}$,基本事件总数 $n=7$,而事件 $A=\{1,3,5\}$,A 中包含的基本事件数 $k=3$,因此

$$P(A)=\frac{k}{n}=\frac{3}{7}.$$

因为 $\overline{A}$ 表示 A 的对立事件,在这里是指"取得偶数"这一事件,于是由事件运算的性质可知

$$P(\overline{A})=1-P(A)=\frac{4}{7}.$$

当样本空间中的元素较多时,为了避免烦琐,可以不必将 U 与 A 中的元素一一列出,只需求出 U 与 A 中包含基本事件的个数,再根据式(1.3.1)求出 $P(A)$.

例 1.3.2

在某批产品中有 a 件正品,b 件次品,采用有放回抽样与不放回抽样两种方式从中取出两件产品,求:

(1) 取到的两件产品均为正品的概率;

(2) 取到的两件产品中至少有一件是次品的概率.

解 用 A 表示事件"取到的两件产品均为正品",用 B 表示事件"取到的两件产品中至少有一件是次品".易知,$B=\overline{A}$.

(1) 有放回抽样方式.第一次有 $a+b$ 件产品可抽取,第二次仍有 $a+b$ 件产品可抽取,因此样本空间 U 中包含 $(a+b)\cdot(a+b)=(a+b)^2$ 个基本事件. 对于事件 A,第一次有 a 件产品可抽取,第二次仍有 a 件产品可抽取,即 A 中包含 $a\cdot a=a^2$ 个基本事件,因此

$$P(A)=\frac{a^2}{(a+b)^2},\quad P(B)=P(\overline{A})=1-P(A)=\frac{2ab+b^2}{(a+b)^2}.$$

(2) 不放回抽样方式. 这时,易知样本空间 U 中包含 $(a+b)\cdot(a+b-1)$ 个基本事件,而事件 A 中包含 $a\cdot(a-1)$ 个基本事件,于是

$$P(A)=\frac{a(a-1)}{(a+b)(a+b-1)},\quad P(B)=1-P(A)=\frac{2ab+b^2-b}{(a+b)(a+b-1)}.$$

例 1.3.3

将 N 个球随机地放入 n 个盒子中($n>N$),试求每个盒子中最多有一个球的概率.

解 先求 N 个球随机地放入 n 个盒子的方法总数.因为每个球都可以放入 n 个盒子中的任意一个,有 n 种不同的放法,所以 N 个球放入 n 个盒子共有 $\underbrace{n\cdot n\cdots\cdot n}_{N\uparrow n}=n^N$ 种不同的放法.

再求事件 $A=$ "每个盒子中最多有一个球"的概率.第一个球可以放入 n 个盒子之一,有 n 种放法;第二个球只能放入余下的 $n-1$ 个盒子之一,有 $n-1$ 种放法……第 N 个球只能放入余下的 $n-N+1$ 个盒子之一,有 $n-N+1$ 种放法,所以共有 $n(n-1)\cdots(n-N+1)$ 种不同的放法. 故得事件 A 的概率为

$$P(A)=\frac{n(n-1)\cdots(n-N+1)}{n^N}=\frac{\mathrm{A}_n^N}{n^N}.$$

有很多问题与例1.3.3具有相同的数学模型.例如,假设一年按365天计算,每人的生日在一

年 365 天中的任一天是等可能的,即都等于 $\frac{1}{365}$,那么随机抽取 $n(n \leqslant 365)$ 个人,他们的生日各不相同的概率为

$$\frac{365 \times 364 \times \cdots \times (365-n+1)}{365^n}.$$

因此,n 个人中至少有两个人的生日相同的概率为

$$p = 1 - \frac{365 \times 364 \times \cdots \times (365-n+1)}{365^n}.$$

对不同的 n 计算概率 p,结果如表 1-3 所示.

表 1-3

n	20	30	40	50	64
p	0.410	0.706	0.891	0.970	0.997

从以上数据可以看出,在仅有 64 人的班级里,"至少有两个人的生日相同"这一事件的概率与 1 相差无几. 读者不妨在生活中进行验证.

例 1.3.4

有 18 本书,其中有 3 本文学书. 将这 18 本书平均分给甲、乙、丙 3 人,求:

(1) 3 人各分到一本文学书的概率;

(2) 3 本文学书都分给甲的概率;

(3) 3 本文学书分给同一人的概率.

解　样本空间包含的基本事件总数为

$$C_{18}^6 C_{12}^6 C_6^6 = \frac{18!}{6! \times 6! \times 6!}.$$

(1) 将 3 本文学书分给每人一本的分法共有 3! 种,剩余的 15 本书平均分给 3 人的分法共有 $\frac{15!}{5! \times 5! \times 5!}$ 种,因此"3 人各分到一本文学书"这一事件包含的基本事件数为

$$\frac{3! \times 15!}{5! \times 5! \times 5!}.$$

于是,所求概率为

$$p_1 = \frac{\dfrac{3! \times 15!}{5! \times 5! \times 5!}}{\dfrac{18!}{6! \times 6! \times 6!}} = \frac{9}{34}.$$

(2) "3 本文学书都分给甲"这一事件包含的基本事件数为

$$C_{15}^3 C_{12}^6 C_6^6 = \frac{15!}{3! \times 6! \times 6!}.$$

于是,所求概率为

$$p_2 = \frac{\dfrac{15!}{3! \times 6! \times 6!}}{\dfrac{18!}{6! \times 6! \times 6!}} = \frac{5}{204}.$$

(3) 将 3 本文学书分给同一人的分法有 3 种,剩余的 15 本书平均分给 3 人的分法共有 $\frac{15!}{3! \times 6! \times 6!}$ 种,因此"3 本文学书分给同一人"这一事件包含的基本事件数为

$$\frac{3 \times 15!}{3! \times 6! \times 6!}.$$

于是,所求概率为

$$p_3 = \frac{\dfrac{3 \times 15!}{3! \times 6! \times 6!}}{\dfrac{18!}{6! \times 6! \times 6!}} = \frac{5}{68}.$$

例 1.3.5

设有 N 件产品,其中有 m 件次品,从中不放回地随机抽取 n 件,问:其中恰有 $k(k \leqslant m)$ 件次品的概率是多少?

解 从 N 件产品中抽取 n 件,所有可能的取法共有 C_N^n 种,而在 m 件次品中取 k 件,不同的取法有 C_m^k 种,在 $N-m$ 件正品中取 $n-k$ 件,不同的取法有 C_{N-m}^{n-k} 种.所以,从 N 件产品中抽取 n 件使得其中恰有 $k(k \leqslant m)$ 件次品的所有可能的不同取法有 $C_m^k C_{N-m}^{n-k}$ 种.于是,所求概率为

$$p = \frac{C_m^k C_{N-m}^{n-k}}{C_N^n}.$$

常称此概率为**超几何概率**.

习题 1.3

1. 将 10 本书任意放在书架上,求其中指定的 3 本书放在一起的概率.

2. 设有 180 件产品,其中有 8 件次品.今从中任取 4 件,问:次品超过 1 件的概率是多少?

3. 设电话号码由 5 个数码组成,每个数码可以是 $0,1,2,\cdots,9$ 中任一个,问:

(1) 5 个数码全相同的概率是多少?

(2) 5 个数码全不相同的概率是多少?

(3) 5 个数码至少有两个相同的概率是多少?

4. 某彩票中心发行彩票,一等奖的号码是这样产生的:从标有 $0,1,2,\cdots,9$ 的球中随机有放回地抽取 6 个球,按抽取的先后顺序排号,然后再从标有 $0,1,2,3,4$ 的球中随机抽取 1 个球,它的号码作为特别号放在最后,每注 2 元钱,一等奖是 500 万元.

(1) 如果你买了 1 注,那么你得一等奖的概率是多少?

(2) 如果你想获得一等奖的概率为 1,那么你至少得花多少钱购买彩票?

5. 在 $1 \sim 2\ 000$ 的整数中随机地取一个数,问:取到的整数既不能被 6 整除,又不能被 8 整除的概率是多少?

6. 将 15 名新生随机地平均分配到 3 个班级中去,这 15 名新生中有 3 名是优秀生,问:

(1) 每一个班级分到一名优秀生的概率是多少?

(2) 3 名优秀生分配到同一班级的概率是多少?

7. 某接待站在某一周曾接待过 12 次来访,已知这 12 次接待都是在周二或周四进行的,问:是否可以推断接待时间是有规定的?

8. 某油漆公司发出 17 桶油漆,其中白漆 10 桶,黑漆 4 桶,红漆 3 桶,在搬运时所有标签脱落,交货人随意将这些油漆发给顾客.问:一位需要 4 桶白漆、3 桶黑漆和 2 桶红漆的顾客,能如愿得到这些油漆的概率是多少?

9. 一俱乐部有 5 名一年级学生,2 名二年级学生,3 名三年级学生,2 名 4 年级学生.

(1) 在其中任选 4 名学生,求一、二、三、四年级的学生各一名的概率;

(2) 在其中任选 5 名学生,求一、二、三、四年级的学生均包含在内的概率.

§1.4　条　件　概　率

1.4.1　条件概率的定义

条件概率是研究在某个事件 A 已经发生的条件下,另一个事件 B 发生的概率.为了便于说明问题,我们先看一个例子.

例 1.4.1

在 $0 \sim 9$ 这 10 个数中任取一个数,求下列事件的概率:

(1) 取得的数是奇数;

(2) 已知取得的数大于 4,取得的数是奇数.

解　样本空间 $U = \{0,1,2,\cdots,9\}$.设事件 A 表示"取得的数大于 4",事件 B 表示"取得的数是奇数",则

$$A = \{5,6,7,8,9\}, \quad B = \{1,3,5,7,9\}.$$

(1) 显然,$P(B) = \dfrac{5}{10} = \dfrac{1}{2}$.

(2) 现已知 A 已经发生,故所有可能结果组成的集合为 A.而在 A 中,$\{5,7,9\} \subset B$,若将在事件 A 已发生的条件下 B 发生的概率记为 $P(B \mid A)$,则 $P(B \mid A) = \dfrac{3}{5}$.

我们看到,$P(B) \neq P(B \mid A)$.这说明条件概率和无条件概率一般是不等的.

一般地,设 U 为随机试验 E 的样本空间,A,B 是两个事件,基本事件(U 的样本点)的总数为 n,A 包含的基本事件数为 m,AB 包含的基本事件数为 k,则有

$$P(B \mid A) = \frac{k}{m} = \frac{k/n}{m/n} = \frac{P(AB)}{P(A)}.$$

由此,我们给出以下定义:

定义 1.4.1　设 A,B 为两个事件,且 $P(A) > 0$,称

$$P(B \mid A) = \frac{P(AB)}{P(A)} \tag{1.4.1}$$

为在事件 A 发生的条件下事件 B 发生的**条件概率**.

不难验证,条件概率也满足概率定义中所要求的三个条件,即

(1) **非负性**　$P(B \mid A) \geqslant 0$;

(2) **规范性**　$P(U \mid A) = 1$;

(3) **可列可加性**　$P\left(\bigcup\limits_{i=1}^{\infty} B_i \mid A\right) = \sum\limits_{i=1}^{\infty} P(B_i \mid A)$,其中 $B_1, B_2, \cdots$ 是两两互不相容的事件.

因此,类似于概率,不难导出条件概率也满足概率的其他一些性质.例如,

$$P(B_1 \bigcup B_2 \mid A) = P(B_1 \mid A) + P(B_2 \mid A) - P(B_1 B_2 \mid A).$$

例 1.4.2

一口袋中装有 8 个红球,5 个白球,无放回地取球两次,每次取一个. 求:

(1) 在第一次取到红球的条件下,第二次取到红球的概率;

(2) 在第一次取到白球的条件下,第二次取到红球的概率.

解　设 A 表示事件"第一次取到红球",B 表示事件"第一次取到白球",C 表示事件"第二次取到红球",则易知

$$P(A) = \frac{8}{13}, \quad P(B) = \frac{5}{13}, \quad P(AC) = \frac{8 \times 7}{13 \times 12}, \quad P(BC) = \frac{5 \times 8}{13 \times 12}.$$

因此

$$P(C \mid A) = \frac{P(AC)}{P(A)} = \frac{7}{12},$$

$$P(C \mid B) = \frac{P(BC)}{P(B)} = \frac{8}{12} = \frac{2}{3}.$$

例 1.4.2 也可以直接按条件概率的含义来计算. 我们知道 A 发生后,口袋中还有 7 个红球与 5 个白球,因此第二次取到红球的所有可能的结果共有 7 种,于是

$$P(C \mid A) = \frac{7}{7+5} = \frac{7}{12}.$$

同样可得 $P(C \mid B) = \frac{8}{12} = \frac{2}{3}$.

例 1.4.3

甲、乙两车间各生产 50 件产品,其中分别含有 3 件次品与 5 件次品. 现从这 100 件产品中任取 1 件,在已知取到甲车间产品的条件下,求取得次品的概率.

解　设 A 表示事件"取得次品",B 表示事件"取得甲车间产品". 在已知取到甲车间产品的条件下求取得次品的概率,就是求甲车间生产的 50 件产品中的次品率,即

$$P(A \mid B) = \frac{3}{50}.$$

若通过条件概率的定义来计算,则

$$P(A \mid B) = \frac{P(AB)}{P(B)} = \frac{\frac{3}{100}}{\frac{50}{100}} = \frac{3}{50}.$$

例 1.4.4

已知某种动物出生之后活到 20 岁的概率为 0.7,活到 25 岁的概率为 0.56,求现年为 20 岁的这种动物活到 25 岁的概率.

解　设 A 表示事件"这种动物活到 20 岁以上",B 表示事件"这种动物活到 25 岁以上". 由题设可知 $P(A) = 0.7, P(B) = 0.56$,且 $B \subset A$,于是

$$P(B \mid A) = \frac{P(AB)}{P(A)} = \frac{P(B)}{P(A)} = \frac{0.56}{0.7} = 0.8.$$

1.4.2　乘法定理

由式(1.4.1)可得以下乘法定理:

定理 1.4.1(乘法定理) 设 $P(A) > 0$,则有

$$P(AB) = P(A)P(B \mid A). \tag{1.4.2}$$

式(1.4.2) 称为**乘法公式**.

式(1.4.2) 可以推广到多个事件的积事件的情况. 例如,设 A, B, C 为事件,且 $P(AB) > 0$,则有

$$P(ABC) = P(A)P(B \mid A)P(C \mid AB). \tag{1.4.3}$$

在这里,用到了 $P(A) \geqslant P(AB) > 0$.

一般地,设 $A_1, A_2, \cdots, A_n$ 为 n 个事件,且 $P(A_1 A_2 \cdots A_{n-1}) > 0$,则有

$$P(A_1 A_2 \cdots A_n) = P(A_1)P(A_2 \mid A_1)P(A_3 \mid A_1 A_2) \cdots P(A_n \mid A_1 A_2 \cdots A_{n-1}). \tag{1.4.4}$$

事实上,由

$$A_1 \supset A_1 A_2 \supset A_1 A_2 A_3 \supset \cdots \supset A_1 A_2 \cdots A_{n-1},$$

有

$$P(A_1) \geqslant P(A_1 A_2) \geqslant P(A_1 A_2 A_3) \geqslant \cdots \geqslant P(A_1 A_2 \cdots A_{n-1}) > 0,$$

故式(1.4.4) 右边的每个条件概率都是有意义的. 于是,由条件概率的定义可得

$$P(A_1)P(A_2 \mid A_1)P(A_3 \mid A_1 A_2) \cdots P(A_n \mid A_1 A_2 \cdots A_{n-1})$$
$$= P(A_1) \frac{P(A_1 A_2)}{P(A_1)} \cdot \frac{P(A_1 A_2 A_3)}{P(A_1 A_2)} \cdot \cdots \cdot \frac{P(A_1 A_2 \cdots A_n)}{P(A_1 A_2 \cdots A_{n-1})}$$
$$= P(A_1 A_2 \cdots A_n).$$

例 1.4.5

设袋中装有 a 个黑球与 b 个红球,随机取出 1 个,把原球放回,并放入与取出球同色的球 c 个. 若在袋中连续取球 4 次,求前两次取到黑球,后两次取到红球的概率.

解 设 $A_i (i = 1, 2)$ 表示事件"第 i 次取到黑球",$A_j (j = 3, 4)$ 表示事件"第 j 次取到红球",则

$$P(A_1) = \frac{a}{a+b}, \quad P(A_2 \mid A_1) = \frac{a+c}{a+b+c},$$

$$P(A_3 \mid A_1 A_2) = \frac{b}{a+b+2c}, \quad P(A_4 \mid A_1 A_2 A_3) = \frac{b+c}{a+b+3c}.$$

因此

$$P(A_1 A_2 A_3 A_4) = P(A_1)P(A_2 \mid A_1)P(A_3 \mid A_1 A_2)P(A_4 \mid A_1 A_2 A_3)$$
$$= \frac{a}{a+b} \cdot \frac{a+c}{a+b+c} \cdot \frac{b}{a+b+2c} \cdot \frac{b+c}{a+b+3c}.$$

例 1.4.6

设在 12 道考题中有 5 道难题,甲、乙、丙按先后顺序分别从中抽一道题,问:甲、乙、丙都没有抽到难题的概率是多少?

解 设 A, B, C 分别表示甲、乙、丙没有抽到难题,则 ABC 表示事件"甲、乙、丙都没有抽到难题". 由于

$$P(A) = \frac{7}{12}, \quad P(B \mid A) = \frac{6}{11}, \quad P(C \mid AB) = \frac{5}{10},$$

所以

$$P(ABC) = P(A)P(B \mid A)P(C \mid AB) = \frac{7}{12} \times \frac{6}{11} \times \frac{5}{10} = \frac{7}{44}.$$

1.4.3 全概率公式

在概率论中,我们希望由已知的简单事件的概率计算出某一复杂事件的概率.为了达到这个目的,我们经常把一个复杂事件分解为若干个互不相容的简单事件之和,再通过计算这些简单事件的概率得到最后结果.

定义 1.4.2 设 U 为试验 E 的样本空间,$B_1, B_2, \cdots, B_n$ 为 E 的一组事件.若它们满足:

(1) $B_i B_j = \varnothing \quad (i \neq j; i, j = 1, 2, \cdots, n)$;

(2) $\bigcup\limits_{i=1}^{n} B_i = U$,

则称 $B_1, B_2, \cdots, B_n$ 为样本空间 U 的一个**分割**.

如果 $B_1, B_2, \cdots, B_n$ 为样本空间 U 的一个分割,那么在每次试验中,事件 $B_1, B_2, \cdots, B_n$ 有且仅有一个发生.

例如,在例 1.4.1 中,其样本空间 $U = \{0, 1, 2, \cdots, 9\}$,事件 $B_1 = \{0, 1\}$,$B_2 = \{2, 3, 4, 5\}$,$B_3 = \{6, 7, 8, 9\}$ 就是 U 的一个分割.而 $C_1 = \{0, 1, 2, 3, 4\}$,$C_2 = \{4, 5, 6, 7\}$,$C_3 = \{7, 8, 9\}$ 不是 U 的分割.

定理 1.4.2 设试验 E 的样本空间为 U,事件 $B_1, B_2, \cdots, B_n$ 为 U 的一个分割,且 $P(B_i) > 0$ $(i = 1, 2, \cdots, n)$,则对于 E 的任一事件 A,有

$$P(A) = P(B_1)P(A \mid B_1) + P(B_2)P(A \mid B_2) + \cdots + P(B_n)P(A \mid B_n). \tag{1.4.5}$$

式 (1.4.5) 称为**全概率公式**.

证 由于

$$\bigcup_{i=1}^{n} B_i = U,$$

因此

$$A = AU = A\left(\bigcup_{i=1}^{n} B_i\right) = \bigcup_{i=1}^{n} AB_i.$$

又 AB_i 与 $AB_j (i \neq j)$ 互不相容,再根据假设 $P(B_i) > 0 (i = 1, 2, \cdots, n)$,则有

$$P(A) = P\left(\bigcup_{i=1}^{n} AB_i\right) = \sum_{i=1}^{n} P(AB_i) = \sum_{i=1}^{n} P(B_i)P(A \mid B_i)$$
$$= P(B_1)P(A \mid B_1) + P(B_2)P(A \mid B_2) + \cdots + P(B_n)P(A \mid B_n).$$

例 1.4.7

播种用的小麦种子中混有 2% 的二等种子、1.5% 的三等种子、1% 的四等种子,其余为一等种子.用一等、二等、三等、四等种子长出的穗有 50 颗以上麦粒的概率分别为 0.5, 0.15, 0.1, 0.05. 现从这批种子中任取一颗,求这颗种子长出的穗有 50 颗以上麦粒的概率.

解 设从这批种子中任取一颗是一等、二等、三等、四等种子的事件分别为 A_1, A_2, A_3, A_4,则它们构成样本空间的一个分割.用 B 表示事件"从这批种子中任取一颗,且这颗种子长出的穗有 50 颗以上麦粒",则由全概率公式得

$$P(B) = \sum_{i=1}^{4} P(A_i)P(B \mid A_i)$$
$$= 95.5\% \times 0.5 + 2\% \times 0.15 + 1.5\% \times 0.1 + 1\% \times 0.05$$
$$= 0.482\ 5.$$

1.4.4　贝叶斯公式

定理 1.4.3　设试验 E 的样本空间为 U,A 为 E 的事件，$B_1,B_2,\cdots,B_n$ 为 U 的一个分割，且 $P(A)>0,P(B_i)>0(i=1,2,\cdots,n)$，则有

$$P(B_i\mid A)=\frac{P(B_i)P(A\mid B_i)}{\displaystyle\sum_{j=1}^{n}P(B_j)P(A\mid B_j)}. \tag{1.4.6}$$

式 (1.4.6) 称为**贝叶斯**(Bayes)**公式**.

证　由条件概率的定义及全概率公式，即可得

$$P(B_i\mid A)=\frac{P(B_iA)}{P(A)}=\frac{P(B_i)P(A\mid B_i)}{\displaystyle\sum_{j=1}^{n}P(B_j)P(A\mid B_j)}\quad(i=1,2,\cdots,n).$$

在式 (1.4.6) 中，$P(B_i)$ 称为**先验概率**，这种概率一般在试验前就是已知的，它通常是以往经验的总结；$P(B_i\mid A)$ 称为**后验概率**，它反映试验后导致事件 A 发生的各种原因的可能性大小. 贝叶斯公式实际上就是根据先验概率求后验概率的公式.

例 1.4.8

设某制造厂所用的某种配件是由甲、乙、丙这三家工厂提供的，每个工厂提供的份额分别为 $30\%,45\%,25\%$，且各工厂的次品率依次为 $3\%,2\%,5\%$. 现在从仓库中随机取出一件.

(1) 求它是次品的概率；

(2) 若已知取得的是次品，求它是甲厂提供的产品的概率.

解　设 A 表示事件"取得的配件为次品"，B_1,B_2,B_3 分别表示取得的配件由甲、乙、丙工厂提供，则由题设条件可知

$$P(B_1)=30\%,\quad P(B_2)=45\%,\quad P(B_3)=25\%,$$
$$P(A\mid B_1)=3\%,\quad P(A\mid B_2)=2\%,\quad P(A\mid B_3)=5\%.$$

(1) 由全概率公式得

$$P(A)=P(B_1)P(A\mid B_1)+P(B_2)P(A\mid B_2)+P(B_3)P(A\mid B_3)=0.030\,5.$$

(2) 由贝叶斯公式得

$$P(B_1\mid A)=\frac{P(B_1A)}{P(A)}=\frac{P(A\mid B_1)P(B_1)}{P(A)}=\frac{0.03\times0.3}{0.030\,5}\approx0.295\,1.$$

例 1.4.9

根据以往的临床经验，某种诊断癌症的试验具有如下的效果：若以 A 表示事件"试验反应为阳性"，以 C 表示事件"被检查者患有癌症"，则有 $P(A\mid C)=0.95,P(\overline{A}\mid\overline{C})=0.95$. 现在对自然人群进行普查，设被试验的人患有癌症的概率为 0.005，即 $P(C)=0.005$，试求 $P(C\mid A)$.

解　已知 $P(A\mid C)=0.95,P(A\mid\overline{C})=1-P(\overline{A}\mid\overline{C})=0.05,P(C)=0.005,P(\overline{C})=0.995$，由贝叶斯公式得

$$P(C\mid A)=\frac{P(C)P(A\mid C)}{P(C)P(A\mid C)+P(\overline{C})P(A\mid\overline{C})}\approx0.087\,2.$$

例 1.4.9 的结果表明，虽然 $P(A\mid C)=0.95,P(\overline{A}\mid\overline{C})=0.95$，这两个概率都比较高，但若将此试验用于普查，则有 $P(C\mid A)\approx0.087\,2$. 也就是说，其正确率只有约 8.72%（平均 $1\,000$ 个具有阳性反应的人中大约只有 87 人确患有癌症）. 如果不注意到这一点，将会经常得出错误的诊断.

这也说明,若将 $P(A\mid C)$ 和 $P(C\mid A)$ 搞混了会造成不良的后果.

全概率公式和贝叶斯公式体现了某些事件对试验结果的贡献率大小,从而对我们做出某种决策有很大的帮助.

习题1.4

1.已知 $P(\overline{A})=0.3,P(B)=0.4,P(A\overline{B})=0.5$,求 $P(B\mid A\cup \overline{B})$.

2.抛掷两颗骰子,已知两颗骰子点数之和为7,求其中有一颗为1点的概率.

3.某光学仪器厂制造的透镜,在第一次落下时打破的概率是0.5;若第一次落下未打破,第二次落下时打破的概率是0.7;若前两次落下未打破,第三次落下时打破的概率是0.9.如果透镜落下三次,那么它未打破的概率是多少?

4.据以往资料表明,某三口之家患有某种传染病的概率有以下规律:

$P\{孩子得病\}=0.6,\quad P\{母亲得病\mid 孩子得病\}=0.5,\quad P\{父亲得病\mid 母亲及孩子得病\}=0.4.$

求母亲及孩子得病但父亲未得病的概率.

5.某厂生产的产品是由甲、乙、丙这三个车间生产的,每个车间的产量分别占总产量的 $15\%,80\%,5\%$,且各车间的正品率依次为 $98\%,99\%,97\%$.今将这些产品混在一起,从中随机地抽取一件产品,问:此产品是次品的概率为多少?

6.某人下午5:00下班,他所积累的资料如表1-4所示.某日他抛一枚硬币决定乘地铁还是乘汽车,结果他是5:47到家的,试求他是乘地铁回家的概率.

表1-4

到家时间	$5:35\sim 5:39$	$5:40\sim 5:44$	$5:45\sim 5:49$	$5:50\sim 5:54$	迟于5:54
乘地铁的概率	0.10	0.25	0.45	0.15	0.05
乘汽车的概率	0.30	0.35	0.20	0.10	0.05

7.一学生连续两次参加同一课程的考试,第一次及格的概率为 p.若第一次及格,则第二次及格的概率也为 p;若第一次不及格,则第二次及格的概率为 $\dfrac{p}{2}$.

(1)若至少有一次及格,则他能取得某种资格,求他取得该资格的概率;

(2)若已知他第二次已经及格,求他第一次及格的概率.

8.对以往数据进行分析表明,当机器调整良好时,产品的合格率为 98%,而当机器发生某种故障时,产品的合格率为 55%.每天早上机器开动时,机器调整良好的概率为 95%.试求当某日早上第一件产品是合格品时,机器调整良好的概率是多少?

§1.5　随机事件的独立性

为了说明随机事件的独立性,我们先看下面的例子.

例1.5.1

在一口袋中装有 s 个红球,t 个白球,采取有放回地摸球.设 A 表示事件"第一次摸到红球",B 表示事件"第二次摸到红球",则

$$P(A)=\frac{s}{s+t},\quad P(B)=\frac{s}{s+t}.$$

因此

$$P(B \mid A) = \frac{s}{s+t}, \quad P(AB) = P(B \mid A)P(A) = \frac{s^2}{(s+t)^2}.$$

可见, $P(B) = P(B \mid A)$. 这意味着事件 A 发生与否对事件 B 发生的概率没有影响, 可以说事件 A 与事件 B 的发生有某种"独立性".

定义 1.5.1　设 A, B 是两事件. 若
$$P(AB) = P(A)P(B), \tag{1.5.1}$$
则称事件 A 与事件 B 是**相互独立**的, 简称 A, B **独立**.

按照定义, 若 A, B 的概率有一个为 0(或 1), 则 A 与 B 相互独立.

容易证明:

(1) 若事件 A 与 $B, \bar{A}$ 与 B, A 与 $\bar{B}, \bar{A}$ 与 $\bar{B}$ 中有一对是相互独立的, 则另外三对也是相互独立的.

(2) 若 $P(A) > 0, P(B) > 0$, 则 A 与 B 相互独立和 A, B 互不相容不能同时成立.

由独立性的定义, 易得以下定理:

定理 1.5.1　**若 A 与 B 相互独立, 且 $P(A) > 0, P(B) > 0$, 则**
$$P(B \mid A) = P(B), \quad P(A \mid B) = P(A).$$

下面将独立性的概念推广到三个事件及多个事件的情形.

定义 1.5.2　设 A, B, C 是三个事件. 如果它们满足:
$$P(AB) = P(A)P(B), \quad P(BC) = P(B)P(C), \quad P(AC) = P(A)P(C), \tag{1.5.2}$$
则称这三个事件 A, B, C 是**两两独立**的.

一般地, 当事件 A, B, C 两两独立时, 等式
$$P(ABC) = P(A)P(B)P(C)$$
不一定成立.

定义 1.5.3　设 A, B, C 是三个事件. 如果它们满足式 (1.5.2) 及
$$P(ABC) = P(A)P(B)P(C), \tag{1.5.3}$$
则称这三个事件 A, B, C 是相互独立的.

类似地, 可以定义 n 个事件的独立性.

定义 1.5.4　设 $A_1, A_2, \cdots, A_n$ 是 $n(n \geqslant 2)$ 个事件. 若对于其中任意 $k(2 \leqslant k \leqslant n)$ 个事件 $A_{i_1}, A_{i_2}, \cdots, A_{i_k}(1 \leqslant i_1 < i_2 < \cdots < i_{k-1} < i_k \leqslant n)$, 都有

$$P(A_{i_1} A_{i_2} \cdots A_{i_k}) = P(A_{i_1})P(A_{i_2}) \cdots P(A_{i_k}) \tag{1.5.4}$$

成立, 则称这 n 个事件 $A_1, A_2, \cdots, A_n$ 是相互独立的.

从定义 1.5.4 可知, 若 $A_1, A_2, \cdots, A_n$ 相互独立, 则其中任意 $k(2 \leqslant k \leqslant n)$ 个事件是相互独立的.

我们不加证明地给出一个很有用的结论: 若 $A_1, A_2, \cdots, A_n$ 相互独立, 则事件 $f(A_{i_1}, A_{i_2}, \cdots, A_{i_k})$ 与事件 $g(A_{j_1}, A_{j_2}, \cdots, A_{j_s})$ 相互独立, 其中 $i_l, j_m = 1, 2, \cdots, n$, 且 $i_l \neq j_m(l = 1, 2, \cdots, k; m = 1, 2, \cdots, s)$, 即 f, g 中没有共同的事件, f, g 表示事件间的任意运算, 如和、积、差等. 例如, 若 A_1, A_2, A_3, A_4, A_5 相互独立, 则事件 $f(A_1, A_2) = A_1 - A_2$ 与事件 $g(A_3, A_4, A_5) = A_3(A_4 \bigcup A_5)$ 相互独立.

在实际应用中, 对于事件的独立性, 往往不是根据定义来判断, 而是根据实际意义加以判断.

例 1.5.2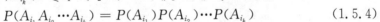

设某零件需要经过三道加工工序, 三道工序的次品率依次为 p_1, p_2, p_3. 假设各道工序是相互独立的, 问: 加工完毕后零件的次品率是多少?

解 记 $A_i = $ "第 i 道工序出现次品" $(i = 1, 2, 3)$，$A = $ "零件为次品"，则
$$A = A_1 \bigcup A_2 \bigcup A_3.$$

由 A_1, A_2, A_3 相互独立，得
$$
\begin{aligned}
P(A) &= P(A_1 \bigcup A_2 \bigcup A_3) \\
&= P(A_1) + P(A_2) + P(A_3) - P(A_1 A_2) - P(A_1 A_3) - P(A_2 A_3) + P(A_1 A_2 A_3) \\
&= P(A_1) + P(A_2) + P(A_3) - P(A_1)P(A_2) - P(A_1)P(A_3) - P(A_2)P(A_3) \\
&\quad + P(A_1)P(A_2)P(A_3) \\
&= p_1 + p_2 + p_3 - p_1 p_2 - p_1 p_3 - p_2 p_3 + p_1 p_2 p_3.
\end{aligned}
$$

例 1.5.3

一位工人照看三台机床，在 1 h 之内甲、乙、丙这三台机床需要照看的概率分别为 0.9, 0.8, 0.85，求：

(1) 在 1 h 之内没有一台机床需要照看的概率；

(2) 在 1 h 之内至少有一台机床不需要照看的概率.

解 设 A, B, C 分别表示甲、乙、丙这三台机床需要照看的事件，由问题的实际意义可知 A, B, C 是相互独立的，则

(1) $P(\overline{A}\,\overline{B}\,\overline{C}) = P(\overline{A})P(\overline{B})P(\overline{C}) = (1 - 0.9)(1 - 0.8)(1 - 0.85) = 0.003.$

(2) $P(\overline{A} \bigcup \overline{B} \bigcup \overline{C}) = P(\overline{ABC}) = 1 - P(ABC) = 1 - P(A)P(B)P(C)$
$$= 1 - 0.9 \times 0.8 \times 0.85 = 0.388.$$

习题 1.5

1. 甲、乙两人同时独立地对敌机进行射击，已知甲、乙分别击中敌机的概率是 0.6, 0.5，求敌机被击中的概率.

2. 两种花籽的发芽率分别为 0.8, 0.9，各花籽是否发芽相互独立. 现有这两种花籽各一堆，从中各任取一颗，求：

(1) 这两颗花籽都能发芽的概率；

(2) 至少有一颗花籽能发芽的概率.

3. 甲、乙两人进行乒乓球比赛，每局甲胜的概率为 $p\left(p \geqslant \dfrac{1}{2}\right)$，设各局胜负相互独立. 问：对于甲而言，采用三局两胜制有利，还是采用五局三胜制有利？

4. 设某型号的高炮命中率 $p = 0.6$. 现有 n 门该型号的高炮同时向一来犯敌机发射炮弹，问：欲以 99% 以上的把握击中此敌机，n 至少是多少？

5. 设第一只盒子中装有 3 个蓝球, 2 个绿球, 2 个白球；第二只盒子中装有 2 个蓝球, 3 个绿球, 4 个白球. 现独立地分别在这两只盒子中各取 1 个球，求：

(1) 至少有 1 个蓝球的概率；

(2) 有 1 个蓝球和 1 个白球的概率.

6. 设事件 A 的概率 $P(A) = 0$. 证明：对于任意另一事件 B，有 A 与 B 相互独立.

7. 设两两相互独立的三事件 A, B 和 C 满足条件：$ABC = \varnothing$，$P(A) = P(B) = P(C) < \dfrac{1}{2}$，且 $P(A \bigcup B \bigcup C) = \dfrac{9}{16}$，求 $P(A)$.

8. 某人向同一目标独立重复射击，每次射击击中目标的概率为 $p(0 < p < 1)$，求此人第四次射击恰好第二次命中目标的概率.

习　题　1

1. 写出下列随机试验的样本空间:

(1) 记录一个小班一次数学考试的平均分数(设以百分制计分);

(2) 生产产品直到有 10 件正品为止, 记录生产产品的总件数;

(3) 对某工厂生产的产品进行检查, 合格的记上"正品", 不合格的记上"次品". 如果连续查出两个次品就停止检查, 或检查四个产品就停止检查, 记录检查的结果;

(4) 在单位圆内任意取一点, 记录它的坐标.

2. 设 A, B, C 为三个随机事件, 用 A, B, C 之间的运算关系式表示下列事件:

(1) A 发生, B 与 C 不发生;

(2) A 与 B 都发生, 而 C 不发生;

(3) A, B, C 中至少有一个事件发生;

(4) A, B, C 都发生;

(5) A, B, C 都不发生;

(6) A, B, C 中不多于一个发生;

(7) A, B, C 中不多于两个发生;

(8) A, B, C 中至少有两个发生.

3. 抛掷一枚硬币两次, 观察其正面 H、反面 T 出现的情况. 设事件 $A =$ "恰有一次出现正面", 事件 $B =$ "有正面出现", 写出事件 A, B 同时发生的关系式.

4. 若 $P(AB) = P(\overline{A}\overline{B})$, 且 $P(A) = p$, 求 $P(B)$.

5. 设 A, B, C 是三事件, 且 $P(A) = P(B) = P(C) = \dfrac{1}{4}$, $P(AC) = \dfrac{1}{8}$, $P(AB) = P(BC) = 0$, 求 A, B, C 中至少有一个发生的概率.

6. 设事件 A, B 及 $A \cup B$ 的概率分别为 p, q 及 r, 求 $P(AB), P(A\overline{B}), P(\overline{A}B), P(\overline{A}\overline{B})$.

7. 某房间有 10 个人, 分别佩戴着从 1 号到 10 号的纪念章, 从中任意选 3 个人, 记录其纪念章的号码, 求:

(1) 最小的号码为 5 的概率;

(2) 最大的号码为 5 的概率.

8. 设 2 000 件产品中有 300 件次品, 1 700 件正品, 从中任意取 400 件, 求:

(1) 恰有 50 件次品的概率;

(2) 至少有 2 件次品的概率.

9. 从电话号码簿中任取一个电话号码, 求后 4 个数全不相同的概率(设后 4 个数中的每一个数都是等可能地取 $0, 1, 2, \cdots, 9$).

10. 一个小孩用 13 个字母 A, A, A, C, E, H, I, I, M, M, N, T, T 做组词游戏. 如果字母的各种排列是随机的(等可能的), 问: 恰好组成"MATHEMATICIAN"一词的概率为多少?

11. 从 5 双不同的鞋子中任取 4 只, 求这 4 只鞋子至少有两只配成一双的概率.

12. 已知 10 个灯泡中有 7 个正品, 3 个次品, 每次任取其中一个灯泡, 连续取两次, 分为放回抽样和不放回抽样两种情形, 求下列事件的概率:

(1) 取出的两个灯泡都是正品;

(2) 取出的两个灯泡都是次品;

(3) 取出的两个灯泡正品和次品各一个;

(4) 第二次取出的灯泡是次品.

13. 某城市共发行三种报纸: 甲、乙、丙. 这个城市的居民订甲报的有 45%, 订乙报的有 35%, 订丙报的有 30%, 同时订甲、乙两报的有 10%, 同时订甲、丙两报的有 8%, 同时订乙、丙两报的有 5%, 同时订三种报纸的有

3‰,求下述百分比:

(1) 只订甲报的;

(2) 只订甲、乙两报的;

(3) 只订一种报纸的;

(4) 正好订两种报纸的;

(5) 至少订一种报纸的;

(6) 不订任何报纸的.

14.将 3 个球随机地放入 4 个杯子,求杯子中球的最大个数分别是 1,2,3 的概率.

15.已知 $P(A) = \dfrac{1}{4}$,$P(B \mid A) = \dfrac{1}{3}$,$P(A \mid B) = \dfrac{1}{2}$,求 $P(A \cup B)$.

16.房间里有 4 个人,求至少有 2 个人的生日在同一个月的概率.

17.袋中有 a 个黑球,$b(b \geqslant 3)$ 个白球,甲、乙、丙三人依次从袋中取出一球(取后不放回),试分别求出三人取得白球的概率.

18.设 10 件产品中有 3 件次品,从中任取 2 件,问:

(1) 在所取 2 件产品中有 1 件是次品的条件下,另外 1 件也是次品的概率是多少?

(2) 在所取 2 件产品中有 1 件是正品的条件下,另外 1 件是次品的概率是多少?

19.已知 10 只晶体管中有 2 只次品,现取两次,每次任取一只,做不放回抽样,求下列事件的概率:

(1) 两只都是正品;

(2) 两只都是次品;

(3) 一只是正品,一只是次品;

(4) 第二次取出的是次品.

20.设 A,B 两事件.若 $P(A \mid B) = 1$,证明:$P(\overline{B} \mid \overline{A}) = 1$.

21.在某工厂仓库中有甲、乙、丙三台机器生产的螺丝钉,它们的产量各占 25%,35%,40%,并且在各自的产品中,次品各占 5%,4%,2%.现从仓库中任取一只螺丝钉,问:恰好取得次品的概率是多少?

22.有两批相同的产品,第一批有 20 件,第二批有 15 件,这两批产品中各有 2 件次品.今从第一批产品中取一件混合在第二批中,然后再从第二批产品中任取一件,问:取出的产品为次品的概率是多少?

23.设有甲、乙两袋,甲袋中装有 n 个白球,m 个红球;乙袋中装有 N 个白球,M 个红球.今从甲袋中任意取一个球放入乙袋中,再从乙袋中任意取一球,问:取到白球的概率是多少?

24.设有 N 个袋子,每个袋中装有 a 个黑球,b 个白球,从第一个袋中取出一球放入第二个袋中,然后再从第二个袋中取出一球放入第三个袋中,如此下去,问:从最后一个袋中取出一球为黑球的概率是多少?

25.已知男人中有 5% 是色盲患者,女人中有 0.25% 是色盲患者.今从男女人数相等的人群中随机地挑选一人,恰好是色盲患者,求此人是男性的概率.

26.有两箱同种类的零件,第一箱装 50 只,其中有 10 只是一等品;第二箱装 30 只,其中有 18 只是一等品.今从两箱中任意挑选出一箱,然后从该箱中取零件两次,每次任取一只,做不放回抽样,求:

(1) 第一次取到的零件是一等品的概率;

(2) 在第一次取到的零件是一等品的条件下,第二次取到的也是一等品的概率.

27.两台车床加工同样的零件,第一台出现废品的概率是 0.02,第二台出现废品的概率是 0.03.两台车床加工出来的零件放在一起,并且已知第一台加工的零件是第二台加工的零件的 3 倍,求:

(1) 任意取出一件零件的合格品率;

(2) 若取得一件废品,求这件废品是第一台车床生产的概率.

28.甲、乙、丙三名猎人同时射击一只野兔,结果有一发子弹击中野兔.如果他们的命中率分别为 0.3,0.5,0.6,问:野兔被甲、乙、丙击中的概率分别是多少?

29.包装了的玻璃器皿,在第一次落下时打破的概率是 0.4;若未打破,第二次落下时打破的概率是 0.6;若又未打破,第三次落下时打破的概率是 0.9.如果这种包装了的器皿连续落下三次,它打破的概率是多少?

30. 炮战中,在距目标 250 m,200 m,150 m 处射击的概率分别是 0.1,0.7,0.2,击中的概率分别为 0.05,0.1,0.2. 现在已知目标被击毁,求击毁目标的炮弹是由距目标 250 m 处射击的概率.

31. 将两信息分别编码为 A 与 B 传递出去,接收站收到时,A 被误收作 B 的概率为 0.02,B 被误收作 A 的概率为 0.01. 信息 A 与信息 B 传递的频繁程度为 2∶1. 若接收站收到的信息是 A,问:原发信息是 A 的概率是多少?

32. 三人独立破译一份密码,各人能译出的概率分别为 $\frac{1}{5},\frac{1}{3},\frac{1}{4}$,问:三人中至少有一人能将此密码译出的概率是多少?

33. 甲、乙、丙三人同时对飞机进行射击,他们击中的概率分别是 0.4,0.5,0.7. 飞机被一人击中而被击落的概率为 0.2,被两人击中而被击落的概率为 0.6,若三人都击中,飞机必定被击落,求飞机被击落的概率.

34. 加工某一零件需经过四道工序. 设四道工序的次品率分别是 2%,2%,3%,4%,假设各道工序是相互独立的,求加工出来的零件的次品率.

35. 如图 1-2 所示,a,b,c,d,e 为电路元件,各元件发生故障的概率分别为 $P(A),P(B),P(C),P(D),P(E)$,且 $P(A)=P(B)=0.2,P(C)=P(D)=P(E)=0.5$,它们是否发生故障是相互独立的,求 M 与 N 间是通路的概率.

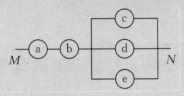

图 1-2

第 2 章

随机变量及其分布

随机变量是概率论中一个非常重要的概念. 引入随机变量,把随机试验的结果与实数联系起来,这样就可以用数学分析的方法处理概率问题,从而把概率问题的研究导向深入. 本章将首先定义随机变量,进而讨论离散型随机变量的分布律、分布函数,连续型随机变量的概率密度、分布函数以及随机变量函数的分布.

§2.1 随机变量的概念

为了理解随机变量这一重要概念,我们先看下面的几个例子.

例 2.1.1

抛掷一枚硬币,观察正面、反面出现的情况,所有可能出现的结果有两个:出现正面 H 或者出现反面 T. 样本空间 $U = \{H, T\}$,但人们希望以数量形式描述随机试验的结果. 为此,我们可以用 X 表示出现正面的次数,则 X 为一变量,X 的所有可能取值为 $0, 1$,X 究竟取什么值是由随机试验中哪个结果发生而确定的. 若出现正面 H,则 X 取值为 1;若出现反面 T,则 X 取值为 0. 所以,X 相当于定义在样本空间 U 上的函数,即

$$X(e) = \begin{cases} 1, & e = H, \\ 0, & e = T. \end{cases}$$

例 2.1.2

设袋中装有标号为"0"的球 1 个,标号为"1"的球 3 个及标号为"2"的球 2 个. 从中任取 1 个球,用 X 表示取出球的号数,则 X 取哪个值是由随机试验中哪个结果发生(取出的是哪个球)所确定的. 因此,X 为定义在样本空间 U 上的实值函数.

例 2.1.3

电话总机在时间 $(0, T)$ 内收到呼叫的次数可能是 0 次,1 次,2 次…… 它的样本空间为 $U = \{0, 1, 2, \cdots\}$. 若用 X 表示收到呼叫的次数,则 X 的取值是由随机试验中哪个结果发生所确定的,即

$$X(k) = k \quad (k = 0, 1, 2, \cdots),$$

X 为定义在样本空间 U 上的函数.

例 2.1.4

从一批电子器件中任取一只,测试其使用寿命,样本空间为 $U=\{t\mid t\geqslant 0\}$. 若用 X 表示使用寿命,则 X 的取值也是由随机试验中哪个结果发生而确定的,即 $X(t)=t(t\in[0,+\infty))$,X 为定义在样本空间 U 上的函数.

上述几个例子中引入的变量 X,尽管具体内容不同,却有共同之处,X 的取值都是由随机试验中哪个结果发生而确定的. 由于试验的结果出现是随机的,因而变量 X 的取值也是随机的. 一个试验对应一个变量 X,试验的每个结果对应着变量 X 的一个取值. 因此,X 实际为定义在样本空间 U 上基本事件 e 的函数,这样的变量 X 称为随机变量.

定义 2.1.1　设 E 是随机试验,其样本空间 $U=\{e\}$. 如果对于每一个基本事件 $e\in U$,都唯一地确定了一个实数 $X(e)$ 与之对应,则称 $X(e)$ 为**随机变量**,简记为 X.

由定义 2.1.1 可知,只要满足定义假设,就可以在同一样本空间上定义许多随机变量. 同时,随机变量作为一个实值函数,与普通函数是有一定区别的. 首先,随机变量是定义在样本空间上的函数,样本空间中的元素不一定是实数;其次,随机变量的取值是随机的,随试验结果的不同而不同.

引入了随机变量 X,我们就可以用 X 描述随机事件. 虽然随机变量 X 的取值随试验的结果而定,但试验的各个结果出现有一定的概率,因而随机变量的取值有一定的概率. 例如,在例 2.1.1 中,X 取值为 0 写为 $\{X=0\}$,表示事件"出现反面 T". 同样,$\{X=1\}$ 表示事件"出现正面 H". 这样,就可以把试验结果与实数联系起来了. 另外,既然 X 取某值表示的是某个随机事件,它可能发生,也可能不发生,所以在试验之前不能确定 X 一定取哪个值,只能知道 X 取每一个值的概率是多少. 在例 2.1.1 中,X 取值为 1 的概率 $P\{X=1\}=\dfrac{1}{2}$. 这些性质显示随机变量 X 与普通函数有着本质的差异.

本书中,我们一般以大写字母如 $X,Y,Z,\cdots$ 表示随机变量,而以小写字母 $x,y,z,\cdots$ 表示实数.

§2.2　离散型随机变量及其分布

定义 2.2.1　若随机变量 X 的所有可能取值是有限个或可列无限多个,则称 X 为**离散型随机变量**.

显然,为了全面研究随机试验的结果,对于离散型随机变量 X,不仅要知道 X 的所有可能取值,而且还要知道 X 取每一个可能值的概率是多少,这样才能揭示其客观存在的统计规律性.

定义 2.2.2　设离散型随机变量 X 的所有可能取值为 $x_k(k=1,2,\cdots)$,X 取各个可能值的概率为

$$P\{X=x_k\}=p_k\quad(k=1,2,\cdots),\tag{2.2.1}$$

则称式(2.2.1)为**离散型随机变量 X 的概率分布**或**分布律(列)**.

分布律也可用表格的形式来表示(见表 2-1).

表 2 - 1

X	x_1	x_2	$\cdots$	x_n	$\cdots$
p_k	p_1	p_2	$\cdots$	p_n	$\cdots$

显然,式(2.2.1)满足以下两个条件:

(1) $p_k \geqslant 0 \ (k=1,2,\cdots)$; $\hspace{6cm}$ (2.2.2)

(2) $\sum\limits_{k=1}^{\infty} p_k = 1.$ $\hspace{7cm}$ (2.2.3)

反之,任意一个满足上述两条性质的数列 $\{p_k\}$ 都可作为某一离散型随机变量的分布律.

例 2.2.1

袋中装有 9 个白球,1 个红球,每次从袋中任取一个球,观察其颜色后放回,用 X 表示首次取到红球时取球的次数,求 X 的分布律.

解 X 的所有可能取值为 $1,2,\cdots,X=k$ 表示第 k 次取到的是红球,同时前 $k-1$ 次取到的均为白球,故有

$$P\{X=k\} = \left(\frac{9}{10}\right)^{k-1} \frac{1}{10} \quad (k=1,2,\cdots).$$

下面介绍三种重要的离散型随机变量的概率分布.

1. (0 - 1) 分布

若 X 只可能取 0 与 1 这两个值,且它的分布律为

$$P\{X=k\} = p^k (1-p)^{1-k} \quad (k=0,1;0<p<1),$$

则称 X 服从 **(0 - 1) 分布**(或**两点分布**),记为 $X \sim (0\text{-}1)$ 分布.

(0 - 1) 分布的分布律也可写成表格形式(见表 2 - 2).

表 2 - 2

X	1	0
p_k	p	$1-p$

一个随机试验,如果它的样本空间只包含两个元素,即 $U = \{e_1, e_2\}$,那么总能在 U 上定义一个服从 (0 - 1) 分布的随机变量

$$X = X(e) = \begin{cases} 1, & \text{当 } e = e_1 \text{ 时,} \\ 0, & \text{当 } e = e_2 \text{ 时,} \end{cases}$$

并用它描述该随机试验的结果.(0 - 1) 分布是经常遇到的一种分布,例如,对新生婴儿的性别登记,检查产品的质量是否合格等,都可以用服从 (0 - 1) 分布的随机变量来描述.

2. 伯努利试验与二项分布

若随机试验 E 只有两种可能的结果:A 及 $\overline{A}$,即事件 A 发生和不发生,则称 E 为**伯努利** (Bernoulli) **试验**,并记 $P(A)=p, P(\overline{A})=1-p=q (0<p<1)$.现将随机试验 E 独立地重复进行 n 次,而每次试验中事件 A 发生与否都不依赖于其他各次试验的结果,这种重复的独立试验称为 n **重伯努利试验**.

以 X 表示 n 重伯努利试验中事件 A 发生的次数,则 X 为一随机变量.下面求它的分布律.

不妨设 $n = 4$,事件 A 发生的次数 $k = 2$.事件 A 发生 2 次的方式有 C_4^2 种,即

$$A_1 A_2 \overline{A_3} \overline{A_4}, \quad A_1 \overline{A_2} A_3 \overline{A_4}, \quad A_1 \overline{A_2} \overline{A_3} A_4, \quad \overline{A_1} A_2 A_3 \overline{A_4}, \quad \overline{A_1} A_2 \overline{A_3} A_4, \quad \overline{A_1} \overline{A_2} A_3 A_4,$$

其中 $A_k (k = 1, 2, 3, 4)$ 表示事件 A 在第 k 次试验中发生,$\overline{A_k}$ 表示事件 A 在第 k 次试验中不发生.

由于各次试验是相互独立的,故有

$$P(A_1 A_2 \overline{A_3} \overline{A_4}) = P(A_1 \overline{A_2} A_3 \overline{A_4}) = \cdots = P(\overline{A_1} \overline{A_2} A_3 A_4) = p^2 q^{4-2}.$$

又由于以上事件 A 发生 2 次的 C_4^2 种方式中的任何 2 种方式都是两两互不相容的,故有

$$\begin{aligned}
P\{X = 2\} &= P(A_1 A_2 \overline{A_3} \overline{A_4} \bigcup A_1 \overline{A_2} A_3 \overline{A_4} \bigcup \cdots \bigcup \overline{A_1} \overline{A_2} A_3 A_4) \\
&= P(A_1 A_2 \overline{A_3} \overline{A_4}) + P(A_1 \overline{A_2} A_3 \overline{A_4}) + \cdots + P(\overline{A_1} \overline{A_2} A_3 A_4) \\
&= C_4^2 p^2 q^{4-2}.
\end{aligned}$$

一般地,在 n 重伯努利试验中,事件 A 发生 k 次的概率可以类似地计算为 $C_n^k p^k q^{n-k}$,所以

$$P\{X = k\} = C_n^k p^k q^{n-k} \quad (k = 0, 1, 2, \cdots, n). \tag{2.2.4}$$

显然,式(2.2.4)满足式(2.2.2)和式(2.2.3).由于 $C_n^k p^k q^{n-k}$ 恰好是二项式 $(p+q)^n$ 展开式中的一项,所以也称 X 服从参数为 n, p 的**二项分布**或**伯努利分布**,记为 $X \sim B(n, p)$.

特别地,当 $n = 1$ 时,二项分布为

$$P\{X = k\} = p^k q^{1-k} \quad (k = 0, 1).$$

故当 X 服从(0-1)分布时,常记为 $X \sim B(1, p)$.

例 2.2.2

已知某一大批元件的一级品率为 0.2,现从中随机地抽查 20 只,问:这 20 只元件中恰有 k 只 $(0 \leqslant k \leqslant 20)$ 为一级品的概率是多少?

解　由于元件的总数很大,且取出元件的数量相对于元件总数来说又很小,因而可以当作有放回抽样来处理.从中随机地抽查 20 只相当于做 20 重伯努利试验,用 X 表示这 20 只元件中一级品的数量,则 X 为一随机变量,且 $X \sim B(20, 0.2)$.

由式(2.2.4)可知

$$P\{X = k\} = C_{20}^k (0.2)^k (0.8)^{20-k} \quad (k = 0, 1, 2, \cdots, 20).$$

现将计算结果列出如下:

$P\{X = 0\} \approx 0.012, \quad P\{X = 1\} \approx 0.058, \quad P\{X = 2\} \approx 0.137, \quad P\{X = 3\} \approx 0.205,$

$P\{X = 4\} \approx 0.218, \quad P\{X = 5\} \approx 0.175, \quad P\{X = 6\} \approx 0.109, \quad P\{X = 7\} \approx 0.055,$

$P\{X = 8\} \approx 0.022, \quad P\{X = 9\} \approx 0.007, \quad P\{X = 10\} \approx 0.002,$

当 $k \geqslant 11$ 时,$P\{X = k\} < 0.001$.

由此可以看出,当 k 增加时,其概率先是随着 k 的增大而增加,达到最大值后又随着 k 的增大而减少.一般地,对于固定的 n, p,二项分布 $B(n, p)$ 都具有这一性质,且容易证明,当 k 等于 $(n+1)p$ 的整数部分时,其概率达到最大值.

例 2.2.3

一大批产品中有 7% 的次品,现抽取 15 件样品检查,问:取出几件次品的概率最大?其概率是多少?

解　用 X 表示次品数,则 $X \sim B(15, 0.07)$.由于 $(n+1)p = 1.12$,取其整数部分,
则当 $k = 1$ 时,其概率最大,其概率为

$$P\{X = 1\} = C_{15}^1 (0.07)(1 - 0.07)^{14} \approx 0.38.$$

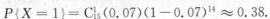

3. 泊松分布

若随机变量 X 的分布律为

$$P\{X=k\} = \frac{\lambda^k}{k!}\mathrm{e}^{-\lambda} \quad (k=0,1,2,\cdots), \tag{2.2.5}$$

其中 $\lambda > 0$ 是常数,则称 X 服从参数为 λ 的**泊松**(Poisson)**分布**,记为 $X \sim P(\lambda)$.

泊松分布也是一个常见的分布,一般作为描述大量试验中稀有事件发生次数的概率分布情况的数学模型. 例如,一页书中出现印刷错误的数目,电话交换台每分钟接到的呼唤次数等都服从泊松分布.

例 2.2.4

某电话交换台每分钟接到的呼唤次数 $X \sim P(3)$,求在 $1\,\mathrm{min}$ 内呼唤次数不超过 1 的概率.

解 因为 $X \sim P(3)$,所以

$$P\{X=k\} = \frac{3^k}{k!}\mathrm{e}^{-3} \quad (k=0,1,2,\cdots).$$

于是

$$P\{X \leqslant 1\} = P\{X=0\} + P\{X=1\} = \mathrm{e}^{-3} + 3\mathrm{e}^{-3} \approx 0.199.$$

对于二项分布 $X \sim B(n,p)$,有时计算某些事件的概率相当麻烦. 若当 n 很大,p 很小时,则可以利用下面的泊松定理进行近似计算.

定理 2.2.1(泊松定理) 设随机变量 $X_n(n=0,1,2,\cdots)$ 服从二项分布,其分布律为

$$P\{X_n=k\} = \mathrm{C}_n^k p_n^k (1-p_n)^{n-k} \quad (k=0,1,2,\cdots),$$

又 $np_n = \lambda(\lambda > 0$ 为一常数),则有

$$\lim_{n\to\infty} P\{X_n=k\} = \frac{\lambda^k}{k!}\mathrm{e}^{-\lambda}.$$

证 由假设 $p_n = \dfrac{\lambda}{n}$,得

$$P\{X_n=k\} = \frac{n(n-1)\cdots(n-k+1)}{k!}\left(\frac{\lambda}{n}\right)^k \left(1-\frac{\lambda}{n}\right)^{n-k}$$

$$= \frac{\lambda^k}{k!}\left[1\cdot\left(1-\frac{1}{n}\right)\left(1-\frac{2}{n}\right)\cdots\left(1-\frac{k-1}{n}\right)\right]\left(1-\frac{\lambda}{n}\right)^n \left(1-\frac{\lambda}{n}\right)^{-k}.$$

又对于任意固定的 k,有

$$\lim_{n\to\infty}\left(1-\frac{1}{n}\right)\left(1-\frac{2}{n}\right)\cdots\left(1-\frac{k-1}{n}\right) = 1,$$

$$\lim_{n\to\infty}\left(1-\frac{\lambda}{n}\right)^n = \lim_{n\to\infty}\left(1-\frac{\lambda}{n}\right)^{\frac{-n}{\lambda}(-\lambda)} = \mathrm{e}^{-\lambda},$$

$$\lim_{n\to\infty}\left(1-\frac{\lambda}{n}\right)^{-k} = 1,$$

因此

$$\lim_{n\to\infty} P\{X_n=k\} = \frac{\lambda^k}{k!}\mathrm{e}^{-\lambda}.$$

定理中的条件 $np_n = \lambda$ 意味着当 n 很大时,p_n 必定很小. 因此,由泊松定理可知,当 $X \sim B(n,p)$,且 n 很大而 p 很小($np = \lambda$)时,有

$$P\{X = k\} = C_n^k p^k (1-p)^{n-k} \approx \frac{\lambda^k}{k!} \mathrm{e}^{-\lambda}.$$

在实际计算中,当 $n \geqslant 20, p \leqslant 0.05$ 时,近似效果颇佳. 泊松分布的值查表可得(见附表 2).

例 2.2.5

某工厂有车床 300 台,各台车床发生故障的概率都是 0.01,且各台车床故障的发生是相互独立的. 在通常情况下,一台车床的故障可由一名维修工人来处理. 今该厂配有 3 名维修工人,问:

(1) 车床发生故障而不能及时处理的概率有多大?

(2) 若要保证故障不能及时处理的概率小于 0.05,问:至少需要配备几名维修工人?

解 用 X 表示同一时刻发生故障的车床台数,则 $X \sim B(300, 0.01)$. 由于 n 很大而 p 很小,因此可以认为 X 服从参数为 $\lambda = np = 300 \times 0.01 = 3$ 的泊松分布. 于是

$$P\{X = k\} = \frac{3^k}{k!} \mathrm{e}^{-3}.$$

(1) 有车床发生故障而不能及时处理,相当于有 4 台或 4 台以上车床同时发生故障,故有

$$P\{X > 3\} = \sum_{k=4}^{\infty} \frac{3^k}{k!} \mathrm{e}^{-3}.$$

查附表 2,得

$$P\{X > 3\} = P\{X \geqslant 4\} = 0.352\,768.$$

(2) 若要使得故障不能及时处理的概率小于 0.05,至少需配备 x 名维修工人,则有

$$P\{X > x\} \leqslant 0.05,$$

即

$$\sum_{k=x+1}^{\infty} \frac{3^k}{k!} \mathrm{e}^{-3} \leqslant 0.05.$$

查附表 2,得 $x+1 \geqslant 7$,则 $x \geqslant 6$,即至少需要配备 6 名维修工人.

例 2.2.6

设有 80 台同类型设备,各台设备工作是相互独立的,发生故障的概率都是 0.01,且一台设备的故障能由一个人处理. 考虑两种配备维修工人的方法:一是由 4 人维护,每人负责 20 台;二是由 3 人共同维护 80 台. 试比较这两种方法在设备发生故障时不能及时修理的概率的大小.

解 按第一种方法,以 X 记第一人维护的 20 台设备中同一时刻发生故障的台数,以 $A_i(i = 1, 2, 3, 4)$ 表示事件"第 i 人维护的 20 台设备中发生故障不能及时修理",则这 80 台设备中发生故障而不能及时修理的概率为

$$P(A_1 \bigcup A_2 \bigcup A_3 \bigcup A_4) \geqslant P(A_1) = P\{X \geqslant 2\}.$$

而 $X \sim B(20, 0.01)$,这里的 $\lambda = np = 0.2$,故有

$$P\{X \geqslant 2\} \approx \sum_{k=2}^{\infty} \frac{(0.2)^k \mathrm{e}^{-0.2}}{k!} = 0.017\,523\,1,$$

即有

$$P(A_1 \bigcup A_2 \bigcup A_3 \bigcup A_4) \geqslant 0.017\,523\,1.$$

按第二种方法,以 Y 记 80 台设备中同一时刻发生故障的台数. 此时,$Y \sim B(80, 0.01)$,$\lambda = np = 0.8$,故 80 台设备中发生故障而不能及时修理的概率为

$$P\{Y \geqslant 4\} \approx \sum_{k=4}^{\infty} \frac{(0.8)^k \mathrm{e}^{-0.8}}{k!} = 0.009\,080.$$

可见,在后一种情况下,尽管任务重了(每人平均维护27台),但工作质量不仅没有降低,反而提高了.这表明概率方法在国民经济和工业生产中有着相当大的应用价值.

习题2.2

1.下列给出的是否为某个随机变量的分布律?

(1)

1	3	5
0.5	0.3	0.2

(2)

1	2	3
0.7	0.1	0.1

(3)

0	1	2	$\cdots$	n	$\cdots$
$\frac{1}{2}$	$\frac{1}{2}\left(\frac{1}{3}\right)$	$\frac{1}{2}\left(\frac{1}{3}\right)^2$	$\cdots$	$\frac{1}{2}\left(\frac{1}{3}\right)^n$	$\cdots$

(4)

1	2	$\cdots$	n	$\cdots$
$\frac{1}{2}$	$\left(\frac{1}{2}\right)^2$	$\cdots$	$\left(\frac{1}{2}\right)^n$	$\cdots$

2.将一颗骰子抛掷两次,以 X_1 表示两次所得点数之和,以 X_2 表示两次所得到的小点数,试分别求 X_1, X_2 的分布律.

3.进行重复独立试验,设每次试验成功的概率为 p,失败的概率为 $q=1-p(0<p<1)$.

(1) 将试验进行到出现一次成功为止,以 X 表示所需的试验次数,求 X 的分布律(此时称 X 服从参数为 p 的**几何分布**);

(2) 将试验进行到出现 r 次成功为止,以 Y 表示所需的试验次数,求 Y 的分布律(此时称 Y 服从参数为 r, p 的**帕斯卡(Pascal)分布**);

(3) 一篮球运动员的投篮命中率为 45%,以 X 表示他首次投中时累计已投篮的次数,写出 X 的分布律,并计算 X 取偶数的概率.

4.已知一大批某种产品中有 30% 为一级品,现从中随机抽取 5 个样品,求:

(1) 5 个样品中恰有两个一级品的概率;

(2) 5 个样品中至少有两个一级品的概率.

5.某人进行射击训练,设每次射击的命中率为 0.01,独立射击 400 次,试求至少击中两次的概率.

6.一电话交换台每分钟收到的呼唤次数服从参数为 4 的泊松分布,求:

(1) 每分钟恰有 8 次呼唤的概率;

(2) 每分钟的呼唤次数大于 3 的概率.

7.设随机变量 X 服从泊松分布,且 $P\{X=1\}=P\{X=2\}$,求 $P\{X=4\}$.

8.设某商店每月销售某种商品的数量服从参数为 10 的泊松分布,问:在月初至少要进多少个此种商品,才能保证当月不脱销的概率在 95% 以上.

9.有一繁忙路段,每天有大量汽车通过,设每辆汽车在一天的某段时间内出事故的概率为 0.000 1,在某大的该段时间内有 1 000 辆汽车通过,问:出事故的次数不小于 2 的概率是多少?(利用泊松定理计算)

§2.3　连续型随机变量及随机变量的分布函数

2.3.1　概率密度函数

与离散型随机变量不同,有些随机变量 X 可以取某区间上的所有值. 例如,某射手射击,用 X 表示弹着点与靶心的距离,X 为一随机变量. 这时,考虑 X 取某个值的概率意义不大,人们关心的是 X 落在某个范围内(集中某个环)的概率 $P\{a < X \leqslant b\}$. 由此,给出以下定义:

定义 2.3.1　若对于随机变量 X,存在一非负可积函数 $f(x)(-\infty < x < +\infty)$,使得对于任意实数 $a, b(a < b)$,都有

$$P\{a < X \leqslant b\} = \int_a^b f(x)\mathrm{d}x, \tag{2.3.1}$$

则称 X 为**连续型随机变量**,$f(x)$ 称为 X 的**概率密度函数**,简称**概率密度**.

显然,概率密度具有下列性质:

(1) $f(x) \geqslant 0$. $\tag{2.3.2}$

(2) $\int_{-\infty}^{+\infty} f(x)\mathrm{d}x = 1$. $\tag{2.3.3}$

注:一个随机变量,如果它不是离散型的,它不一定是连续型的. 通常,我们将随机变量分成离散型和非离散型,而连续型随机变量是非离散型随机变量中最重要的类型. 我们这里只讨论离散型和连续型这两类重要的随机变量.

例 2.3.1

某型号电子管的使用寿命 X 为一随机变量,其概率密度为

$$f(x) = \begin{cases} \dfrac{A}{x^2}, & x > 100, \\ 0, & x \leqslant 100. \end{cases}$$

(1) 求常数 A;

(2) 现有一电子仪器上装有 3 个这种电子管,问:这仪器使用中的前 200 h 内不需要更换其中任何一个这种电子管的概率是多少(假定每个电子管是否需要更换相互独立,且任何一个报废都需要更换)?

解　(1) 由 $\int_{-\infty}^{+\infty} f(x)\mathrm{d}x = \int_{100}^{+\infty} \dfrac{A}{x^2}\mathrm{d}x = 1$,得 $A = 100$.

(2) 设 $A_i(i = 1, 2, 3)$ 表示事件"第 i 个电子管在使用中的前 200 h 内不需要更换",则

$$P(A_i) = P\{X \geqslant 200\} = \int_{200}^{+\infty} \frac{100}{x^2}\mathrm{d}x = 0.5.$$

故所求事件的概率为

$$P(A_1 A_2 A_3) = P(A_1)P(A_2)P(A_3) = 0.125.$$

2.3.2　分布函数

在前面的讨论中,对于离散型随机变量,定义了分布律;对于连续型随机变量,定义了概率密

度.下面将给出一个统一的描述形式 —— 分布函数.

定义 2.3.2　设 X 是一个随机变量,x 是任意实数,函数

$$F(x) = P\{X \leqslant x\} \tag{2.3.4}$$

称为 X 的**分布函数**.

易知,对于任意实数 $x_1, x_2 (x_1 < x_2)$,有

$$P\{x_1 < X \leqslant x_2\} = P\{X \leqslant x_2\} - P\{X \leqslant x_1\} = F(x_2) - F(x_1). \tag{2.3.5}$$

分布函数具有以下性质:

(1) $F(x)$ 为 x 的单调不减函数.

(2) $0 \leqslant F(x) \leqslant 1$,且

$$\lim_{x \to -\infty} F(x) = F(-\infty) = 0, \quad \lim_{x \to +\infty} F(x) = F(+\infty) = 1.$$

(3) $\lim_{x \to x_0^+} F(x) = F(x_0)$,即 $F(x)$ 是右连续的.

例 2.3.2

设随机变量 X 的分布律如表 2-3 所示,求 X 的分布函数,并求 $P\left\{X \leqslant \dfrac{1}{2}\right\}, P\left\{\dfrac{3}{2} < X \leqslant \dfrac{5}{2}\right\}$, $P\{2 \leqslant X \leqslant 3\}$.

表 2-3

X	-1	2	3
p_k	$\dfrac{1}{4}$	$\dfrac{1}{2}$	$\dfrac{1}{4}$

解　由概率的有限可加性可得

$$F(x) = \begin{cases} 0, & x < -1, \\ \dfrac{1}{4}, & -1 \leqslant x < 2, \\ \dfrac{3}{4}, & 2 \leqslant x < 3, \\ 1, & x \geqslant 3. \end{cases}$$

可以看出,$F(x)$ 为一阶梯函数,且

$$P\left\{X \leqslant \frac{1}{2}\right\} = F\left(\frac{1}{2}\right) = \frac{1}{4},$$

$$P\left\{\frac{3}{2} < X \leqslant \frac{5}{2}\right\} = F\left(\frac{5}{2}\right) - F\left(\frac{3}{2}\right) = \frac{1}{2},$$

$$P\{2 \leqslant X \leqslant 3\} = F(3) - F(2) + P\{X = 2\} = \frac{3}{4}.$$

一般地,设离散型随机变量 X 的分布律为

$$P\{X = x_k\} = p_k \quad (k = 1, 2, \cdots),$$

则有

$$F(x) = P\{X \leqslant x\} = \sum_{x_i \leqslant x} P\{X = x_i\} = \sum_{x_i \leqslant x} p_i. \tag{2.3.6}$$

而对于连续型随机变量 X,若其概率密度为 $f(x)$,则由式(2.3.1) 可知

$$F(x) = P\{X \leqslant x\} = P\{-\infty < X \leqslant x\} = \int_{-\infty}^{x} f(t) \mathrm{d}t. \tag{2.3.7}$$

由此可知,在 $f(x)$ 的连续点 x 处,有

$$F'(x) = f(x).$$

需要指出的是,对于连续型随机变量 X 来说,概率 $P\{X=a\}$ 不能描述 X 取 a 值的概率分布规律. 这是因为,设 X 的分布函数为 $F(x)$,令 $\Delta x > 0$,则有

$$0 \leqslant P\{X=a\} \leqslant P\{a-\Delta x < X \leqslant a\} = F(a) - F(a-\Delta x).$$

令 $\Delta x \to 0$,并注意到 X 为连续型随机变量,其分布函数 $F(x)$ 是连续的,所以

$$\lim_{\Delta x \to 0}[F(a) - F(a-\Delta x)] = 0.$$

故当 $\Delta x \to 0$ 时,由夹逼定理得

$$P\{X=a\} = 0.$$

由此可知,连续型随机变量 X 具有下列性质:

(1) 若 X 的概率密度 $f(x)$ 在点 x 处连续,则有

$$F'(x) = f(x). \tag{2.3.8}$$

(2) 连续型随机变量取任意值的概率为 0,即 $P\{X=a\}=0$. 这说明概率为 0 的事件不一定是不可能事件. 同样,概率为 1 的事件不一定是必然事件.

(3) 连续型随机变量 X 落在某区间上的概率与区间端点无关. 例如,

$$P\{a < X < b\} = P\{a < X \leqslant b\}.$$

例 2.3.3

设随机变量 X 的概率密度为

$$f(x) = \begin{cases} k\mathrm{e}^{-3x}, & x > 0, \\ 0, & x \leqslant 0. \end{cases}$$

(1) 试确定常数 k;

(2) 求分布函数 $F(x)$;

(3) 求 $P\{X > 0.1\}$.

解　(1) 由 $\int_{-\infty}^{+\infty} f(x)\mathrm{d}x = \int_{0}^{+\infty} k\mathrm{e}^{-3x}\mathrm{d}x = 1$,可得 $k=3$.

(2) 当 $x \leqslant 0$ 时,

$$F(x) = P\{X \leqslant x\} = \int_{-\infty}^{x} f(t)\mathrm{d}t = 0;$$

当 $x > 0$ 时,

$$F(x) = 3\int_{0}^{x} \mathrm{e}^{-3t}\mathrm{d}t = 1 - \mathrm{e}^{-3x},$$

故

$$F(x) = \begin{cases} 1 - \mathrm{e}^{-3x}, & x > 0, \\ 0, & x \leqslant 0. \end{cases}$$

(3) $P\{X > 0.1\} = 1 - P\{X \leqslant 0.1\} = 1 - F(0.1)$
$$= 1 - (1 - \mathrm{e}^{-0.3}) = \mathrm{e}^{-0.3} \approx 0.740\ 8.$$

习题 2.3

1. 设 $F_1(x), F_2(x)$ 为两个分布函数. 问:

(1) $F_1(x) + F_2(x)$ 是否为分布函数?

(2) 若 $a_1 > 0, a_2 > 0$ 均为常数,且 $a_1 + a_2 = 1$,证明:$a_1 F_1(x) + a_2 F_2(x)$ 为分布函数.

2. 设随机变量 X 的分布律如表 $2-4$ 所示,求 X 的分布函数 $F(x)$.

表 2 - 4

X	1	2	3
p_k	0.2	0.3	0.5

3. 设随机变量 X 的分布律为

$$P\{X = k\} = a\frac{\lambda^k}{k!} \quad (k = 0,1,2,\cdots),$$

其中 $\lambda > 0$ 为常数,试确定常数 a.

4. 设随机变量 X 的分布函数为

$$F(x) = \begin{cases} A + \dfrac{B}{2}e^{-3x}, & x > 0, \\ 0, & \text{其他}, \end{cases}$$

求:(1) 常数 A,B;(2) $P\{2 < X \leqslant 3\}$.

5. 设随机变量 X 的概率密度为

$$f(x) = \begin{cases} 2\left(1 - \dfrac{1}{x^2}\right), & 1 \leqslant x \leqslant 2, \\ 0, & \text{其他}, \end{cases}$$

求 X 的分布函数 $F(x)$.

6. 一个靶子是半径为 $2\,\mathrm{m}$ 的圆盘,设击中靶上任一同心圆盘上的点的概率与该圆盘的面积成正比,且每次射击都能击中靶,以 X 表示弹着点与圆心的距离,求随机变量 X 的分布函数 $F(x)$.

7. 设随机变量 X 的概率密度为

$$f(x) = Ae^{-|x|} \quad (-\infty < x < +\infty),$$

求:(1) 常数 A;(2) $P\{0 \leqslant X \leqslant 1\}$;(3) 分布函数 $F(x)$.

8. 设随机变量 X 的概率密度为

$$f(x) = \begin{cases} \dfrac{A}{\sqrt{1-x^2}}, & |x| < 1, \\ 0, & \text{其他}, \end{cases}$$

求:(1) 常数 A;(2) $P\left\{-\dfrac{1}{2} < X < \dfrac{1}{2}\right\}$;(3) 分布函数 $F(x)$.

9. 设随机变量 X 的概率密度为

$$f(x) = \begin{cases} kx, & 0 \leqslant x < 3, \\ 2 - \dfrac{x}{2}, & 3 \leqslant x < 4, \\ 0, & \text{其他}, \end{cases}$$

求:(1) 常数 k;(2) $P\left\{1 < X \leqslant \dfrac{7}{2}\right\}$;(3) 分布函数 $F(x)$.

10. 设随机变量 X 的概率密度为

$$f(x) = \begin{cases} C\sin x, & 0 < x < \pi, \\ 0, & \text{其他}, \end{cases}$$

求:(1) 常数 C;(2) 使得 $P\{X > a\} = P\{X < a\}$ 成立的常数 a.

11. 设随机变量 X 的分布函数为

$$F(x) = \begin{cases} 0, & x < 0, \\ ax^2 + bx, & 0 \leqslant x < 1, \\ 1, & x \geqslant 1, \end{cases}$$

求使得 $P\left\{X > \dfrac{1}{3}\right\} = P\left\{X < \dfrac{1}{3}\right\}$ 成立的常数 a, b.

§2.4　常用连续型随机变量的分布

2.4.1　均匀分布

若连续型随机变量 X 具有概率密度

$$f(x) = \begin{cases} \dfrac{1}{b-a}, & a < x < b, \\ 0, & \text{其他}, \end{cases} \tag{2.4.1}$$

则称 X 在区间 (a, b) 内服从**均匀分布**,记为 $X \sim U(a, b)$.

易知,$f(x) \geqslant 0$,且 $\displaystyle\int_{-\infty}^{+\infty} f(x)\mathrm{d}x = \int_{a}^{b} \dfrac{1}{b-a}\mathrm{d}x = 1$.

对于服从均匀分布的随机变量 X,它落在区间 (a, b) 内任意长度相等的子区间内的可能性相同. 事实上,对于任意长度为 l 的子区间 $(c, c+l)(a \leqslant c < c+l \leqslant b)$,有

$$P\{c < X \leqslant c+l\} = \int_{c}^{c+l} \dfrac{1}{b-a}\mathrm{d}x = \dfrac{l}{b-a}.$$

由式 (2.3.7) 可得 X 的分布函数为

$$F(x) = \begin{cases} 0, & x < a, \\ \dfrac{x-a}{b-a}, & a \leqslant x < b, \\ 1, & x \geqslant b. \end{cases} \tag{2.4.2}$$

概率密度 $f(x)$ 及分布函数 $F(x)$ 的图形分别如图 2-1 和图 2-2 所示.

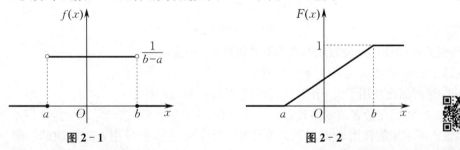

图 2-1　　　　　　　　　　　　　　　　图 2-2

在实际问题中,服从均匀分布的例子有很多. 例如,计算机中的舍入误差 X 是一个在区间 $(-0.5, 0.5)$ 内服从均匀分布的随机变量;某电台每隔 20 min 发出一个信号,那么等待时间(单位:min)X 是一个在区间 $[0, 20]$ 上服从均匀分布的随机变量. 下面看一个具体的均匀分布的例子.

例 2.4.1

某公共汽车的起点站每隔 5 min 发出一辆汽车,乘客在任意时刻到达该起点站是可能的. 求乘客候车时间不超过 4 min 的概率.

解　乘客候车时间(单位:min)X 在区间 $[0, 5]$ 上服从均匀分布,其概率密度为

$$f(x) = \begin{cases} \dfrac{1}{5}, & 0 \leqslant x \leqslant 5, \\ 0, & \text{其他}. \end{cases}$$

故有

$$P\{0 \leqslant X \leqslant 4\} = \int_0^4 f(x)\mathrm{d}x = \int_0^4 \frac{1}{5}\mathrm{d}x = \frac{4}{5}.$$

2.4.2 指数分布

若连续型随机变量 X 具有概率密度

$$f(x) = \begin{cases} \dfrac{1}{\theta}\mathrm{e}^{-\frac{x}{\theta}}, & x > 0, \\ 0, & \text{其他}, \end{cases} \tag{2.4.3}$$

其中 $\theta > 0$ 为常数,则称 X 服从参数为 θ 的**指数分布**,记为 $X \sim E(\theta)$.

由 $F(x) = \displaystyle\int_{-\infty}^x f(t)\mathrm{d}t$,得

$$F(x) = \begin{cases} 1 - \mathrm{e}^{-\frac{x}{\theta}}, & x > 0, \\ 0, & \text{其他}. \end{cases} \tag{2.4.4}$$

概率密度 $f(x)$ 及分布函数 $F(x)$ 的图形分别如图 2-3 和图 2-4 所示.

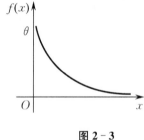

图 2-3　　　　　　　　　图 2-4

例 2.4.2

设某产品的使用寿命服从参数为 θ 的指数分布,求:

(1) 该产品使用时间至少为 t_0 的概率;

(2) 该产品已使用了 t_1 时间,仍能继续使用 t_0 时间的概率.

解 以随机变量 X 表示该产品的使用寿命,A 表示事件"该产品至少能使用 t_0 时间",B 表示事件"该产品至少能使用 t_1 时间",C 表示事件"该产品至少能使用 $t_0 + t_1$ 时间",则

$$A = \{X \geqslant t_0\}, \quad B = \{X \geqslant t_1\}, \quad C = \{X \geqslant t_0 + t_1\}, \quad C \subseteq B, \quad BC = C.$$

(1) 我们有

$$P(A) = P\{X \geqslant t_0\} = 1 - P\{X < t_0\} = 1 - F(t_0) = \mathrm{e}^{-\frac{t_0}{\theta}}.$$

(2) 所求概率为 $P(C \mid B)$,于是

$$P(C \mid B) = \frac{P(BC)}{P(B)} = \frac{P(C)}{P(B)} = \frac{\mathrm{e}^{-\frac{t_0+t_1}{\theta}}}{\mathrm{e}^{-\frac{t_1}{\theta}}} = \mathrm{e}^{-\frac{t_0}{\theta}},$$

因而有 $P(C \mid B) = P(A)$.

因此,对于使用寿命服从指数分布的产品来说,不管过去已使用多久,只要产品无老化现象,

那么它的使用寿命仍具有原来的概率分布. 这种性质称为**无记忆性**. 指数分布常用来描述电子元件和某些设备等的寿命分布. 例如,电路中的保险丝、镶在窗户上的玻璃、宝石轴承等的使用寿命都服从指数分布.

2.4.3 正态分布

若连续型随机变量 X 的概率密度为

$$f(x) = \frac{1}{\sqrt{2\pi}\sigma} e^{-\frac{1}{2\sigma^2}(x-\mu)^2} \quad (-\infty < x < +\infty), \tag{2.4.5}$$

其中 $\mu,\sigma(\sigma > 0)$ 为常数,则称 X 服从参数为 μ,σ 的**正态分布**,记为 $X \sim N(\mu,\sigma^2)$.

由式(2.4.5)可知,X 的分布函数为

$$F(x) = \frac{1}{\sqrt{2\pi}\sigma} \int_{-\infty}^{x} e^{\frac{(t-\mu)^2}{2\sigma^2}} dt \quad (-\infty < x < +\infty). \tag{2.4.6}$$

概率密度 $f(x)$ 及分布函数 $F(x)$ 的图形分别如图 2-5 和图 2-6 所示.

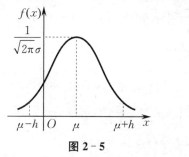

图 2-5

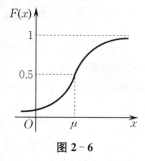

图 2-6

可见,概率密度 $f(x)$ 具有以下性质:

(1) $f(x)$ 的图形关于 $x = \mu$ 对称,这表明对于任意的 $h > 0$,有

$$P\{\mu - h < X \leqslant \mu\} = P\{\mu < X \leqslant \mu + h\}.$$

(2) $f(x)$ 在区间 $(-\infty,\mu)$ 上严格单调递增,在区间 $(\mu, +\infty)$ 上严格单调递减. 当 $x = \mu$ 时,$f(x)$ 取得最大值 $f(\mu) = \dfrac{1}{\sqrt{2\pi}\sigma}$;当 $x \to -\infty$ 或 $x \to +\infty$ 时,$f(x) \to 0$. 这表明,当 σ 越小时 $f(x)$ 的图形变得越尖,因而 X 落在 μ 附近的概率越大.

特别地,当 $\mu = 0, \sigma = 1$ 时,称 X 服从**标准正态分布**,记为 $X \sim N(0,1)$,其概率密度和分布函数分别用 $\varphi(x), \Phi(x)$ 表示,即有

$$\varphi(x) = \frac{1}{\sqrt{2\pi}} e^{-\frac{x^2}{2}} \quad (-\infty < x < +\infty), \tag{2.4.7}$$

$$\Phi(x) = \frac{1}{\sqrt{2\pi}} \int_{-\infty}^{x} e^{-\frac{t^2}{2}} dt \quad (-\infty < x < +\infty). \tag{2.4.8}$$

由对称性,易知

$$\Phi(-x) = 1 - \Phi(x). \tag{2.4.9}$$

人们已编制了 $\Phi(x)$ 的函数表,可供查用(见附表 1).

一般地,若 $X \sim N(\mu,\sigma^2)$,则只要通过一个线性变换就能将它化为标准正态分布. 由于

$$F(x) = P\{X \leqslant x\} = \frac{1}{\sqrt{2\pi}\sigma} \int_{-\infty}^{x} e^{\frac{(t-\mu)^2}{2\sigma^2}} dt,$$

令

$$u = \frac{t - \mu}{\sigma},$$

得

$$F(x) = \frac{1}{\sqrt{2\pi}} \int_{-\infty}^{\frac{x-\mu}{\sigma}} e^{-\frac{u^2}{2}} du = \Phi\left(\frac{x-\mu}{\sigma}\right). \tag{2.4.10}$$

于是,对于任意服从正态分布 $N(\mu, \sigma^2)$ 的随机变量 X,有

$$P\{a < X \leqslant b\} = F(b) - F(a) = \Phi\left(\frac{b-\mu}{\sigma}\right) - \Phi\left(\frac{a-\mu}{\sigma}\right). \tag{2.4.11}$$

例 2.4.3

设随机变量 X 服从正态分布 $N(2, 3^2)$,求:

(1) X 落在 0 与 2.5 之间的概率;

(2) X 落在 5 与 10 之间的概率.

解 (1) 所求概率为 $P\{0 < X < 2.5\}$. 因为 $\mu = 2, \sigma = 3$,由式 (2.4.11) 可知

$$P\{0 < X < 2.5\} = \Phi\left(\frac{2.5-2}{3}\right) - \Phi\left(\frac{0-2}{3}\right) \approx \Phi(0.17) - \Phi(-0.67)$$
$$= 0.5675 - [1 - \Phi(0.67)] = 0.5675 - (1 - 0.7486) = 0.3161,$$

即 X 落在 0 与 2.5 之间的概率为 0.3161.

(2) 所求概率为 $P\{5 < X < 10\}$. 由式 (2.4.11) 可知

$$P\{5 < X < 10\} = \Phi\left(\frac{10-2}{3}\right) - \Phi\left(\frac{5-2}{3}\right) \approx \Phi(2.67) - \Phi(1)$$
$$= 0.9962 - 0.8413 = 0.1549,$$

即 X 落在 5 与 10 之间的概率为 0.1549.

例 2.4.4

某工厂生产的电子管的寿命(单位:h) X 服从正态分布 $N(1600, \sigma^2)$. 如果要求该工厂生产的电子管的寿命在 1200 h 以上的概率不小于 0.96,求 σ 的值.

解 由 X 服从正态分布 $N(1600, \sigma^2)$ 可知 $\mu = 1600$,先求 $P\{X \geqslant 1200\}$. 根据式 (2.4.11) 得

$$P\{X \geqslant 1200\} = 1 - \Phi\left(\frac{1200 - 1600}{\sigma}\right) = 1 - \Phi\left(\frac{-400}{\sigma}\right).$$

又由 $P\{X \geqslant 1200\} \geqslant 0.96$,得 $1 - \Phi\left(\frac{-400}{\sigma}\right) \geqslant 0.96$,即 $\Phi\left(\frac{400}{\sigma}\right) \geqslant 0.96$. 查附表 1 得

$$\frac{400}{\sigma} \geqslant 1.76, \quad 即 \quad \sigma \leqslant 227.27.$$

如果把 σ 控制在小于 227.27 的范围内,那么电子管的寿命大于 1200 h 的概率就不小于 0.96.

为了便于应用,对于标准正态随机变量,引入上 α 分位点的定义.

设 $X \sim N(0, 1)$. 若 z_α 满足条件

$$P\{X > z_\alpha\} = \alpha \quad (0 < \alpha < 1), \tag{2.4.12}$$

则称点 z_α 为标准正态分布的上 α **分位点**. 例如,通过查附表 1 可知

$$z_{0.05} = 1.645, \quad z_{0.005} = 2.575.$$

在概率论与数理统计中,正态分布是连续型随机变量中的一个最重要、最常用的分布. 在自然现象和实际问题中,大量随机变量都服从或近似地服从正态分布.

习题 2.4

1. 设电阻值(单位:Ω)R 是一个随机变量,在区间$(900, 1\,100)$ 内服从均匀分布,求 R 的概率密度及落在区间$(950, 1\,050)$ 内的概率.

2. 设随机变量 X 在区间$(0, 5)$ 内服从均匀分布,求方程 $4x^2 + 4Xx + X + 2 = 0$ 有实根的概率.

3. 研究英格兰矿山在 1875 ～ 1951 年期间发生导致 10 人或 10 人以上死亡事故的频繁程度,得知相继两次事故之间的时间 T(以日计) 服从指数分布,其概率密度为

$$f(t) = \begin{cases} \dfrac{1}{241}e^{-\frac{t}{214}}, & t > 0, \\ 0, & \text{其他.} \end{cases}$$

求分布函数 $F(t)$ 及概率 $P\{50 < T < 100\}$.

4. 设顾客在某银行窗口等待服务的时间(单位:min)X 服从指数分布,其概率密度为

$$f(x) = \begin{cases} \dfrac{1}{5}e^{-\frac{x}{5}}, & x > 0, \\ 0, & \text{其他.} \end{cases}$$

若某顾客在窗口等待服务的时间超过 $10\,\text{min}$,他就离开,他一个月要到该银行 5 次,以 Y 表示一个月内他未等到服务而离开窗口的次数,写出 Y 的分布律,并求 $P\{Y \geqslant 1\}$.

5. 设随机变量 X 服从正态分布 $N(2, \sigma^2)$,且 $P\{2 < X < 4\} = 0.3$,求 $P\{X < 0\}$.

6. 设随机变量 X 服从正态分布 $N(3, 2^2)$.

(1) 求 $P\{2 < X < 5\}, P\{-4 < X < 10\}, P\{|X| > 2\}, P\{X > 3\}$;

(2) 确定常数 c,使得 $P\{X > c\} = P\{X \leqslant c\}$.

7. 将一温度调节器放置在储存着某种液体的容器内. 温度调节器定在 $d\,℃$,液体的温度(单位:℃)X 是一个随机变量,且 $X \sim N(d, (0.5)^2)$.

(1) 若 $d = 90$,求 X 小于 89 的概率;

(2) 若要求保持液体的温度至少为 80℃ 的概率不低于 0.99,问:d 至少为多少?

8. 某地区 18 岁女青年的血压(收缩压,单位:mmHg)服从 $N(110, 12^2)$. 在该地区任选一 18 岁女青年,测量她的血压 X.

(1) 求 $P\{X \leqslant 105\}, P\{100 < X \leqslant 120\}$;

(2) 确定最小的 x,使得 $P\{X > x\} \leqslant 0.05$.

§2.5　随机变量函数的分布

设 $y = g(x)$ 为连续函数,X 为随机变量,则 $Y = g(X)$ 也为随机变量. 下面通过具体的例子说明如何通过已知的随机变量 X 的分布求它的函数 $Y = g(X)$ 的分布.

例 2.5.1

设随机变量 X 的分布律如表 2-5 所示,试求 $Y = X^2$ 的分布律.

表 2-5

X	-1	0	1
p_k	$\dfrac{1}{4}$	$\dfrac{1}{2}$	$\dfrac{1}{4}$

解　由 $Y = X^2$ 可知,Y 的所有可能取值为 $0, 1$. 由 X 的分布律可得

$$P\{Y=0\}=P\{X^2=0\}=P\{X=0\}=\frac{1}{2},$$

$$P\{Y=1\}=P\{X^2=1\}=P\{X=1\}+P\{X=-1\}=\frac{1}{2},$$

即得 Y 的分布律如表 2-6 所示.

表 2-6

Y	0	1
p_k	$\frac{1}{2}$	$\frac{1}{2}$

例 2.5.2

设随机变量 X 的概率密度为

$$f_X(x)=\begin{cases}\dfrac{1}{2}x, & x\in(0,2),\\ 0, & \text{其他}.\end{cases}$$

令 $Y=3X-1$，求 Y 的概率密度 $f_Y(y)$.

解　设 X 的分布函数为 $F_X(x)$，则 Y 的分布函数为

$$F_Y(y)=P\{Y\leqslant y\}=P\{3X-1\leqslant y\}=P\left\{X\leqslant\frac{y+1}{3}\right\}=F_X\left(\frac{y+1}{3}\right),$$

从而 Y 的概率密度为

$$f_Y(y)=F_Y'(y)=\frac{\mathrm{d}}{\mathrm{d}y}F_X\left(\frac{y+1}{3}\right)=f_X\left(\frac{y+1}{3}\right)\cdot\frac{\mathrm{d}}{\mathrm{d}y}\left(\frac{y+1}{3}\right)$$

$$=\frac{1}{3}f_X\left(\frac{y+1}{3}\right)=\begin{cases}\dfrac{1}{18}(y+1), & y\in(-1,5),\\ 0, & \text{其他}.\end{cases}$$

例 2.5.3

设随机变量 $X\sim N(\mu,\sigma^2)$，试求 $Y=aX+b(a\neq0)$ 的概率密度.

解　已知 X 的概率密度为

$$f_X(x)=\frac{1}{\sqrt{2\pi}\sigma}\mathrm{e}^{-\frac{(x-\mu)^2}{2\sigma^2}}\quad(-\infty<x<+\infty).$$

当 $a>0$ 时，Y 的分布函数为

$$F_Y(y)=P\{Y\leqslant y\}=P\{aX+b\leqslant y\}=P\left\{X\leqslant\frac{y-b}{a}\right\}=\int_{-\infty}^{\frac{y-b}{a}}f_X(x)\mathrm{d}x,$$

从而 Y 的概率密度为

$$f_Y(y)=F_Y'(y)=f_X\left(\frac{y-b}{a}\right)\frac{1}{a}=\frac{1}{a\sigma\sqrt{2\pi}}\mathrm{e}^{-\frac{[y-(b+a\mu)]^2}{2(a\sigma)^2}}\quad(-\infty<y<+\infty).$$

当 $a<0$ 时，类似可得

$$f_Y(y)=-\frac{1}{a\sigma\sqrt{2\pi}}\mathrm{e}^{-\frac{[y-(b+a\mu)]^2}{2(a\sigma)^2}}\quad(-\infty<y<+\infty).$$

故对于 $a\neq0$，Y 的概率密度为

$$f_Y(y)=\frac{1}{|a|\sigma\sqrt{2\pi}}\mathrm{e}^{-\frac{[y-(b+a\mu)]^2}{2(a\sigma)^2}}\quad(-\infty<y<+\infty),$$

即 $Y = aX + b \sim N(a\mu + b, (a\sigma)^2)$.

例 2.5.4

设随机变量 X 具有概率密度 $f_X(x)(-\infty < x < +\infty)$，求 $Y = X^2$ 的概率密度.

解　求 Y 的分布函数 $F_Y(y)$. 由于 $Y = X^2 \geqslant 0$，故当 $y \leqslant 0$ 时，$F_Y(y) = 0$；当 $y > 0$ 时，

$$F_Y(y) = P\{Y \leqslant y\} = P\{X^2 \leqslant y\} = P\{-\sqrt{y} \leqslant X \leqslant \sqrt{y}\}$$

$$= \int_{-\sqrt{y}}^{\sqrt{y}} f_X(x)\mathrm{d}x = \int_{-\sqrt{y}}^{0} f_X(x)\mathrm{d}x + \int_{0}^{\sqrt{y}} f_X(x)\mathrm{d}x,$$

从而 Y 的概率密度为

$$f_Y(y) = F_Y'(y) = \begin{cases} \dfrac{1}{2\sqrt{y}}\left[f_X(\sqrt{y}) + f_X(-\sqrt{y}) \right], & y > 0, \\ 0, & y \leqslant 0. \end{cases}$$

习题 2.5

1. 设随机变量 X 的分布律如表 2-7 所示，求 $Y = (X-1)^2$ 的分布律.

表 2-7

X	-1	0	1	2
p_k	0.2	0.3	0.1	0.4

2. 设随机变量 X 的概率密度为 $f_X(x) = \begin{cases} \dfrac{1}{8}x, & x \in (0,4), \\ 0, & \text{其他,} \end{cases}$ 令 $Y = 2X + 8$，求 Y 的概率密度 $f_Y(y)$.

3. 设随机变量 $X \sim N(0,1)$.

(1) 求 $Y = \mathrm{e}^X$ 的概率密度；

(2) 求 $Y = X^2$ 的概率密度；

(3) 求 $Y = |X|$ 的概率密度.

4. 设随机变量 X 的概率密度为 $f_X(x) = \begin{cases} \mathrm{e}^{-x}, & x > 0, \\ 0, & \text{其他,} \end{cases}$ 求 $Y = X^2$ 的概率密度.

5. 设随机变量 X 的概率密度为 $f_X(x) = \begin{cases} \dfrac{2x}{\pi^2}, & 0 < x < \pi, \\ 0, & \text{其他,} \end{cases}$ 求 $Y = \sin X$ 的概率密度.

6. 设一质点 M 随机地落在以点 O 为圆心、R 为半径的圆周上，并且对于弧长是均匀分布的，求质点 M 的横坐标 X 的概率密度.

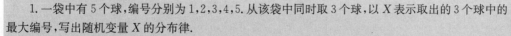

习　题　2

1. 一袋中有 5 个球，编号分别为 1,2,3,4,5. 从该袋中同时取 3 个球，以 X 表示取出的 3 个球中的最大编号，写出随机变量 X 的分布律.

2. 设在 15 个同类型零件中有 2 个是次品，在其中取 3 次，每次任取 1 个，做不放回抽样，以 X 表示取出次品的个数.

(1) 求 X 的分布律；

(2) 画出分布律的图形.

3. 一汽车在开往目的地的道路上需经过 4 组信号灯,每组信号灯以 0.5 的概率允许或禁止汽车通过.以 X 表示该汽车首次停下时已通过的信号灯的组数(设各组信号灯的工作是相互独立的),求 X 的分布律.

4. 一大楼装有 5 台同类型的供水设备.调查表明,在任一时刻 t,每个设备被使用的概率为 0.1,问:在同一时刻,

(1) 恰有 2 台设备被使用的概率是多少?

(2) 至少有 3 台设备被使用的概率是多少?

(3) 至多有 3 台设备被使用的概率是多少?

(4) 至少有 1 台设备被使用的概率是多少?

5. 设事件 A 在每一次试验中发生的概率为 0.3,当 A 发生不少于 3 次时,指示灯发出信号,求:

(1) 进行了 5 次独立试验,指示灯发出信号的概率;

(2) 进行了 7 次独立试验,指示灯发出信号的概率.

6. 甲、乙两人投篮,投中的概率分别为 0.6,0.7. 今两人各投 3 次,求两人投中次数相等的概率.

7. 有甲、乙两种味道和颜色都极为相似的酒各 4 杯,如果从中挑 4 杯,能将甲种酒全部挑出来,那么算试验成功一次.

(1) 某人随机地去猜,问:他试验成功一次的概率是多少?

(2) 某人声称他通过品尝能区分两种酒,他连续试验了 10 次,成功 3 次,试推断他是靠猜成功的,还是确有区分这两种酒的能力(设各次试验是相互独立的).

8. 一本 500 页的书共有 500 个错误,每个错误等可能地出现在每一页上(每一页的印刷符号超过 500 个),试求指定的一页上至少有 3 个错误的概率.

9. 设随机变量 X 服从 $(0-1)$ 分布,其分布律为 $P\{X=k\}=p^k(1-p)^{1-k}(k=0,1)$,求 X 的分布函数,并作出其图形.

10. 在区间 $[0,a]$ 上任意投掷一个质点,以 X 表示这个质点的坐标,设这个质点落在 $[0,a]$ 上任意小区间内的概率与这个小区间的长度成正比例,试求 X 的分布函数.

11. 设连续型随机变量 X 的分布函数为

$$F(x)=\begin{cases}0, & x<1,\\ \ln x, & 1\leqslant x<\mathrm{e},\\ 1, & x\geqslant\mathrm{e}.\end{cases}$$

求:

(1) $P\{X<2\},P\{0<X\leqslant3\},P\{2<X\leqslant2.5\}$;

(2) 概率密度 $f(x)$.

12. 设随机变量 X 的概率密度为

$$f(x)=\begin{cases}\dfrac{2}{\pi}\sqrt{1-x^2}, & -1\leqslant x\leqslant1,\\ 0, & \text{其他}.\end{cases}$$

求 X 的分布函数 $F(x)$.

13. 设随机变量 X 的概率密度为

$$f(x)=\begin{cases}x, & 0<x\leqslant1,\\ 2-x, & 1<x\leqslant2,\\ 0, & \text{其他}.\end{cases}$$

求:

(1) X 的分布函数 $F(x)$;

(2) $P\{X<0.5\},P\{X>1.3\},P\{0.2<X<1.2\}$.

14. 设随机变量 X 在区间 $(1,6)$ 内服从均匀分布,求方程

$$x^2+Xx+1=0$$

有实根的概率.

15. 由统计物理学知识可知,分子运动速度的绝对值 X 服从麦克斯韦(Maxwell)分布,其概率密度为

$$f(x) = \begin{cases} Ax^2 \mathrm{e}^{-\frac{x^2}{b}}, & x > 0, \\ 0, & \text{其他}, \end{cases}$$

其中 $b = \dfrac{m}{2kT}$,k 为玻尔兹曼(Boltzmann)常量,T 为绝对温度,m 是分子的质量,试确定常数 A.

16. 某种型号的电子管的寿命(单位:h)X 具有以下概率密度:

$$f(x) = \begin{cases} \dfrac{1\,000}{x^2}, & x > 1\,000, \\ 0, & \text{其他}. \end{cases}$$

现有一大批此种型号的电子管(设各电子管损坏与否相互独立),任取 5 只,问:其中至少有两只寿命大于 1 500 h 的概率是多少?

17. 设随机变量 X 在区间 $(2,5)$ 内服从均匀分布,现对 X 进行 3 次独立观测,求至少有两次观测值大于 3 的概率.

18. 设随机变量 X 服从正态分布 $N(108,3^2)$.

(1) 求 $P\{101.1 < X < 117.6\}$;

(2) 确定 a,使得 $P\{X < a\} = 0.90$;

(3) 确定 a,使得 $P\{|X-a| > a\} = 0.01$.

19. 某地抽样调查结果表明,考生的外语成绩(百分制)近似地服从正态分布,平均成绩(参数 μ 的值)为 72 分,96 分以上的占考生总数的 2.3%,试求考生外语成绩在 60 ～ 84 分之间的概率.

20. 由某机器生产的螺栓长度(单位:cm)服从参数 $\mu = 10.05$,$\sigma = 0.06$ 的正态分布,规定长度在 (10.05 ± 0.12)cm 范围内为合格品,求一螺栓为不合格品的概率.

21. 一工厂生产的电子管的寿命(单位:h)X 服从参数 $\mu = 160$,$\sigma(\sigma > 0)$ 的正态分布,若 $P\{120 < X \leqslant 200\} \geqslant 0.80$,问:允许 σ 最大为多少?

22. 求下列给定 α 的标准正态分布的分位点:

(1) $\alpha = 0.01$,求 z_α;

(2) $\alpha = 0.003$,求 z_α,$z_{\frac{\alpha}{2}}$.

23. 设随机变量 X 的分布律如表 2-8 所示,求 $Y = X^2$ 的分布律.

表 2-8

X	-2	-1	0	1	3
p_k	$\dfrac{1}{5}$	$\dfrac{1}{6}$	$\dfrac{1}{5}$	$\dfrac{1}{15}$	$\dfrac{11}{30}$

24. 设随机变量 X 在区间 $(0,1)$ 内服从均匀分布,求:

(1) $Y = \mathrm{e}^X$ 的概率密度;

(2) $Y = 2\ln X$ 的概率密度.

25. 设随机变量 X 的概率密度为

$$f_X(x) = \begin{cases} \mathrm{e}^{-x}, & x > 0, \\ 0, & \text{其他}. \end{cases}$$

求 $Y = \mathrm{e}^X$ 的概率密度.

第 3 章

多维随机变量及其分布

许多问题中的试验结果仅用一个随机变量描述是不够的. 例如,为了研究某地区儿童的发育情况,对这一地区的儿童进行抽查,儿童的身高和体重都是研究的指标. 若样本空间取为 $U = \{e\} = \{某地区学龄前儿童\}$,用 H,W 分别表示身高和体重,则 $H\{e\},W\{e\}$ 均为定义在 U 上的随机变量.

一般地,设 E 为随机试验,$U = \{e\}$ 是 E 的样本空间,定义在 U 上的实函数 $X\{e\},Y\{e\}$ 组成的向量 (X,Y) 称为**二维随机向量**(或**二维随机变量**).

二维随机变量 (X,Y) 的性质不仅与 X, Y 有关,而且还依赖于这两个随机变量之间的相互关系,所以有必要将 (X,Y) 作为一个整体来研究.

3.1.1 二维随机变量的分布函数

定义 3.1.1 设 (X,Y) 为二维随机变量,x,y 为任意实数,函数

$$F(x,y) = P(\{X \leqslant x\} \bigcap \{Y \leqslant y\}) \triangleq P\{X \leqslant x, Y \leqslant y\} \tag{3.1.1}$$

称为**二维随机变量** (X,Y) **的分布函数**,或称为随机变量 X 和 Y 的**联合分布函数**.

如果将二维随机变量 (X,Y) 看成平面上随机点的坐标,那么 $F(x,y)$ 在点 (x,y) 处的函数值就是随机点 (X,Y) 落在以点 (x,y) 为顶点的左下方的无穷矩形域内的概率. 若知道了 (X,Y) 的分布函数 $F(x,y)$,则对于任意四个实数 $x_1, x_2(x_1 < x_2), y_1, y_2(y_1 < y_2)$,随机点 (X,Y) 落在矩形域 $x_1 < X \leqslant x_2, y_1 < Y \leqslant y_2$ 内的概率为

$$P\{x_1 < X \leqslant x_2, y_1 < Y \leqslant y_2\} = F(x_2,y_2) - F(x_2,y_1) - F(x_1,y_2) + F(x_1,y_1).$$

二维随机变量的分布函数具有以下性质:

性质 3.1.1 $F(x,y)$ 是变量 x 和 y 的单调不减函数,即对于任意固定的 y,当 $x_2 > x_1$ 时,$F(x_2,y) \geqslant F(x_1,y)$;对于任意固定的 x,当 $y_2 > y_1$ 时,$F(x,y_2) \geqslant F(x,y_1)$.

性质 3.1.2 $0 \leqslant F(x,y) \leqslant 1$,且对于任意固定的 y,$F(-\infty,y) = \lim_{x \to -\infty} F(x,y) = 0$,对于任意固定的 x,$F(x,-\infty) = \lim_{y \to -\infty} F(x,y) = 0$,

$$F(-\infty,-\infty) = \lim_{\substack{x \to -\infty \\ y \to -\infty}} F(x,y) = 0, \quad F(+\infty,+\infty) = \lim_{\substack{x \to +\infty \\ y \to +\infty}} F(x,y) = 1.$$

性质 3.1.3 $F(x,y) = F(x+0,y), F(x,y) = F(x,y+0)$,即 $F(x,y)$ 关于 x 右连续,关于 y 也右连续.

$\fbox{性质 3.1.4}$　对于任意的 $(x_1,y_1),(x_2,y_2)$,且 $x_1 < x_2,y_1 < y_2$,有

$$F(x_2,y_2) - F(x_1,y_2) - F(x_2,y_1) + F(x_1,y_1) \geqslant 0.$$

与一维情况类似,我们只讨论常用的两种类型:二维离散型随机变量和二维连续型随机变量.

3.1.2　二维离散型随机变量

$\fbox{定义 3.1.2}$　如果二维随机变量的所有可能取值是有限对或可列无限多对,那么称 (X,Y) 为二维离散型随机变量.

设二维离散型随机变量 (X,Y) 的所有可能取值为 $(x_i,y_j)(i,j=1,2,\cdots)$,记

$$P\{X = x_i, Y = y_j\} = p_{ij} \quad (i,j = 1,2,\cdots), \tag{3.1.2}$$

称式(3.1.2)为**二维离散型随机变量** (X,Y) **的分布律(列)**,或称为随机变量 X 和 Y 的**联合分布律**.

由概率的定义可知,p_{ij} 具有以下性质:

(1) $p_{ij} \geqslant 0(i,j = 1,2,\cdots)$.

(2) $\sum\limits_{i=1}^{\infty}\sum\limits_{j=1}^{\infty}p_{ij} = 1$.

二维离散型随机变量 (X,Y) 的分布律也常用表格形式来表示(见表 3-1).

表 3-1

X	Y				
	y_1	y_2	$\cdots$	y_j	$\cdots$
x_1	p_{11}	p_{12}	$\cdots$	p_{1j}	$\cdots$
x_2	p_{21}	p_{22}	$\cdots$	p_{2j}	$\cdots$
$\vdots$	$\vdots$	$\vdots$		$\vdots$	
x_i	p_{i1}	p_{i2}	$\cdots$	p_{ij}	$\cdots$
$\vdots$	$\vdots$	$\vdots$		$\vdots$	

显然,有下列关系式成立:

$$F(x,y) = \sum_{x_i \leqslant x}\sum_{y_j \leqslant y} p_{ij}. \tag{3.1.3}$$

$\fbox{例 3.1.1}$

设袋中有 4 个白球,5 个红球,现从中随机抽取两次,每次取一个,做不放回取样.定义随机变量

$$X_i = \begin{cases} 0, & \text{第 } i \text{ 次摸出白球}, \\ 1, & \text{第 } i \text{ 次摸出红球} \end{cases} \quad (i = 1,2),$$

试求 (X_1,X_2) 的分布律.

解　对于不放回取样,(X_1,X_2) 的所有可能取值有 $(0,0),(0,1),(1,0),(1,1)$,且取每个值的概率分别为

$$P\{X_1 = 0, X_2 = 0\} = \frac{4}{9} \times \frac{3}{8} = \frac{1}{6}, \quad P\{X_1 = 0, X_2 = 1\} = \frac{4}{9} \times \frac{5}{8} = \frac{5}{18},$$

$$P\{X_1 = 1, X_2 = 0\} = \frac{5}{9} \times \frac{4}{8} = \frac{5}{18}, \quad P\{X_1 = 1, X_2 = 1\} = \frac{5}{9} \times \frac{4}{8} = \frac{5}{18},$$

所以 (X_1,X_2) 的分布律如表 3-2 所示.

表 3-2

X_1	X_2	
	0	1
0	$\dfrac{1}{6}$	$\dfrac{5}{18}$
1	$\dfrac{5}{18}$	$\dfrac{5}{18}$

例 3.1.2

设随机变量 X 在 $1,2,3,4$ 这四个数中等可能地取值,另一个随机变量 Y 在 $1 \sim X$ 中等可能地取整数值,试求 (X,Y) 的分布律.

解 由乘法公式容易求得 (X,Y) 的分布律. 易知 $\{X=i,Y=j\}$ 的取值情况是 $i=1,2,3,4$,j 取不大于 i 的正整数,且

$$P\{X=i,Y=j\} = P\{Y=j \mid X=i\}P\{X=i\} = \frac{1}{i} \cdot \frac{1}{4} \quad (i=1,2,3,4, j \leqslant i).$$

于是,(X,Y) 的分布律如表 3-3 所示.

表 3-3

Y	X			
	1	2	3	4
1	$\dfrac{1}{4}$	$\dfrac{1}{8}$	$\dfrac{1}{12}$	$\dfrac{1}{16}$
2	0	$\dfrac{1}{8}$	$\dfrac{1}{12}$	$\dfrac{1}{16}$
3	0	0	$\dfrac{1}{12}$	$\dfrac{1}{16}$
4	0	0	0	$\dfrac{1}{16}$

3.1.3 二维连续型随机变量

定义 3.1.3 设二维随机变量 (X,Y) 的分布函数为 $F(x,y)$. 如果存在一非负可积函数 $f(x,y)$,使得对于任意实数 x,y,都有

$$F(x,y) = \int_{-\infty}^{x} \int_{-\infty}^{y} f(u,v)\mathrm{d}u\mathrm{d}v, \tag{3.1.4}$$

那么称 (X,Y) 为**二维连续型随机变量**,$f(x,y)$ 称为二维连续型随机变量 (X,Y) 的**概率密度函数**,简称**概率密度**,或称为随机变量 X 和 Y 的**联合概率密度**.

可以证明,概率密度 $f(x,y)$ 具有以下性质:

(1) $f(x,y) \geqslant 0$,

(2) $\displaystyle\int_{-\infty}^{+\infty} \int_{-\infty}^{+\infty} f(x,y)\mathrm{d}x\mathrm{d}y = F(+\infty,+\infty) = 1.$

(3) 在 $f(x,y)$ 的连续点 (x,y) 处,有

$$\frac{\partial^2 F(x,y)}{\partial x \partial y} = f(x,y).$$

(4) 设 D 为 xOy 平面上的任意一个区域,则点 (X,Y) 落在 D 内的概率为

$$P\{(X,Y) \in D\} = \iint_D f(x,y)\mathrm{d}x\mathrm{d}y. \tag{3.1.5}$$

在几何上，$z = f(x,y)$ 表示空间的一个曲面. 由性质 (2) 可知, 介于它和 xOy 平面的空间区域的体积为 1. 由性质 (4) 可知, $P\{(X,Y) \in D\}$ 的值就是以 D 为底、曲面 $z = f(x,y)$ 为顶的曲顶柱体体积.

例 3.1.3

设二维随机变量 (X,Y) 具有概率密度

$$f(x,y) = \begin{cases} Ce^{-(2x+y)}, & x > 0, y > 0, \\ 0, & \text{其他.} \end{cases}$$

求：(1) 常数 C；(2) (X,Y) 的分布函数 $F(x,y)$；(3) 概率 $P\{Y \leqslant X\}$.

解　(1) $1 = \int_{-\infty}^{+\infty}\int_{-\infty}^{+\infty} f(x,y)\mathrm{d}x\mathrm{d}y = \int_0^{+\infty}\int_0^{+\infty} Ce^{-(2x+y)}\mathrm{d}x\mathrm{d}y = C\int_0^{+\infty} e^{-2x}\mathrm{d}x\int_0^{+\infty} e^{-y}\mathrm{d}y = \frac{1}{2}C,$

故 $C = 2$.

(2) (X,Y) 的分布函数为

$$F(x,y) = \int_{-\infty}^x\int_{-\infty}^y f(u,v)\mathrm{d}u\mathrm{d}v = \begin{cases} \int_0^x\int_0^y 2e^{-(2u+v)}\mathrm{d}u\mathrm{d}v, & x > 0, y > 0, \\ 0, & \text{其他,} \end{cases}$$

即

$$F(x,y) = \begin{cases} (1-e^{-2x})(1-e^{-y}), & x > 0, y > 0, \\ 0, & \text{其他.} \end{cases}$$

(3) $P\{Y \leqslant X\} = \iint\limits_{y \leqslant x} f(x,y)\mathrm{d}x\mathrm{d}y = \int_0^{+\infty}\mathrm{d}y\int_y^{+\infty} 2e^{-(2x+y)}\mathrm{d}x = \frac{1}{3}.$

设 G 是平面上的有界区域, 其面积为 A. 若二维随机变量 (X,Y) 具有概率密度

$$f(x,y) = \begin{cases} \dfrac{1}{A}, & (x,y) \in G, \\ 0, & \text{其他,} \end{cases} \tag{3.1.6}$$

则称 (X,Y) 在 G 上服从**均匀分布**.

若二维随机变量 (X,Y) 在有界区域 G 上服从均匀分布, 概率密度如式 (3.1.6) 所示, 又设 D 为 G 内的任一子区域, 其面积为 S_D, 则由式 (3.1.5) 得

$$P\{(X,Y) \in D\} = \iint_D f(x,y)\mathrm{d}x\mathrm{d}y = \iint\limits_{(x,y) \in D} \frac{1}{A}\mathrm{d}x\mathrm{d}y = \frac{S_D}{A}.$$

上式表明, 随机点 (X,Y) 落在子区域 D 内的概率与 D 的面积成正比, 而与 D 在 G 内的位置和形状无关, 故 (X,Y) 落在面积相等的各个子区域内的可能性是相等的. 由此可知, "均匀分布" 中的 "均匀" 就是 "等可能" 的意思.

3.1.4　多维随机变量

设 E 为随机试验, 它的样本空间 $U = \{e\}$, $X_i(e)(i = 1,2,\cdots,n)$ 为定义在 U 上的随机变量, 由它们构成的 n 维向量 $(X_1, X_2, \cdots, X_n)$ 称为 n **维随机向量** (或 n **维随机变量**).

对于任意 n 个实数 $x_1, x_2, \cdots, x_n$, n 元函数

$$F(x_1, x_2, \cdots, x_n) = P\{X_1 \leqslant x_1, X_2 \leqslant x_2, \cdots, X_n \leqslant x_n\} \tag{3.1.7}$$

称为 n 维随机变量 $(X_1, X_2, \cdots, X_n)$ 的分布函数，或称为随机变量 $X_1, X_2, \cdots, X_n$ 的**联合分布函数**. 它具有类似于二维随机变量的分布函数的一些性质.

习题 3.1

1. 一个袋子中装有 4 个球，它们分别标有数字 1,2,3,4. 今从该袋中任取一球后不再放回，再从该袋中任取一球，以随机变量 X 和 Y 分别表示第一次、第二次取出的球上的标号，求 X 和 Y 的联合分布律.

2. 将一硬币抛掷 3 次，以 X 表示前两次中出现正面的次数，以 Y 表示 3 次中出现正面的次数，试写出 X 和 Y 的联合分布律.

3. 一批产品中的一、二、三等品分别占 $\frac{1}{2}, \frac{1}{4}, \frac{1}{4}$. 现从中每次抽取一件产品，有放回地抽取 3 次，求抽得的 3 件产品中一等品数 X 和二等品数 Y 的联合分布律.

4. 设二维随机变量 (X, Y) 的概率密度为
$$f(x, y) = \begin{cases} k(6 - x - y), & 0 < x < 2, 2 < y < 4, \\ 0, & \text{其他}. \end{cases}$$
求：(1) 常数 k；(2) $P\{X < 1, Y < 3\}$；(3) $P\{X < 1.5\}$；(4) $P\{X + Y \leqslant 4\}$.

5. 设二维随机变量 (X, Y) 的概率密度为
$$f(x, y) = \begin{cases} cxy, & 0 < x < 4, 1 < y < 5, \\ 0, & \text{其他}. \end{cases}$$
求：(1) 常数 c；(2) $P\{1 < X < 2, 2 < Y < 3\}$；(3) $P\{X \geqslant 3, Y \leqslant 2\}$；(4) $P\{X + Y < 3\}$.

6. 设二维随机变量 (X, Y) 的概率密度为
$$f(x, y) = \begin{cases} C(R - \sqrt{x^2 + y^2}), & x^2 + y^2 \leqslant R^2, \\ 0, & \text{其他}, \end{cases}$$
求：(1) 常数 C；(2) 随机点 (X, Y) 落在区域 $x^2 + y^2 \leqslant r^2 (r < R)$ 内的概率.

7. 设二维随机变量 (X, Y) 具有概率密度
$$f(x, y) = \begin{cases} \dfrac{1}{A}, & (x, y) \in G, \\ 0, & \text{其他}, \end{cases}$$
其中 G 为由 x 轴、y 轴及直线 $y = 1 - 2x$ 所围成的三角形区域，求常数 A.

§3.2 边 缘 分 布

将二维随机变量 (X, Y) 作为一个整体，它具有分布函数 $F(x, y)$. 单看 X（或 Y），它是随机变量，所以也有其分布函数 $F_X(x)$（或 $F_Y(y)$）. $F_X(x)$ 和 $F_Y(y)$ 分别称为随机变量 X 和 Y 的**边缘分布函数**. 由联合分布函数很容易求得边缘分布函数 $F_X(x)$ 和 $F_Y(y)$. 例如，
$$F_X(x) = P\{X \leqslant x\} = P\{X \leqslant x, Y < +\infty\} = F(x, +\infty),$$
即
$$F_X(x) = F(x, +\infty). \tag{3.2.1}$$
同理
$$F_Y(y) = F(+\infty, y). \tag{3.2.2}$$
若 (X, Y) 为二维离散型随机变量，其分布律为 $P\{X = x_i, Y = y_j\} = p_{ij} (i, j = 1, 2, \cdots)$，可知

$$F_X(x) = F(x, +\infty) = \sum_{x_i \leqslant x} \sum_{j=1}^{\infty} p_{ij}.$$

由此可得 X 的分布律为

$$P\{X = x_i\} = \sum_{j=1}^{\infty} p_{ij} \quad (i = 1, 2, \cdots).$$

同理,可得 Y 的分布律为

$$P\{Y = y_j\} = \sum_{i=1}^{\infty} p_{ij} \quad (j = 1, 2, \cdots).$$

若记 $p_{i\cdot} = \sum\limits_{j=1}^{\infty} p_{ij}$, $p_{\cdot j} = \sum\limits_{i=1}^{\infty} p_{ij}$, 则有

$$P\{X = x_i\} = p_{i\cdot}, \tag{3.2.3}$$
$$P\{Y = y_j\} = p_{\cdot j}. \tag{3.2.4}$$

称式(3.2.3)和式(3.2.4)分别为二维离散型随机变量(X,Y)关于 X 和关于 Y 的**边缘分布律**.

若(X,Y)为二维连续型随机变量,其概率密度为 $f(x,y)$,则有

$$F_X(x) = F(x, +\infty) = \int_{-\infty}^{x} \left[\int_{-\infty}^{+\infty} f(u,y)\mathrm{d}y \right] \mathrm{d}u.$$

由此可得, X 是一个连续型随机变量,且其概率密度为

$$f_X(x) = \int_{-\infty}^{+\infty} f(x,y)\mathrm{d}y. \tag{3.2.5}$$

同理, Y 也是一个连续型随机变量,且其概率密度为

$$f_Y(y) = \int_{-\infty}^{+\infty} f(x,y)\mathrm{d}x. \tag{3.2.6}$$

$f_X(x)$ 和 $f_Y(y)$ 分别称为二维连续型随机变量(X,Y)关于 X 和关于 Y 的**边缘概率密度**.

例 3.2.1

设二维随机变量(X,Y)的分布律如表3-4所示,则可得(X,Y)关于 X 和关于 Y 的边缘分布律,分别如表3-5和表3-6所示.

表 3-4

Y	X		
	0	1	2
0	$\frac{1}{6}$	$\frac{1}{6}$	$\frac{1}{6}$
1	$\frac{1}{12}$	$\frac{1}{3}$	$\frac{1}{12}$

表 3-5

X	0	1	2
$p_{i\cdot}$	$\frac{1}{4}$	$\frac{1}{2}$	$\frac{1}{4}$

表 3-6

Y	0	1
$p_{\cdot j}$	$\frac{1}{2}$	$\frac{1}{2}$

例 3.2.2

设二维随机变量 (X,Y) 的概率密度为

$$f(x,y) = \begin{cases} e^{-x-y}, & x > 0, y > 0, \\ 0, & \text{其他.} \end{cases}$$

求 $f_X(x)$ 和 $f_Y(y)$.

解 $\displaystyle f_X(x) = \int_{-\infty}^{+\infty} f(x,y)\mathrm{d}y = \begin{cases} e^{-x}, & x > 0, \\ 0, & \text{其他,} \end{cases}$

$\displaystyle f_Y(y) = \int_{-\infty}^{+\infty} f(x,y)\mathrm{d}x = \begin{cases} e^{-y}, & y > 0, \\ 0, & \text{其他.} \end{cases}$

例 3.2.3

设二维随机变量 (X,Y) 的概率密度为

$$f(x,y) = \begin{cases} 4, & -\dfrac{1}{2} \leqslant x \leqslant 0, 0 \leqslant y \leqslant 2x+1, \\ 0, & \text{其他.} \end{cases}$$

求 $f_X(x)$ 和 $f_Y(y)$.

解 $\displaystyle f_X(x) = \int_{-\infty}^{+\infty} f(x,y)\mathrm{d}y = \begin{cases} \int_0^{2x+1} 4\mathrm{d}y = 4(2x+1), & -\dfrac{1}{2} \leqslant x < 0, \\ 0, & \text{其他,} \end{cases}$

$\displaystyle f_Y(y) = \int_{-\infty}^{+\infty} f(x,y)\mathrm{d}x = \begin{cases} \int_{\frac{y-1}{2}}^0 4\mathrm{d}x = 2(1-y), & 0 \leqslant y \leqslant 1, \\ 0, & \text{其他.} \end{cases}$

例 3.2.4

设二维随机变量 (X,Y) 的概率密度为

$$f(x,y) = \frac{1}{2\pi\sigma_1\sigma_2\sqrt{1-\rho^2}} e^{\frac{-1}{2(1-\rho^2)}\left[\frac{(x-\mu_1)^2}{\sigma_1^2} - 2\rho\frac{(x-\mu_1)(y-\mu_2)}{\sigma_1\sigma_2} + \frac{(y-\mu_2)^2}{\sigma_2^2}\right]} \quad (-\infty < x < +\infty, -\infty < y < +\infty),$$

其中 $\mu_1, \mu_2, \sigma_1, \sigma_2, \rho$ 都是常数,且 $\sigma_1 > 0, \sigma_2 > 0, -1 < \rho < 1$,则称二维随机变量 (X,Y) 服从参数为 $\mu_1, \mu_2, \sigma_1^2, \sigma_2^2, \rho$ 的**二维正态分布**,记为 $(X,Y) \sim N(\mu_1, \mu_2, \sigma_1^2, \sigma_2^2, \rho)$. 试求二维正态随机变量的边缘概率密度.

解 $\displaystyle f_X(x) = \int_{-\infty}^{+\infty} f(x,y)\mathrm{d}y$. 由于

$$\frac{(y-\mu_2)^2}{\sigma_2^2} - 2\rho\frac{(x-\mu_1)(y-\mu_2)}{\sigma_1\sigma_2} = \left(\frac{y-\mu_2}{\sigma_2} - \rho\frac{x-\mu_1}{\sigma_1}\right)^2 - \rho^2\frac{(x-\mu_1)^2}{\sigma_1^2},$$

故有

$$f_X(x) = \frac{1}{2\pi\sigma_1\sigma_2\sqrt{1-\rho^2}} e^{-\frac{(x-\mu_1)^2}{2\sigma_1^2}} \int_{-\infty}^{+\infty} e^{-\frac{1}{2(1-\rho^2)}\left(\frac{y-\mu_2}{\sigma_2} - \rho\frac{x-\mu_1}{\sigma_1}\right)^2} \mathrm{d}y.$$

令 $t = \dfrac{1}{\sqrt{1-\rho^2}}\left(\dfrac{y-\mu_2}{\sigma_2} - \rho\dfrac{x-\mu_1}{\sigma_1}\right)$,则有

$$f_X(x) = \frac{1}{2\pi\sigma_1} e^{-\frac{(x-\mu_1)^2}{2\sigma_1^2}} \int_{-\infty}^{+\infty} e^{-\frac{t^2}{2}} \mathrm{d}t,$$

即

$$f_X(x) = \frac{1}{\sqrt{2\pi}\sigma_1} e^{-\frac{(x-\mu_1)^2}{2\sigma_1^2}} \quad (-\infty < x < +\infty).$$

同理

$$f_Y(y) = \frac{1}{\sqrt{2\pi}\sigma_2} e^{-\frac{(y-\mu_2)^2}{2\sigma_2^2}} \quad (-\infty < y < +\infty).$$

注：由上例可以看出，二维正态分布的两个边缘分布都是一维正态分布，且都不依赖于参数 ρ.

习题 3.2

1.设二维随机变量 (X,Y) 的分布函数为

$$F(x,y) = A(B + \arctan x)(C + \arctan y) \quad (-\infty < x < +\infty, -\infty < y < +\infty),$$

其中 A,B,C 为常数.

(1) 确定常数 A,B,C；

(2) 求边缘分布函数 $F_X(x)$ 和 $F_Y(y)$；

(3) 求 $P\{X > 1\}$.

2.设二维随机变量 (X,Y) 的分布函数为

$$F(x,y) = \begin{cases} 1 - e^{-x} - e^{-y} - e^{-x-y}, & x > 0, y > 0, \\ 0, & \text{其他}. \end{cases}$$

求其边缘分布函数.

3.(1) 求习题 3.1 第 1 题中的随机变量 (X,Y) 的边缘分布律；

(2) 求习题 3.1 第 2 题中的随机变量 (X,Y) 的边缘分布律.

4.设随机变量 X 和 Y 的联合概率密度为

$$f(x,y) = \begin{cases} e^{-y}, & 0 < x < y, \\ 0, & \text{其他}. \end{cases}$$

求 $f_X(x), f_Y(y)$ 和 $P\{X+Y \leqslant 1\}$.

5.设二维随机变量 (X,Y) 的概率密度为

$$f(x,y) = \begin{cases} x^2 + \dfrac{1}{3}xy, & 0 \leqslant x \leqslant 1, 0 \leqslant y < 2, \\ 0, & \text{其他}. \end{cases}$$

求 (X,Y) 的边缘概率密度.

6.设二维随机变量 (X,Y) 在区域 G 上服从均匀分布，其中 G 为由 $y = x$ 及 $y = x^2$ 所围成的区域，求 (X,Y) 的概率密度及边缘概率密度.

7.设二维随机变量 (X,Y) 在区域 $D: 0 < x < 1, |y| < x$ 内服从均匀分布，求边缘概率密度.

§3.3　条 件 分 布

下面分别就离散型随机变量和连续型随机变量两种情形来讨论条件概率分布.

3.3.1　离散型随机变量情形

设 (X,Y) 为二维离散型随机变量，其分布律为

$$P\{X = x_i, Y = y_j\} = p_{ij} \quad (i, j = 1, 2, \cdots),$$

则 (X, Y) 关于 X 和关于 Y 的边缘分布律分别为

$$P\{X = x_i\} = p_{i\cdot} = \sum_{j=1}^{\infty} p_{ij} \quad (i = 1, 2, \cdots),$$

$$P\{Y = y_j\} = p_{\cdot j} = \sum_{i=1}^{\infty} p_{ij} \quad (j = 1, 2, \cdots).$$

定义 3.3.1　对于固定的 j，若 $P\{Y = y_j\} > 0$，则称

$$P\{X = x_i \mid Y = y_j\} = \frac{P\{X = x_i, Y = y_j\}}{P\{Y = y_j\}} = \frac{p_{ij}}{p_{\cdot j}} \quad (i = 1, 2, \cdots) \tag{3.3.1}$$

为在 $Y = y_j$ 条件下随机变量 X 的**条件分布律**.

同样，对于固定的 i，若 $P\{X = x_i\} > 0$，则称

$$P\{Y = y_j \mid X = x_i\} = \frac{P\{X = x_i, Y = y_j\}}{P\{X = x_i\}} = \frac{p_{ij}}{p_{i\cdot}} \quad (j = 1, 2, \cdots) \tag{3.3.2}$$

为在 $X = x_i$ 条件下随机变量 Y 的**条件分布律**.

易知，条件分布律具有以下性质：

(1) $P\{X = x_i \mid Y = y_j\} \geqslant 0, P\{Y = y_j \mid X = x_i\} \geqslant 0.$

(2) $\sum\limits_{i=1}^{\infty} \dfrac{p_{ij}}{p_{\cdot j}} = 1, \sum\limits_{j=1}^{\infty} \dfrac{p_{ij}}{p_{i\cdot}} = 1.$

例 3.3.1

口袋里有 5 个球，其中有 3 个红球，2 个白球，先随机地取出一球，观察其颜色后放回，再随机地取出一球，直到取到 2 次白球为止. 以 X 表示首次取到白球时的取球次数，Y 表示取到 2 次白球时总的取球次数，求二维随机变量 (X, Y) 的分布律及条件分布律.

解　$Y = j$ 表示第 j 次取到白球而在前 $j - 1$ 次的取球中取到且仅取到一次白球，故有

$$P\{X = i, Y = j\} = \left(\frac{2}{5}\right)^2 \left(\frac{3}{5}\right)^{j-2} \quad (j = 2, 3, \cdots; i = 1, 2, \cdots, j-1).$$

由此可得

$$P\{X = i\} = \sum_{j=i+1}^{\infty} P\{X = i, Y = j\} = \frac{2}{5}\left(\frac{3}{5}\right)^{i-1} \quad (i = 1, 2, \cdots, j-1),$$

$$P\{Y = j\} = \sum_{i=1}^{j-1} P\{X = i, Y = j\} = (j-1)\left(\frac{2}{5}\right)^2 \left(\frac{3}{5}\right)^{j-2} \quad (j = 2, 3, \cdots).$$

由式 (3.3.1) 可得

$$P\{X = i \mid Y = j\} = \frac{1}{j-1} \quad (j = 2, 3, \cdots; i = 1, 2, \cdots, j-1).$$

同理，由式 (3.3.2) 可得

$$P\{Y = j \mid X = i\} = \frac{2}{5}\left(\frac{3}{5}\right)^{j-i-1} \quad (j = i+1, i+2, \cdots).$$

3.3.2　连续型随机变量情形

设 (X, Y) 为二维连续型随机变量. 由于对于任意的 x, y，有 $P\{X = x\} = 0, P\{Y = y\} = 0$，所以不能直接引入条件分布函数，只能用极限方法处理.

定义 3.3.2　给定 y，对于任意给定的正数 ε，如果 $P\{y-\varepsilon<Y\leqslant y+\varepsilon\}>0$，并且对于任意的 x，极限

$$\lim_{\varepsilon\to0^+}\frac{P\{X\leqslant x,y-\varepsilon<Y\leqslant y+\varepsilon\}}{P\{y-\varepsilon<Y\leqslant y+\varepsilon\}}$$

存在，则称此极限值为**在 $Y=y$ 条件下随机变量 X 的条件分布函数**，记为 $F(X\leqslant x,Y=y)$ 或 $F_{X|Y}(x\mid y)$.

设二维连续型随机变量 (X,Y) 的分布函数为 $F(x,y)$，概率密度为 $f(x,y)$. 若在点 (x,y) 处，$f(x,y)$ 连续，边缘概率密度 $f_Y(y)$ 连续，且 $f_Y(y)>0$，则

$$F_{X|Y}(x\mid y)=\lim_{\varepsilon\to0^+}\frac{P\{X\leqslant x,y-\varepsilon<Y\leqslant y+\varepsilon\}}{P\{y-\varepsilon<Y\leqslant y+\varepsilon\}}=\lim_{\varepsilon\to0^+}\frac{F(x,y+\varepsilon)-F(x,y-\varepsilon)}{F_Y(y+\varepsilon)-F_Y(y-\varepsilon)}$$

$$=\lim_{\varepsilon\to0^+}\frac{[F(x,y+\varepsilon)-F(x,y-\varepsilon)]/2\varepsilon}{[F_Y(y+\varepsilon)-F_Y(y-\varepsilon)]/2\varepsilon}=\frac{\dfrac{\partial F(x,y)}{\partial y}}{\dfrac{\mathrm{d}}{\mathrm{d}y}F_Y(y)},$$

即

$$F_{X|Y}(x\mid y)=\frac{\displaystyle\int_{-\infty}^{x}f(u,y)\mathrm{d}u}{f_Y(y)}. \tag{3.3.3}$$

若记 $f_{X|Y}(x\mid y)$ 为**在 $Y=y$ 条件下随机变量 X 的条件概率密度**，则由式 (3.3.3) 可知

$$f_{X|Y}(x\mid y)=\frac{f(x,y)}{f_Y(y)}. \tag{3.3.4}$$

类似地，可定义 $F_{Y|X}(y\mid x)=\dfrac{\displaystyle\int_{-\infty}^{y}f(x,v)\mathrm{d}v}{f_X(x)}$ 和 $f_{Y|X}(y\mid x)=\dfrac{f(x,y)}{f_X(x)}$.

例 3.3.2

设二维随机变量 (X,Y) 在圆形区域 $x^2+y^2\leqslant1$ 上服从均匀分布，求条件概率密度 $f_{X|Y}(x\mid y)$.

解　由题设可知，(X,Y) 具有概率密度

$$f(x,y)=\begin{cases}\dfrac{1}{\pi}, & x^2+y^2\leqslant1,\\[2mm]0, & \text{其他}.\end{cases}$$

由此可得 (X,Y) 关于 Y 的边缘概率密度为

$$f_Y(y)=\int_{-\infty}^{+\infty}f(x,y)\mathrm{d}x=\begin{cases}\dfrac{2}{\pi}\sqrt{1-y^2}, & -1\leqslant y\leqslant1,\\[2mm]0, & \text{其他},\end{cases}$$

故当 $-1<y<1$ 时，有

$$f_{X|Y}(x\mid y)=\begin{cases}\dfrac{1}{2\sqrt{1-y^2}}, & -\sqrt{1-y^2}\leqslant x\leqslant\sqrt{1-y^2},\\[2mm]0, & \text{其他}.\end{cases}$$

例 3.3.3

设数 X 在区间 $(0,1)$ 内随机取值，当观察到 $X=x(0<x<1)$ 时，数 Y 在区间 $(x,1)$ 内随机取值，求 Y 的概率密度 $f_Y(y)$.

解　由题意可知，X 具有概率密度

$$f_X(x) = \begin{cases} 1, & 0 < x < 1, \\ 0, & \text{其他}. \end{cases}$$

对于任意给定的值 $x(0 < x < 1)$,在 $X = x$ 条件下 Y 的条件概率密度为

$$f_{Y|X}(y \mid x) = \begin{cases} \dfrac{1}{1-x}, & x < y < 1, \\ 0, & \text{其他}. \end{cases}$$

因此,(X, Y) 的概率密度为

$$f(x, y) = f_{Y|X}(y \mid x) f_X(x) = \begin{cases} \dfrac{1}{1-x}, & 0 < x < y < 1, \\ 0, & \text{其他}. \end{cases}$$

于是可得

$$f_Y(y) = \int_{-\infty}^{+\infty} f(x, y) \mathrm{d}x = \begin{cases} \displaystyle\int_0^y \dfrac{1}{1-x} \mathrm{d}x = -\ln(1-y), & 0 < y < 1, \\ 0, & \text{其他}. \end{cases}$$

习题 3.3

1. 将某医药公司在 9 月份和 8 月份收到的青霉素针剂的订货单数分别记为 X 和 Y,根据该公司以往的资料,得出 X 和 Y 的联合分布律如表 3-7 所示.

(1) 求 (X, Y) 关于 X 和关于 Y 的边缘分布律;

(2) 求当该公司 8 月份订单数为 51 时,9 月份订单数的条件分布律.

表 3-7

X	Y				
	51	52	53	54	55
51	0.06	0.05	0.05	0.01	0.01
52	0.07	0.05	0.01	0.01	0.01
53	0.05	0.10	0.10	0.05	0.05
54	0.05	0.02	0.01	0.01	0.03
55	0.05	0.06	0.05	0.01	0.03

2. 某射手对目标进行射击,每次射击击中目标的概率为 $p(0 < p < 1)$,射击直到击中目标两次时结束. 设 X 表示第一次击中目标所需的射击次数,Y 表示结束射击时总的射击次数,试求 X 和 Y 的联合分布律及条件分布律.

3. 设随机变量 $X \sim U(0, 1)$. 当给定 $X = x$ 时,随机变量 Y 的条件概率密度为

$$f_{Y|X}(y \mid x) = \begin{cases} x, & 0 < y < \dfrac{1}{x}, \\ 0, & \text{其他}. \end{cases}$$

求:(1) X 和 Y 的联合概率密度 $f(x, y)$;(2) 边缘概率密度 $f_Y(y)$;(3) $P\{X > Y\}$.

4. 设二维随机变量 (X, Y) 的概率密度为

$$f(x, y) = \begin{cases} x + y, & 0 \leqslant x \leqslant 1, 0 \leqslant y \leqslant 1, \\ 0, & \text{其他}. \end{cases}$$

求条件概率密度 $f_{X|Y}(x \mid y)$, $f_{Y|X}(y \mid x)$.

5. 证明:二维正态分布的条件分布仍为正态分布.

6. 设二维随机变量 (X, Y) 的概率密度为

$$f(x,y) = \begin{cases} e^{-x}, & 0 < y < x, \\ 0, & \text{其他.} \end{cases}$$

求:(1) 条件概率密度 $f_{Y|X}(y \mid x)$;(2) $P\{X \leqslant 1 \mid Y \leqslant 1\}$.

§3.4　相互独立的随机变量

本节将由两个随机事件相互独立的概念引出两个随机变量相互独立的概念.

定义 3.4.1　设 $F(x,y),F_X(x),F_Y(y)$ 分别是二维随机变量 (X,Y) 的分布函数及边缘分布函数. 对于所有的 x,y,若

$$P\{X \leqslant x,Y \leqslant y\} = P\{X \leqslant x\}P\{Y \leqslant y\}, \tag{3.4.1}$$

即

$$F(x,y) = F_X(x)F_Y(y), \tag{3.4.2}$$

则称随机变量 X 与 Y 是**相互独立**的.

若 (X,Y) 是二维连续型随机变量,$f(x,y),f_X(x),f_Y(y)$ 分别是 (X,Y) 的概率密度及边缘概率密度,则 X 与 Y 相互独立的充要条件是

$$f(x,y) = f_X(x)f_Y(y). \tag{3.4.3}$$

若 (X,Y) 是二维离散型随机变量,则 X 和 Y 相互独立的充要条件是对于 (X,Y) 的所有可能取值 $(x_i,y_j)(i,j = 1,2,\cdots)$,有

$$P\{X = x_i,Y = y_j\} = P\{X = x_i\}P\{Y = y_j\}. \tag{3.4.4}$$

例 3.4.1

已知二维随机变量 (X,Y) 的分布律如表 3-8 所示,试确定常数 a,b,使得 X 与 Y 相互独立,并求其边缘分布律.

表 3-8

Y	X		
	1	2	3
1	$\frac{1}{3}$	a	b
2	$\frac{1}{6}$	$\frac{1}{9}$	$\frac{1}{18}$

解　求出 (X,Y) 关于 X 和关于 Y 的边缘分布律,将其列入表 3-8 中,可得表 3-9.

表 3-9

Y	X			$p_{\cdot j}$
	1	2	3	
1	$\frac{1}{3}$	a	b	$\frac{1}{3}+a+b$
2	$\frac{1}{6}$	$\frac{1}{9}$	$\frac{1}{18}$	$\frac{1}{3}$
$p_{i\cdot}$	$\frac{1}{2}$	$\frac{1}{9}+a$	$\frac{1}{18}+b$	

要使得 X 与 Y 相互独立,可用

$$p_{ij} = p_{i\cdot} p_{\cdot j}$$

来确定常数 a,b. 由

$$P\{X=2,Y=2\} = P\{X=2\}P\{Y=2\},$$
$$P\{X=3,Y=2\} = P\{X=3\}P\{Y=2\},$$

即

$$\frac{1}{9} = \left(a+\frac{1}{9}\right) \cdot \frac{1}{3}, \quad \frac{1}{18} = \left(b+\frac{1}{18}\right) \cdot \frac{1}{3},$$

解得 $a = \dfrac{2}{9}, b = \dfrac{1}{9}$. 因此,$(X,Y)$ 的分布律及边缘分布律如表 $3-10$ 所示.

表 $3-10$

Y	X			$p_{\cdot j}$
	1	2	3	
1	$\frac{1}{3}$	$\frac{2}{9}$	$\frac{1}{9}$	$\frac{2}{3}$
2	$\frac{1}{6}$	$\frac{1}{9}$	$\frac{1}{18}$	$\frac{1}{3}$
$p_{i\cdot}$	$\frac{1}{2}$	$\frac{1}{3}$	$\frac{1}{6}$	

例 3.4.2

设 (X,Y) 是二维正态随机变量,其概率密度为

$$f(x,y) = \frac{1}{2\pi\sigma_1\sigma_2\sqrt{1-\rho^2}} e^{\frac{-1}{2(1-\rho^2)}\left[\frac{(x-\mu_1)^2}{\sigma_1^2} - 2\rho\frac{(x-\mu_1)(y-\mu_2)}{\sigma_1\sigma_2} + \frac{(y-\mu_2)^2}{\sigma_2^2}\right]} \quad (-\infty < x < +\infty, -\infty < y < +\infty).$$

证明:X 与 Y 相互独立的充要条件是 $\rho = 0$.

证 若 $\rho = 0$,由例 3.2.4 可知,X 和 Y 的边缘概率密度乘积为

$$f_X(x)f_Y(y) = \frac{1}{\sqrt{2\pi}\sigma_1} e^{-\frac{(x-\mu_1)^2}{2\sigma_1^2}} \times \frac{1}{\sqrt{2\pi}\sigma_2} e^{-\frac{(y-\mu_2)^2}{2\sigma_2^2}},$$

故有

$$f(x,y) = f_X(x)f_Y(y),$$

即 X 与 Y 相互独立.

反之,若 X 与 Y 是相互独立的,则

$$f(x,y) = f_X(x)f_Y(y)$$

对于一切 x,y 都成立. 特别地,令 $x = \mu_1, y = \mu_2$,可得

$$\frac{1}{2\pi\sigma_1\sigma_2\sqrt{1-\rho^2}} = \frac{1}{2\pi\sigma_1\sigma_2},$$

从而 $\rho = 0$.

例 3.4.3

一负责人到达办公室的时间均匀分布在上午 $8 \sim 12$ 点,他的秘书到达办公室的时间均匀分布在上午 $7 \sim 9$ 点. 设他们两人到达的时间相互独立,求他们到达办公室的时间相差不超过 $5\ \mathrm{min}$ 的概率.

解　用 X 和 Y 分别表示负责人和他的秘书到达办公室的时间,由题设可知,X 和 Y 的概率密度分别为

$$f_X(x) = \begin{cases} \dfrac{1}{4}, & 8 < x < 12, \\ 0, & \text{其他,} \end{cases} \qquad f_Y(y) = \begin{cases} \dfrac{1}{2}, & 7 < y < 9, \\ 0, & \text{其他.} \end{cases}$$

因为 X 与 Y 相互独立,所以 (X,Y) 的概率密度为

$$f(x,y) = f_X(x)f_Y(y) = \begin{cases} \dfrac{1}{8}, & 8 < x < 12, 7 < y < 9, \\ 0, & \text{其他,} \end{cases}$$

于是所求概率为

$$P\left\{ |X-Y| \leqslant \frac{1}{12} \right\} = \iint\limits_{|x-y| \leqslant \frac{1}{12}} f(x,y)\mathrm{d}x\mathrm{d}y.$$

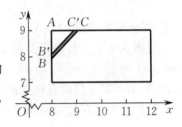

图 3-1

画出区域 $|x-y| \leqslant \dfrac{1}{12}$ 以及长方形 $8 < x < 12, 7 < y < 9$,它们的公共部分是四边形 $BCC'B'$,记为 G(其面积也记为 G,见图 $3-1$),故有

$$P\left\{ |X-Y| \leqslant \frac{1}{12} \right\} = \frac{1}{8}G.$$

又

$$G = \triangle ABC \text{ 的面积} - \triangle AB'C' \text{ 的面积} = \frac{1}{2}\left(\frac{13}{12}\right)^2 - \frac{1}{2}\left(\frac{11}{12}\right)^2 = \frac{1}{6},$$

故

$$P\left\{ |X-Y| \leqslant \frac{1}{12} \right\} = \frac{1}{48}.$$

前面所述关于二维随机变量的概念,容易推广到 n 维随机变量的情况.

定义 3.4.2　若存在一非负可积函数 $f(x_1, x_2, \cdots, x_n)$,使得对于任意实数 $x_1, x_2, \cdots, x_n$,有

$$F(x_1, x_2, \cdots, x_n) = \int_{-\infty}^{x_n}\int_{-\infty}^{x_{n-1}}\cdots\int_{-\infty}^{x_1} f(u_1, u_2, \cdots, u_n)\mathrm{d}u_1\mathrm{d}u_2\cdots\mathrm{d}u_n,$$

其中 $F(x_1, x_2, \cdots, x_n)$ 为 n 维随机变量 $(X_1, X_2, \cdots, X_n)$ 的分布函数,则称 $f(x_1, x_2, \cdots, x_n)$ 为 $(X_1, X_2, \cdots, X_n)$ 的**概率密度函数**,简称**概率密度**.

如果已知 $(X_1, X_2, \cdots, X_n)$ 的分布函数 $F(x_1, x_2, \cdots, x_n)$,那么其 $k(1 \leqslant k < n)$ 维边缘分布函数也可求出. 例如,$(X_1, X_2, \cdots, X_n)$ 关于 X_1 和关于 (X_1, X_2) 的边缘分布函数分别为

$$F_{X_1}(x_1) = F(x_1, +\infty, +\infty, \cdots, +\infty),$$

$$F_{X_1, X_2}(x_1, x_2) = F(x_1, x_2, +\infty, +\infty, \cdots, +\infty).$$

又若 $f(x_1, x_2, \cdots, x_n)$ 为 $(X_1, X_2, \cdots, X_n)$ 的概率密度,则 $(X_1, X_2, \cdots, X_n)$ 关于 X_1 和关于 (X_1, X_2) 的边缘概率密度分别为

$$f_{X_1}(x_1) = \int_{-\infty}^{+\infty}\int_{-\infty}^{+\infty}\cdots\int_{-\infty}^{+\infty} f(x_1, x_2, \cdots, x_n)\mathrm{d}x_2\mathrm{d}x_3\cdots\mathrm{d}x_n,$$

$$f_{X_1, X_2}(x_1, x_2) = \int_{-\infty}^{+\infty}\int_{-\infty}^{+\infty}\cdots\int_{-\infty}^{+\infty} f(x_1, x_2, \cdots, x_n)\mathrm{d}x_3\mathrm{d}x_4\cdots\mathrm{d}x_n.$$

定义 3.4.3　设 $F(x_1, x_2, \cdots, x_n)$ 为 n 维随机变量 $(X_1, X_2, \cdots, X_n)$ 的分布函数,$F_{X_1}(x_1)$,

$F_{X_2}(x_2),\cdots,F_{X_n}(x_n)$ 依次为 $X_1,X_2,\cdots,X_n$ 的边缘分布函数. 若对于任意的实数 $x_1,x_2,\cdots,x_n$,有
$$F(x_1,x_2,\cdots,x_n) = F_{X_1}(x_1)F_{X_2}(x_2)\cdots F_{X_n}(x_n),$$
则称 $X_1,X_2,\cdots,X_n$ 是相互独立的.

对于连续型随机变量,设 $X_1,X_2,\cdots,X_n$ 的概率密度分别为 $f_{X_1}(x_1),f_{X_2}(x_2),\cdots,f_{X_n}(x_n)$,则 $X_1,X_2,\cdots,X_n$ 相互独立的充要条件是
$$f(x_1,x_2,\cdots,x_n) = f_{X_1}(x_1)f_{X_2}(x_2)\cdots f_{X_n}(x_n),$$
其中 $f(x_1,x_2,\cdots,x_n)$ 是 n 维随机变量 $(X_1,X_2,\cdots,X_n)$ 的概率密度.

定义 3.4.4　　对于任意的实数 $x_1,x_2,\cdots,x_m;y_1,y_2,\cdots,y_n$,若
$$F(x_1,x_2,\cdots,x_m,y_1,y_2,\cdots,y_n) = F_1(x_1,x_2,\cdots,x_m)F_2(y_1,y_2,\cdots,y_n),$$
其中 F,F_1,F_2 分别为 $(X_1,X_2,\cdots,X_m,Y_1,Y_2,\cdots,Y_n),(X_1,X_2,\cdots,X_m),(Y_1,Y_2,\cdots,Y_n)$ 的分布函数,则称随机变量 $(X_1,X_2,\cdots,X_m)$ 与 $(Y_1,Y_2,\cdots,Y_n)$ 是相互独立的.

定理 3.4.1　　若随机变量 $(X_1,X_2,\cdots,X_m)$ 与 $(Y_1,Y_2,\cdots,Y_n)$ 是相互独立的,则 $X_i(i=1,2,\cdots,m)$ 与 $Y_j(j=1,2,\cdots,n)$ 是相互独立的. 又若 h,g 是连续函数,则 $h(X_1,X_2,\cdots,X_m)$ 与 $g(Y_1,Y_2,\cdots,Y_n)$ 是相互独立的.

定理 3.4.1 在数理统计中是很有用的.

习题 3.4

1. 一电子仪器由两个部件组成,X 和 Y 分别表示两个部件的寿命(单位:kh). 已知 X 和 Y 的联合分布函数为
$$F(x,y) = \begin{cases} 1-\mathrm{e}^{-0.5x}-\mathrm{e}^{-0.5y}+\mathrm{e}^{-0.5(x+y)}, & x\geqslant 0, y\geqslant 0, \\ 0, & \text{其他.} \end{cases}$$
(1) 问:X 与 Y 是否相互独立?

(2) 求两个部件的寿命都超过 100 h 的概率.

2. 设二维随机变量 (X,Y) 具有分布律
$$P\{X=x,Y=y\} = p^2(1-p)^{x+y-2} \quad (0<p<1, x,y \text{ 均为正整数}).$$
问:X 与 Y 是否相互独立?

3. 已知随机变量 X 和 Y 的分布律分别如表 3-11,表 3-12 所示,且 $P\{XY=0\}=1$.

(1) 求 X 和 Y 的联合分布律;

(2) 问:X 与 Y 是否相互独立?

表 3-11

X	-1	0	1
p_k	$\frac{1}{4}$	$\frac{1}{2}$	$\frac{1}{4}$

表 3-12

Y	0	1
p_k	$\frac{1}{2}$	$\frac{1}{2}$

4. 设二维随机变量 (X,Y) 具有概率密度
$$f(x,y) = \begin{cases} \frac{1}{2}(x+y)\mathrm{e}^{-(x+y)}, & x>0, y>0, \\ 0, & \text{其他.} \end{cases}$$
问:X 与 Y 是否相互独立?

5. 设二维随机变量 (X,Y) 具有概率密度
$$f(x,y) = \begin{cases} 8xy, & 0\leqslant x<y<1, \\ 0, & \text{其他.} \end{cases}$$
问:X 与 Y 是否相互独立?

6. 设二维随机变量 (X,Y) 具有概率密度

$$f(x,y) = \begin{cases} e^{-(x+y)}, & x > 0, y > 0, \\ 0, & \text{其他}. \end{cases}$$

问:X 与 Y 是否相互独立?

7. 证明:若随机变量 X 只取一个值 a,则 X 与任意的随机变量 Y 相互独立.

8. 证明:若随机变量 X 与自己相互独立,则必有常数 c,使得 $P\{X = c\} = 1$.

9. 设二维随机变量 (X,Y) 具有分布函数

$$F(x,y) = \begin{cases} (1 - e^{-\alpha x})y, & x \geqslant 0, 0 \leqslant y \leqslant 1, \\ 1 - e^{-\alpha x}, & x \geqslant 0, y > 1, \\ 0, & \text{其他}, \end{cases}$$

其中 $\alpha > 0$. 证明:X 与 Y 相互独立.

10. 设 X 与 Y 是两个相互独立的随机变量,X 在区间 $(0,1)$ 内服从均匀分布,Y 的概率密度为

$$f_Y(y) = \begin{cases} \dfrac{1}{2} e^{-\frac{y}{2}}, & y > 0, \\ 0, & y \leqslant 0. \end{cases}$$

(1) 求 X 和 Y 的联合概率密度;

(2) 设有含 α 的二次方程 $\alpha^2 + 2X\alpha + Y = 0$,试求 α 有实根的概率.

§3.5　两个随机变量函数的分布

本节将通过几个具体的函数来讨论两个随机变量函数的分布.

3.5.1　$Z = X + Y$ 的分布

设二维随机变量 (X,Y) 的概率密度为 $f(x,y)$,则 $Z = X + Y$ 的分布函数为

$$F_Z(z) = P\{Z \leqslant z\} = \iint\limits_{x+y \leqslant z} f(x,y) \mathrm{d}x \mathrm{d}y.$$

将上式化为累次积分,可得

$$F_Z(z) = \int_{-\infty}^{+\infty} \left[\int_{-\infty}^{z-y} f(x,y) \mathrm{d}x \right] \mathrm{d}y.$$

令 $x = u - y$,则有

$$\int_{-\infty}^{z-y} f(x,y) \mathrm{d}x = \int_{-\infty}^{z} f(u-y,y) \mathrm{d}u.$$

故

$$F_Z(z) = \int_{-\infty}^{+\infty} \int_{-\infty}^{z} f(u-y,y) \mathrm{d}u \mathrm{d}y = \int_{-\infty}^{z} \left[\int_{-\infty}^{+\infty} f(u-y,y) \mathrm{d}y \right] \mathrm{d}u.$$

由此可得 Z 的概率密度为

$$f_Z(z) = \int_{-\infty}^{+\infty} f(z-y,y) \mathrm{d}y. \tag{3.5.1}$$

由 X,Y 的对称性,$f_Z(z)$ 又可写为

$$f_Z(z) = \int_{-\infty}^{+\infty} f(x,z-x) \mathrm{d}x. \tag{3.5.2}$$

式 (3.5.1) 和式 (3.5.2) 是两个随机变量和的概率密度的一般公式.

特别地,当 X 与 Y 相互独立时,设 X,Y 的边缘概率密度分别为 $f_X(x)$,$f_Y(y)$,则式(3.5.1)和式(3.5.2) 分别化为

$$f_Z(z) = \int_{-\infty}^{+\infty} f_X(z-y) f_Y(y) \mathrm{d}y, \tag{3.5.3}$$

$$f_Z(z) = \int_{-\infty}^{+\infty} f_X(x) f_Y(z-x) \mathrm{d}x. \tag{3.5.4}$$

把式(3.5.3)和式(3.5.4)称为 f_X 和 f_Y 的**卷积**,记为 $f_X * f_Y$,即

$$f_X * f_Y = \int_{-\infty}^{+\infty} f_X(z-y) f_Y(y) \mathrm{d}y = \int_{-\infty}^{+\infty} f_X(x) f_Y(z-x) \mathrm{d}x. \tag{3.5.5}$$

例 3.5.1

设 X 与 Y 是两个相互独立的随机变量,它们都服从标准正态分布 $N(0,1)$,即有

$$f_X(x) = \frac{1}{\sqrt{2\pi}} \mathrm{e}^{-\frac{x^2}{2}} \quad (-\infty < x < +\infty),$$

$$f_Y(y) = \frac{1}{\sqrt{2\pi}} \mathrm{e}^{-\frac{y^2}{2}} \quad (-\infty < y < +\infty).$$

求 $Z = X + Y$ 的概率密度.

解 由式(3.5.4)有

$$f_Z(z) = \int_{-\infty}^{+\infty} f_X(x) f_Y(z-x) \mathrm{d}x = \frac{1}{2\pi} \int_{-\infty}^{+\infty} \mathrm{e}^{-\frac{x^2}{2}} \mathrm{e}^{-\frac{(z-x)^2}{2}} \mathrm{d}x = \frac{1}{2\pi} \mathrm{e}^{-\frac{z^2}{4}} \int_{-\infty}^{+\infty} \mathrm{e}^{-\left(x-\frac{z}{2}\right)^2} \mathrm{d}x.$$

令 $t = x - \frac{z}{2}$,得

$$f_Z(z) = \frac{1}{2\pi} \mathrm{e}^{-\frac{z^2}{4}} \int_{-\infty}^{+\infty} \mathrm{e}^{-t^2} \mathrm{d}t = \frac{1}{2\pi} \mathrm{e}^{-\frac{z^2}{4}} \sqrt{\pi} = \frac{1}{2\sqrt{\pi}} \mathrm{e}^{-\frac{z^2}{4}}.$$

由此可知,Z 服从正态分布 $N(0,\sqrt{2}^2)$.

一般地,若 X 与 Y 相互独立,且 $X \sim N(\mu_1,\sigma_1^2)$,$Y \sim N(\mu_2,\sigma_2^2)$,则由式(3.5.4)经过计算可知,$Z = X + Y$ 仍然服从正态分布,且有 $Z \sim N(\mu_1+\mu_2,\sigma_1^2+\sigma_2^2)$. 此结论对于 n 个独立正态随机变量之和的情况仍成立,即若 $X_i \sim N(\mu_i,\sigma_i^2)(i = 1,2,\cdots,n)$,且它们相互独立,则它们的和 $Z = X_1 + X_2 + \cdots + X_n$ 仍然服从正态分布,且有

$$Z \sim N(\mu_1 + \mu_2 + \cdots + \mu_n, \sigma_1^2 + \sigma_2^2 + \cdots + \sigma_n^2). \tag{3.5.6}$$

更一般地,可以证明,有限个相互独立的正态随机变量的线性组合仍然服从正态分布.

例 3.5.2

设两个相互独立同分布的随机变量 X_1,X_2 的概率密度为

$$f(x) = \begin{cases} \dfrac{10-x}{50}, & 0 \leqslant x \leqslant 10, \\ 0, & \text{其他.} \end{cases}$$

试求 $Z = X_1 + X_2$ 的概率密度.

解 由式(3.5.4)可知

$$f_Z(z) = \int_{-\infty}^{+\infty} f(x) f(z-x) \mathrm{d}x.$$

显然,仅当

$$\begin{cases} 0 \leqslant x \leqslant 10, \\ 0 \leqslant z-x \leqslant 10, \end{cases} \quad \text{即} \quad \begin{cases} 0 \leqslant x \leqslant 10, \\ z-10 \leqslant x \leqslant z \end{cases}$$

时,上述积分的被积函数不等于零,故得

$$f_Z(z) = \begin{cases} \int_0^z f(x)f(z-x)\mathrm{d}x, & 0 \leqslant z < 10, \\ \int_{z-10}^{10} f(x)f(z-x)\mathrm{d}x, & 10 \leqslant z < 20, \\ 0, & \text{其他.} \end{cases}$$

将 $f(x)$ 的表达式代入上式,得

$$f_Z(z) = \begin{cases} \dfrac{1}{15\,000}(600z - 60z^2 + z^3), & 0 \leqslant z < 10, \\ \dfrac{1}{15\,000}(20-z)^3, & 10 \leqslant z < 20, \\ 0, & \text{其他.} \end{cases}$$

3.5.2 $Z = \dfrac{X}{Y}$ 的分布

设二维随机变量 (X,Y) 的概率密度为 $f(x,y)$,则 $Z = \dfrac{X}{Y}$ 的分布函数为

$$F_Z(z) = P\{Z \leqslant z\} = P\left\{\frac{X}{Y} \leqslant z\right\} = \iint\limits_{G_1} f(x,y)\mathrm{d}x\mathrm{d}y + \iint\limits_{G_2} f(x,y)\mathrm{d}x\mathrm{d}y,$$

其中 G_1, G_2 如图 3-2 所示. 而

$$\iint\limits_{G_1} f(x,y)\mathrm{d}x\mathrm{d}y = \int_0^{+\infty} \int_{-\infty}^{yz} f(x,y)\mathrm{d}x\mathrm{d}y.$$

令 $u = \dfrac{x}{y}$,可得 $\mathrm{d}x = y\mathrm{d}u$,则有

$$\int_{-\infty}^{yz} f(x,y)\mathrm{d}x = \int_{-\infty}^{z} f(yu,y)y\mathrm{d}u,$$

故

$$\iint\limits_{G_1} f(x,y)\mathrm{d}x\mathrm{d}y = \int_{-\infty}^{z}\int_0^{+\infty} yf(yu,y)\mathrm{d}y\mathrm{d}u.$$

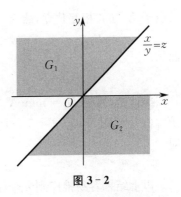

图 3-2

同样,可以得到

$$\iint\limits_{G_2} f(x,y)\mathrm{d}x\mathrm{d}y = -\int_{-\infty}^{z}\int_{-\infty}^{0} yf(yu,y)\mathrm{d}y\mathrm{d}u.$$

所以

$$F_Z(z) = \iint\limits_{G_1} f(x,y)\mathrm{d}x\mathrm{d}y + \iint\limits_{G_2} f(x,y)\mathrm{d}x\mathrm{d}y = \int_{-\infty}^{z}\left[\int_0^{+\infty} yf(yu,y)\mathrm{d}y - \int_{-\infty}^{0} yf(yu,y)\mathrm{d}y\right]\mathrm{d}u.$$

由此可知

$$f_Z(z) = \int_0^{+\infty} yf(yz,y)\mathrm{d}y - \int_{-\infty}^{0} yf(yz,y)\mathrm{d}y,$$

即

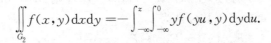

$$f_Z(z) = \int_{-\infty}^{+\infty} |y| f(yz,y)\mathrm{d}y. \tag{3.5.7}$$

特别地,当 X 与 Y 相互独立时,式(3.5.7)可化为

$$f_Z(z) = \int_{-\infty}^{+\infty} |y| f_X(yz) f_Y(y) \mathrm{d}y. \tag{3.5.8}$$

例 3.5.3

设 X,Y 分别表示两只不同型号的灯泡的寿命, X 与 Y 相互独立, 它们的概率密度依次为

$$f(x) = \begin{cases} \mathrm{e}^{-x}, & x > 0, \\ 0, & \text{其他}, \end{cases} \qquad g(y) = \begin{cases} 2\mathrm{e}^{-2y}, & y > 0, \\ 0, & \text{其他}. \end{cases}$$

试求 $Z = \dfrac{X}{Y}$ 的概率密度.

解　由式 (3.5.8) 可知, Z 的概率密度为

$$f_Z(z) = \int_0^{+\infty} y\mathrm{e}^{-yz} \cdot 2\mathrm{e}^{-2y} \mathrm{d}y = \int_0^{+\infty} 2y\mathrm{e}^{-y(2+z)} \mathrm{d}y = \begin{cases} \dfrac{2}{(2+z)^2}, & z > 0, \\ 0, & z \leqslant 0. \end{cases}$$

3.5.3　$M = \max\{X,Y\}$ 及 $N = \min\{X,Y\}$ 的分布

设 X 与 Y 是两个相互独立的随机变量, 它们的分布函数分别为 $F_X(x), F_Y(y)$, 求 $M = \max\{X,Y\}$ 和 $N = \min\{X,Y\}$ 的分布函数 $F_{\max}(z)$ 和 $F_{\min}(z)$.

因为 $M = \max\{X,Y\}$ 不大于 z 等价于 X 和 Y 都不大于 z, 所以

$$P\{M \leqslant z\} = P\{X \leqslant z, Y \leqslant z\}.$$

又由于 X 与 Y 相互独立, 故有

$$F_{\max}(z) = P\{M \leqslant z\} = P\{X \leqslant z, Y \leqslant z\} = P\{X \leqslant z\} P\{Y \leqslant z\},$$

即

$$F_{\max}(z) = F_X(z) F_Y(z). \tag{3.5.9}$$

类似地, 可得 $N = \min\{X,Y\}$ 的分布函数为

$$F_{\min}(z) = P\{N \leqslant z\} = 1 - P\{N > z\} = 1 - P\{X > z, Y > z\} = 1 - P\{X > z\} P\{Y > z\},$$

即

$$F_{\min}(z) = 1 - [1 - F_X(z)][1 - F_Y(z)]. \tag{3.5.10}$$

以上结果容易推广到 n 个相互独立的随机变量的情况. 设 $X_1, X_2, \cdots, X_n$ 为 n 个相互独立的随机变量, 它们的分布函数分别为 $F_{X_i}(x_i)(i=1,2,\cdots,n)$, 则 $M = \max\{X_1, X_2, \cdots, X_n\}$ 以及 $N = \min\{X_1, X_2, \cdots, X_n\}$ 的分布函数分别为

$$F_{\max}(z) = F_{X_1}(z) F_{X_2}(z) \cdots F_{X_n}(z), \tag{3.5.11}$$

$$F_{\min}(z) = 1 - [1 - F_{X_1}(z)][1 - F_{X_2}(z)] \cdots [1 - F_{X_n}(z)]. \tag{3.5.12}$$

特别地, 当 $X_1, X_2, \cdots, X_n$ 相互独立且具有相同分布函数 $F(x)$ 时, 有

$$F_{\max}(z) = [F(z)]^n, \tag{3.5.13}$$

$$F_{\min}(z) = 1 - [1 - F(z)]^n. \tag{3.5.14}$$

例 3.5.4

如图 3-3 所示, 系统 L 由寿命分别为 $X_i(i=1,2,3), Y_j(j=1,2,3)$ 的 6 个零件组成. 这 6 个零件的工作是相互独立的, X_i 的概率密度为

$$f_i(x) = \begin{cases} \alpha\mathrm{e}^{-\alpha x}, & x > 0, \\ 0, & x \leqslant 0 \end{cases} \quad (i=1,2,3),$$

其中 α 是大于零的常数, Y_j 的概率密度为

$$f_j(y) = \begin{cases} \beta e^{-\beta y}, & y > 0, \\ 0, & y \leqslant 0 \end{cases} \quad (j = 1, 2, 3),$$

其中 β 是大于零的常数. 试求系统 L 的寿命 Z 的分布函数及概率密度.

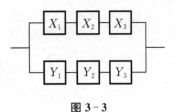

图 3 - 3

解　设上、下两条通路 L_1, L_2 的寿命分别为 Z_1, Z_2, 每条通路正常工作等价于通路中 3 个零件都正常工作, 因此

$$Z_1 = \min\{X_1, X_2, X_3\}, \quad Z_2 = \min\{Y_1, Y_2, Y_3\}.$$

由式(3.5.14) 可知

$$F_{Z_1}(z) = 1 - [1 - F(z)]^3 = 1 - [1 - (1 - e^{-\alpha z})]^3 = 1 - e^{-3\alpha z} \quad (z > 0).$$

同理

$$F_{Z_2}(z) = 1 - e^{-3\beta z} \quad (z > 0).$$

由于 L 是 L_1, L_2 并联所得, 故只要有一条通路正常工作, 系统就是正常工作的. 因此

$$Z = \max\{Z_1, Z_2\},$$

于是

$$F_Z(z) = \begin{cases} (1 - e^{-3\alpha z})(1 - e^{-3\beta z}), & z > 0, \\ 0, & z \leqslant 0, \end{cases}$$

$$f_Z(z) = \begin{cases} 3\alpha e^{-3\alpha z} + 3\beta e^{-3\beta z} - 3(\alpha + \beta) e^{-3(\alpha + \beta)z} & z > 0, \\ 0, & z \leqslant 0. \end{cases}$$

习题 3.5

1. 设 X 与 Y 是两个相互独立的离散型随机变量, 其分布律分别为 $P\{X = n\} = P\{Y = n\} = \dfrac{1}{2^n}$

$(n = 1, 2, \cdots)$, 求 $X + Y$ 的分布律.

2. 设 X 与 Y 是两个相互独立的随机变量, 且都在区间 $[-a, a]$ 上服从均匀分布, 求 $Z = X + Y$ 的概率密度.

3. 设 X 与 Y 是两个相互独立的随机变量, 其概率密度分别为

$$f_X(x) = \begin{cases} 1, & 0 \leqslant x \leqslant 1, \\ 0, & 其他, \end{cases} \qquad f_Y(y) = \begin{cases} e^{-y}, & y > 0, \\ 0, & 其他. \end{cases}$$

求 $Z = X + Y$ 的概率密度.

4. 设 X 与 Y 是两个相互独立的随机变量, 且服从同一分布, 其概率密度为

$$f(x) = \begin{cases} e^{1-x}, & x > 1, \\ 0, & 其他. \end{cases}$$

求 $Z = X + Y$ 的概率密度.

5. 设 X 与 Y 是两个相互独立同分布的随机变量, 其概率密度为

$$f(x) = \begin{cases} e^{-x}, & x > 0, \\ 0, & 其他. \end{cases}$$

求 $Z = \dfrac{Y}{X}$ 的概率密度.

6. 设 X 和 Y 分别表示两个不同电子器件的寿命(单位:h), X 与 Y 相互独立, 且服从同一分布, 其概率密度为

$$f(x) = \begin{cases} \dfrac{1\,000}{x^2}, & x > 1\,000, \\ 0, & 其他. \end{cases}$$

求 $Z = \dfrac{X}{Y}$ 的概率密度.

7.设电子仪器由两个相互独立的电子装置 L_1 及 L_2 组成,组成方式有两种:(1) L_1 与 L_2 串联;(2) L_1 与 L_2 并联.已知 L_1 与 L_2 的寿命分别为 X 与 Y,它们的分布函数分别为

$$F_X(x)=\begin{cases}1-\mathrm{e}^{-ax}, & x>0,\\0, & x\leqslant 0,\end{cases}\quad F_Y(y)=\begin{cases}1-\mathrm{e}^{-\beta y}, & y>0,\\0, & y\leqslant 0,\end{cases}$$

其中 $\alpha>0,\beta>0$.试在两种组成方式下,分别求电子仪器寿命 Z 的概率密度.

习 题 3

1.在一箱子中装有 12 只开关,其中 2 只是次品,从中取两次,每次任取一只,考虑两种试验:(1) 放回抽样;(2)不放回抽样.我们定义随机变量 X,Y 如下:

$$X=\begin{cases}0, & 第一次取出的是正品,\\1, & 第一次取出的是次品,\end{cases}\quad Y=\begin{cases}0, & 第二次取出的是正品,\\1, & 第二次取出的是次品.\end{cases}$$

试分别就(1) 和(2) 两种情况写出 X 和 Y 的联合分布律.

2.将一硬币抛掷 3 次,以 X 表示 3 次中出现正面的次数,以 Y 表示 3 次中出现正面次数与出现反面次数之差的绝对值,试写出 X 和 Y 的联合分布律.

3.盒子里装有 3 只黑球、2 只红球、2 只白球,从中任取 4 只球,以 X 表示取到黑球的只数,以 Y 表示取到红球的只数,求 X 和 Y 的联合分布律.

4.在 10 件产品中,有 2 件一级品,7 件二级品,1 件次品.从中任取 3 件,以 X,Y 分别表示取到的一级品和二级品的件数,求 X 和 Y 的联合分布律.

5.设随机变量 X 和 Y 的联合概率密度为

$$f(x,y)=\begin{cases}c(2x+y), & 0\leqslant x\leqslant 2,0\leqslant y\leqslant 3,\\0, & 其他.\end{cases}$$

(1) 确定常数 c;

(2) 求 $P\{X\geqslant 1,Y\leqslant 2\}$.

6.(1) 求第 1 题中二维随机变量 (X,Y) 的边缘分布律;

(2) 求第 2 题中二维随机变量 (X,Y) 的边缘分布律.

7.设二维随机变量 (X,Y) 的概率密度为

$$f(x,y)=\begin{cases}4.8y(2-x), & 0\leqslant x\leqslant 1,0\leqslant y\leqslant x,\\0, & 其他.\end{cases}$$

求边缘概率密度.

8.设二维随机变量 (X,Y) 的概率密度为

$$f(x,y)=\begin{cases}cx^2y, & x^2\leqslant y\leqslant 1,\\0, & 其他.\end{cases}$$

(1) 试确定常数 c;

(2) 求边缘概率密度.

9.以 X 记某医院一天出生婴儿的人数,Y 记其中男婴的人数,设 X 和 Y 的联合分布律为

$$P\{X=n,Y=m\}=\frac{\mathrm{e}^{-14}(7.14)^m(6.68)^{n-m}}{m!(n-m)!}\quad (m=0,1,2,\cdots,n;n=0,1,2,\cdots).$$

(1) 求边缘分布律;

(2) 求条件分布律;

(3) 特别地,写出当 $X=20$ 时 Y 的条件分布律.

10.求例 3.1.2 中的条件分布律 $P\{Y=j\mid X=i\}$.

11. 在第 8 题中,求:

(1) 条件概率密度 $f_{X|Y}(x \mid y)$,特别地,写出当 $Y = \dfrac{1}{2}$ 时 X 的条件概率密度;

(2) 条件概率密度 $f_{Y|X}(y \mid x)$,特别地,分别写出当 $X = \dfrac{1}{3}$,$X = \dfrac{1}{2}$ 时 Y 的条件概率密度;

(3) $P\left\{Y \geqslant \dfrac{1}{4} \ \middle| \ X = \dfrac{1}{2}\right\}$,$P\left\{Y \geqslant \dfrac{3}{4} \ \middle| \ X = \dfrac{1}{2}\right\}$.

12. 设二维随机变量 (X,Y) 的概率密度为

$$f(x,y) = \begin{cases} 1, & |y| < x, 0 < x < 1, \\ 0, & \text{其他}. \end{cases}$$

求条件概率密度 $f_{X|Y}(x \mid y)$,$f_{Y|X}(y \mid x)$.

13. 设 X 与 Y 是相互独立的随机变量,其概率密度分别为

$$f_X(x) = \begin{cases} \lambda e^{-\lambda x}, & x > 0, \\ 0, & x \leqslant 0, \end{cases} \qquad f_Y(y) = \begin{cases} \mu e^{-\mu y}, & y > 0, \\ 0, & y \leqslant 0, \end{cases}$$

其中 $\lambda > 0$,$\mu > 0$ 是常数. 引入随机变量

$$Z = \begin{cases} 1, & X \leqslant Y, \\ 0, & X > Y. \end{cases}$$

求:

(1) 条件概率密度 $f_{X|Y}(x \mid y)$;

(2) Z 的分布律和分布函数.

14. 设 X 与 Y 是两个相互独立的随机变量,其概率密度分别为

$$f_X(x) = \begin{cases} 1, & 0 \leqslant x \leqslant 1, \\ 0, & \text{其他}, \end{cases} \qquad f_Y(y) = \begin{cases} e^{-y}, & y > 0, \\ 0, & \text{其他}. \end{cases}$$

求随机变量 $Z = 2X + Y$ 的概率密度.

15. 某种商品一周的需求量是一个随机变量,其概率密度为

$$f(t) = \begin{cases} t e^{-t}, & t > 0, \\ 0, & t \leqslant 0. \end{cases}$$

设各周的需求量是相互独立的,试求:

(1) 两周的需求量的概率密度;

(2) 三周的需求量的概率密度.

16. 设 X 与 Y 是相互独立的随机变量,它们都服从正态分布 $N(0, \sigma^2)$,试证:随机变量 $Z = \sqrt{X^2 + Y^2}$ 具有概率密度

$$f_Z(z) = \begin{cases} \dfrac{z}{\sigma^2} e^{-\frac{z^2}{2\sigma^2}}, & z \geqslant 0, \\ 0, & \text{其他}. \end{cases}$$

我们称 Z 服从参数为 $\sigma(\sigma > 0)$ 的**瑞利**(Rayleigh)**分布**.

17. 设某种型号电子管的寿命(单位:h) 近似地服从正态分布 $N(160, 20^2)$. 随机地选取 4 只该种型号电子管,求其中没有一只寿命小于 180 h 的概率.

18. 对某种电子装置的输出测量了 5 次,得到以下观察值:

$$X_1, X_2, X_3, X_4, X_5.$$

设它们是相互独立的随机变量且都服从参数为 $\sigma = 2$ 的瑞利分布,求:

(1) $Z = \max\{X_1, X_2, X_3, X_4, X_5\}$ 的分布函数;

(2) $P\{Z > 4\}$.

19. 设 X 与 Y 是相互独立的随机变量,其分布律分别为

$$P\{X=k\}=p(k)\quad(k=0,1,2,\cdots),$$
$$P\{Y=r\}=q(r)\quad(r=0,1,2,\cdots).$$

证明:随机变量 $Z=X+Y$ 的分布律为

$$P\{Z=i\}=\sum_{k=0}^{i}p(k)q(i-k)\quad(i=0,1,2,\cdots).$$

20. 设 X 与 Y 是相互独立的随机变量,它们分别服从参数为 λ_1,λ_2 的泊松分布,证明:$Z=X+Y$ 服从参数为 $\lambda_1+\lambda_2$ 的泊松分布.

21. 设 X 与 Y 是相互独立的随机变量,且 $X\sim B(n_1,p),Y\sim B(n_2,p)$,证明:$Z=X+Y\sim B(n_1+n_2,p)$.

22. 设 X 与 Y 是相互独立的随机变量,且都在区间 $(-b,b)$ 内服从均匀分布,求方程 $t^2+tX+Y=0$ 有实根的概率.

23. 设二维随机变量 (X,Y) 的分布律如表 3-13 所示,求:

(1) $P\{X=2\mid Y=2\},P\{Y=3\mid X=0\}$;

(2) $V=\max\{X,Y\}$ 的分布律;

(3) $U=\min\{X,Y\}$ 的分布律;

(4) $W=X+Y$ 的分布律.

表 3-13

Y	X					
	0	1	2	3	4	5
0	0.00	0.01	0.03	0.05	0.07	0.09
1	0.01	0.02	0.04	0.05	0.06	0.08
2	0.01	0.03	0.05	0.05	0.05	0.06
3	0.01	0.02	0.04	0.06	0.06	0.05

24. 设随机变量 X 与 Y 相互独立,且服从相同的柯西(Cauchy)分布,其概率密度为

$$f(x)=\frac{1}{\pi(1+x^2)}.$$

证明:$Z=\dfrac{1}{2}(X+Y)$ 也服从同一分布.

25. 设二维随机变量 (X,Y) 的概率密度为

$$f(x,y)=\begin{cases}2\mathrm{e}^{-(x+2y)},&x>0,y>0,\\0,&\text{其他.}\end{cases}$$

求随机变量 $Z=X+2Y$ 的分布函数.

26. 设二维随机变量 (X,Y) 的概率密度为

$$f(x,y)=\begin{cases}1,&0<x<1,0<y<2x,\\0,&\text{其他.}\end{cases}$$

求:

(1) (X,Y) 的边缘概率密度 $f_X(x),f_Y(y)$;

(2) $Z=2X-Y$ 的概率密度 $f_Z(z)$;

(3) $P\left\{Y\leqslant\dfrac{1}{2}\;\middle|\;X\leqslant\dfrac{1}{2}\right\}.$

第4章

随机变量的数字特征

前面给出了许多常见的随机变量的分布函数,如泊松分布 $P(\lambda)$、正态分布 $N(\mu,\sigma^2)$ 等. 这些分布函数中大多含有一个或几个参数,确定这些参数,分布函数也就确定了. 但对于大部分随机变量,要完全确定它的分布函数就不那么容易了,而且在许多实际问题中,我们并不需要完全知道分布函数,而只需知道随机变量的某些特征即可. 本章将介绍随机变量常用的数字特征,如数学期望、方差、协方差、相关系数和矩.

§4.1 数 学 期 望

4.1.1 离散型随机变量的数学期望

为了研究具体的问题,人们经常使用平均值这个概念. 例如,甲、乙两人生产同一种产品(在相同的条件下),日产量相等,在一天中出现的废品数分别为 X 和 Y,其分布律分别如表 4‑1 和表 4‑2 所示,试比较这两人的技术情况.

表 4‑1

X	0	1	2	3	4
p_k	0.4	0.3	0.2	0.1	0

表 4‑2

Y	0	1	2	3	4
p_k	0.5	0.1	0.2	0.1	0.1

由 X 的分布律可知,甲生产正品的概率是 0.4,即如果生产 10 天,甲约有 4 天每天都生产正品,约有 3 天每天生产 1 个废品,约有 2 天每天生产 2 个废品,约有 1 天生产 3 个废品. 因此,"平均"起来,甲每天生产的废品数约为

$$\frac{1}{10}(0\times4+3\times1+2\times2+1\times3)=1.$$

同理,乙平均每天生产的废品数约为

$$\frac{1}{10}(0\times5+1\times1+2\times2+3\times1+4\times1)=1.2.$$

因此,平均而言,乙每天生产的废品数比甲多,从这个意义上来说,甲的技术比乙好.

一般地,反映随机变量"平均"意思的数字特征,即平均值,称为数学期望. 对于离散型随机变

量有以下定义:

定义 4.1.1 设离散型随机变量 X 的分布律为

$$P\{X = x_k\} = p_k \quad (k = 1, 2, \cdots).$$

若级数 $\sum\limits_{k=1}^{\infty} x_k p_k$ 绝对收敛,则称级数 $\sum\limits_{k=1}^{\infty} x_k p_k$ 的和为**离散型随机变量 X 的数学期望**(或**均值**),记为 $E(X)$,即

$$E(X) = \sum_{k=1}^{\infty} x_k p_k. \tag{4.1.1}$$

例 4.1.1

设随机变量 X 服从**退化分布**,即 $P\{X = c\} = 1$,其中 c 为常数,则显然有

$$E(X) = 1 \times c = c.$$

例 4.1.2

设随机变量 X 服从 $(0-1)$ 分布,分布律如表 $4-3$ 所示,求 $E(X)$.

表 4 - 3

X	0	1
p_k	$1-p$	p

解 $E(X) = 0 \times (1-p) + 1 \times p = p.$

例 4.1.3

设随机变量 X 服从二项分布,分布律为

$$P\{X = k\} = C_n^k p^k q^{n-k} \quad (k = 0, 1, 2, \cdots, n; 0 < p < 1, q = 1-p),$$

求 $E(X)$.

解 $\displaystyle E(X) = \sum_{k=0}^{n} k C_n^k p^k q^{n-k} = \sum_{k=0}^{n} k \frac{n(n-1)(n-2)\cdots(n-k+1)}{k!} p^k q^{n-k}$

$\displaystyle = np \sum_{k=1}^{n} \frac{(n-1)(n-2)\cdots[(n-1)-(k-2)]}{(k-1)!} p^{k-1} q^{(n-1)-(k-1)}$

$\displaystyle = np \sum_{k-1=0}^{n-1} C_{n-1}^{k-1} p^{k-1} q^{(n-1)-(k-1)} = np(p+q)^{n-1} = np.$

例 4.1.4

设随机变量 X 服从泊松分布,分布律为

$$P\{X = k\} = \frac{\lambda^k}{k!} e^{-\lambda} \quad (k = 0, 1, 2, \cdots),$$

求 $E(X)$.

解 $\displaystyle E(X) = \sum_{k=0}^{\infty} k \frac{\lambda^k}{k!} e^{-\lambda} = \lambda e^{-\lambda} \sum_{k=1}^{\infty} \frac{\lambda^{k-1}}{(k-1)!} = \lambda e^{-\lambda} e^{\lambda} = \lambda.$

4.1.2 连续型随机变量的数学期望

定义 4.1.2 设连续型随机变量 X 的概率密度为 $f(x)$. 若 $\displaystyle\int_{-\infty}^{+\infty} x f(x) \mathrm{d}x$ 绝对收敛,则称

$\displaystyle\int_{-\infty}^{+\infty} xf(x)\mathrm{d}x$ 的值为**连续型随机变量 X 的数学期望**（或均值），记为 $E(X)$，即

$$E(X) = \int_{-\infty}^{+\infty} xf(x)\mathrm{d}x. \tag{4.1.2}$$

例 4.1.5

设随机变量 X 服从均匀分布，概率密度为

$$f(x) = \begin{cases} \dfrac{1}{b-a}, & a \leqslant x \leqslant b, \\ 0, & \text{其他}. \end{cases}$$

求 $E(X)$.

解　$E(X) = \displaystyle\int_{-\infty}^{+\infty} xf(x)\mathrm{d}x = \int_a^b \dfrac{x}{b-a}\mathrm{d}x = \dfrac{1}{2}(a+b).$

例 4.1.6

设随机变量 $X \sim N(\mu,\sigma^2)$，求 $E(X)$.

解　$E(X) = \displaystyle\int_{-\infty}^{+\infty} x \dfrac{1}{\sqrt{2\pi}\sigma} \mathrm{e}^{-\frac{(x-\mu)^2}{2\sigma^2}} \mathrm{d}x$，令 $t = \dfrac{x-\mu}{\sigma}$，则

$$E(X) = \int_{-\infty}^{+\infty} (\mu + t\sigma) \dfrac{1}{\sqrt{2\pi}} \mathrm{e}^{-\frac{t^2}{2}} \mathrm{d}t = \dfrac{\mu}{\sqrt{2\pi}} \int_{-\infty}^{+\infty} \mathrm{e}^{-\frac{t^2}{2}} \mathrm{d}t = \mu.$$

4.1.3　随机变量函数的数学期望

定理 4.1.1　设 Y 是随机变量 X 的函数，$Y = g(X)$，$g(x)$ 是连续函数.

(1) X 是离散型随机变量，其分布律为 $P\{X = x_k\} = p_k (k = 1,2,\cdots)$. 若 $\displaystyle\sum_{k=1}^{\infty} g(x_k)p_k$ 绝对收敛，则有

$$E(Y) = E[g(X)] = \sum_{k=1}^{\infty} g(x_k)p_k. \tag{4.1.3}$$

(2) X 是连续型随机变量，其概率密度为 $f(x)$. 若 $\displaystyle\int_{-\infty}^{+\infty} g(x)f(x)\mathrm{d}x$ 绝对收敛，则有

$$E(Y) = E[g(X)] = \int_{-\infty}^{+\infty} g(x)f(x)\mathrm{d}x. \tag{4.1.4}$$

定理 4.1.1 的证明超出了本书的范围，这里只就情况 (2) 给予证明.

证　设 X 是连续型随机变量，且 $y = g(x)$ 处处可导，$g'(x) > 0$（或 < 0），故 $Y = g(X)$ 的概率密度为

$$f_Y(y) = \begin{cases} f_X[h(y)]|h'(y)|, & \alpha \leqslant y \leqslant \beta, \\ 0, & \text{其他}, \end{cases}$$

其中 $\alpha = \min\{g(-\infty), g(+\infty)\}$，$\beta = \max\{g(-\infty), g(+\infty)\}$，$h(y)$ 是 $g(x)$ 的反函数. 于是

$$E(Y) = \int_{-\infty}^{+\infty} yf_Y(y)\mathrm{d}y = \int_\alpha^\beta yf_X[h(y)]|h'(y)|\mathrm{d}y. \tag{4.1.5}$$

当 $h'(y) > 0$ 时，

$$E(Y) = \int_\alpha^\beta yf_X[h(y)]h'(y)\mathrm{d}y = \int_{-\infty}^{+\infty} g(x)f(x)\mathrm{d}x;$$

当 $h'(y) < 0$ 时,

$$E(Y) = -\int_\alpha^\beta y f_X[h(y)]h'(y)\mathrm{d}y = -\int_{+\infty}^{-\infty} g(x)f(x)\mathrm{d}x = \int_{-\infty}^{+\infty} g(x)f(x)\mathrm{d}x.$$

故 $E(Y) = \int_{-\infty}^{+\infty} g(x)f(x)\mathrm{d}x$.

由上述定理可知,求 $Y = g(X)$ 的数学期望时,不必知道 Y 的分布,只需知道 X 的分布就可以了.此定理还可以推广到两个或两个以上随机变量的函数情形.例如,二维随机变量 (X,Y) 的概率密度为 $f(x,y)$,则其函数 $Z = g(X,Y)(g(x,y)$ 是连续函数) 的数学期望为

$$E(Z) = E[g(X,Y)] = \int_{-\infty}^{+\infty}\int_{-\infty}^{+\infty} g(x,y)f(x,y)\mathrm{d}x\mathrm{d}y.$$

这里要求上式右边的积分绝对收敛.特别地,若二维随机变量 (X,Y) 的概率密度为 $f(x,y)$,则有

$$E(X) = \int_{-\infty}^{+\infty}\int_{-\infty}^{+\infty} xf(x,y)\mathrm{d}x\mathrm{d}y,$$

$$E(Y) = \int_{-\infty}^{+\infty}\int_{-\infty}^{+\infty} yf(x,y)\mathrm{d}x\mathrm{d}y.$$

例 4.1.7

已知随机变量 X 在区间 $[0,\pi]$ 上服从均匀分布,求 $E(\cos X),E(X^2)$.

解　X 的概率密度为 $f_X(x) = \begin{cases} \dfrac{1}{\pi}, & 0 \leqslant x \leqslant \pi, \\ 0, & 其他, \end{cases}$ 故

$$E(\cos X) = \int_{-\infty}^{+\infty} \cos x f_X(x)\mathrm{d}x = \int_0^\pi \cos x \cdot \frac{1}{\pi}\mathrm{d}x = 0,$$

$$E(X^2) = \int_{-\infty}^{+\infty} x^2 f_X(x)\mathrm{d}x = \int_0^\pi \frac{x^2}{\pi}\mathrm{d}x = \frac{1}{3}\pi^2.$$

例 4.1.8

设二维随机变量 (X,Y) 在区域 A 上服从均匀分布,其中 A 为由 x 轴、y 轴及直线 $x+y=1$ 所围成的三角形区域,求 X,Y,XY 的数学期望.

解　根据题意,(X,Y) 的概率密度为

$$f(x,y) = \begin{cases} 2, & (x,y) \in A, \\ 0, & 其他. \end{cases}$$

因此

$$E(X) = \int_{-\infty}^{+\infty}\int_{-\infty}^{+\infty} xf(x,y)\mathrm{d}x\mathrm{d}y = \int_0^1 \mathrm{d}x\int_0^{1-x} 2x\mathrm{d}y = \frac{1}{3},$$

$$E(Y) = \int_{-\infty}^{+\infty}\int_{-\infty}^{+\infty} yf(x,y)\mathrm{d}x\mathrm{d}y = \int_0^1 \mathrm{d}x\int_0^{1-x} 2y\mathrm{d}y = \frac{1}{3},$$

$$E(XY) = \int_{-\infty}^{+\infty}\int_{-\infty}^{+\infty} xyf(x,y)\mathrm{d}x\mathrm{d}y = \int_0^1 \mathrm{d}x\int_0^{1-x} 2xy\mathrm{d}y = \frac{1}{12}.$$

4.1.4　数学期望的性质

设 X,Y 为随机变量,它们的数学期望都存在,则数学期望有下列性质:

(1) 当 C 为常数时,$E(CX) = CE(X)$;

(2) $E(X \pm Y) = E(X) \pm E(Y)$;

(3) 当 X 与 Y 相互独立时,$E(XY) = E(X)E(Y)$.

证　下面就连续型随机变量情形给出证明,离散型随机变量情形的证明与之类似.

(1) 设 X 的概率密度为 $f(x)$,则

$$E(CX) = \int_{-\infty}^{+\infty} Cx f(x)\mathrm{d}x = C\int_{-\infty}^{+\infty} xf(x)\mathrm{d}x = CE(X).$$

(2) 设 (X,Y) 的概率密度为 $f(x,y)$,则

$$E(X \pm Y) = \int_{-\infty}^{+\infty}\int_{-\infty}^{+\infty} (x \pm y)f(x,y)\mathrm{d}x\mathrm{d}y$$

$$= \int_{-\infty}^{+\infty}\int_{-\infty}^{+\infty} xf(x,y)\mathrm{d}x\mathrm{d}y \pm \int_{-\infty}^{+\infty}\int_{-\infty}^{+\infty} yf(x,y)\mathrm{d}x\mathrm{d}y$$

$$= E(X) \pm E(Y).$$

(3) 当 X 与 Y 相互独立时,$f(x,y) = f_X(x)f_Y(y)$,其中 $f(x,y),f_X(x),f_Y(y)$ 依次为 $(X,Y),X,Y$ 的概率密度,从而

$$E(XY) = \int_{-\infty}^{+\infty}\int_{-\infty}^{+\infty} xyf(x,y)\mathrm{d}x\mathrm{d}y = \int_{-\infty}^{+\infty}\int_{-\infty}^{+\infty} xyf_X(x)f_Y(y)\mathrm{d}x\mathrm{d}y$$

$$= \int_{-\infty}^{+\infty} xf_X(x)\mathrm{d}x\int_{-\infty}^{+\infty} yf_Y(y)\mathrm{d}y = E(X)E(Y).$$

性质(2) 和性质(3) 可以推广到任意有限个随机变量的情形.

例 4.1.9

有 m 个乘客从楼的底层进入电梯,此楼共有 n 层,每一个乘客在任一层下电梯的概率是相同的.如果某一层无乘客下电梯,电梯就不停,求直到乘客都下完时电梯所停的次数 X 的数学期望.

解　设 $X_k(k = 1,2,\cdots,n)$ 表示第 k 层电梯停下的次数,则

$$X_k = \begin{cases} 1, & \text{第 } k \text{ 层有人下电梯,} \\ 0, & \text{第 } k \text{ 层无人下电梯.} \end{cases}$$

显然,$X = \sum_{k=1}^{n} X_k$,且 $E(X) = \sum_{k=1}^{n} E(X_k)$.

下面求 $X_k(k = 1,2,\cdots,n)$ 的分布律.

由于每个人在任一层下电梯的概率均为 $\dfrac{1}{n}$,故 m 个人同时不在第 k 层下电梯的概率是

$$\left(1 - \frac{1}{n}\right)^m, \quad \text{即} \quad P\{X_k = 0\} = \left(1 - \frac{1}{n}\right)^m,$$

从而

$$P\{X_k = 1\} = 1 - \left(1 - \frac{1}{n}\right)^m.$$

于是

$$E(X_k) = 0 \cdot \left(1 - \frac{1}{n}\right)^m + 1 \cdot \left[1 - \left(1 - \frac{1}{n}\right)^m\right]$$

$$= 1 - \left(1 - \frac{1}{n}\right)^m \quad (k = 1,2,\cdots,n),$$

故

$$E(X) = \sum_{k=1}^{n} E(X_k) = n\left[1 - \left(1 - \frac{1}{n}\right)^m\right].$$

1. 设随机变量 X 的分布律如表 4-4 所示,求 $E(X)$,$E(1-X)$,$E(X^2)$.

表 4-4

X	-1	0	$\frac{1}{2}$	1	2
p_k	$\frac{1}{3}$	$\frac{1}{6}$	$\frac{1}{6}$	$\frac{1}{12}$	$\frac{1}{4}$

2. 设随机变量 X 的概率密度 $f(x)=\dfrac{1}{\pi(1+x^2)}(-\infty<x<+\infty)$,求 $E(\min\{|X|,1\})$.

3. 某箱内有 5 个零件,其中 2 个是废品. 假设每次从该箱中任意取出一个进行检验,检验后不再放回,直到查出全部废品为止,求所需检验次数的数学期望.

4. 一袋中装有 a 个白球,b 个黑球,从中摸出 c 个($c\leqslant a+b$),求摸出白球个数 X 的数学期望.

§4.2 方 差

4.2.1 方差的概念

数学期望从一个方面反映了随机变量取值的"平均",但在很多情况下仅知道平均值是不够的,还需要知道每个实际值与平均值的偏离情况.

在上节中,甲平均每天生产的废品数为 1,如果某天他生产的都是正品,即废品数为 0,那么它与平均值的偏离值为 $0-1=-1$,偏离值的平方为 $(-1)^2=1$. 因为甲生产正品的概率是 0.4,所以在 10 天中约有 4 天出现偏离值的平方为 1 的情况. 因此,按照数学期望的思维,甲生产废品的"平均"的平方偏离值为

$$\frac{1}{10}[(0-1)^2\times4+(1-1)^2\times3+(2-1)^2\times2+(3-1)^2\times1+(4-1)^2\times0]=1.$$

同理,乙生产废品的"平均"的平方偏离值为

$$\frac{1}{10}[(0-1.2)^2\times5+(1-1.2)^2\times1+(2-1.2)^2\times2+(3-1.2)^2\times1+(4-1.2)^2\times1]=1.96.$$

比较两式可知,从平方偏离值的平均值看,甲的技术更稳定,优于乙.

对于一般的随机变量 X 的取值有同样的问题,我们一般希望了解 X 的取值与数学期望 $E(X)$ 的偏离程度. 容易想到用 $|X-E(X)|$ 来度量随机变量与其数学期望 $E(X)$ 的偏离程度,但由于该式带有绝对值,且是随机变量,运算不便,因此通常是用 $E\{[X-E(X)]^2\}$ 来度量 X 的取值与其数学期望 $E(X)$ 的偏离程度. 这个数字特征叫作随机变量 X 的方差.

定义 4.2.1   设 X 是一随机变量. 若 $E\{[X-E(X)]^2\}$ 存在,则称 $E\{[X-E(X)]^2\}$ 为 X 的**方差**,记为 $D(X)$,即

$$D(X)=E\{[X-E(X)]^2\}. \tag{4.2.1}$$

同时称 $\sqrt{D(X)}$ 为随机变量 X 的**标准差**或**均方差**,记为 σ_X.

由数学期望的性质可知

$$\begin{aligned}
D(X)&=E\{[X-E(X)]^2\}=E\{X^2-2XE(X)+[E(X)]^2\}\\
&=E(X^2)-2E(X)E(X)+[E(X)]^2=E(X^2)-[E(X)]^2.
\end{aligned}$$

于是得到计算方差的常用简便公式

$$D(X) = E(X^2) - [E(X)]^2. \tag{4.2.2}$$

例 4.2.1

设随机变量 X 的分布律如表 4-5 所示,求 $D(X)$.

表 4-5

X	0	1
p_k	$1-p$	p

解　由题意可知,$E(X) = p, E(X^2) = 0^2 \times (1-p) + 1^2 \times p = p$,故

$$D(X) = E(X^2) - [E(X)]^2 = p - p^2 = p(1-p).$$

例 4.2.2

设随机变量 $X \sim P(\lambda)$,求 $D(X)$.

解　已知 $E(X) = \lambda$,且

$$E(X^2) = \sum_{k=0}^{\infty} k^2 \frac{\lambda^k}{k!} e^{-\lambda} = \sum_{k=0}^{\infty} (k^2 - k) \frac{\lambda^k}{k!} e^{-\lambda} + \lambda$$

$$= \sum_{k=0}^{\infty} k(k-1) \frac{\lambda^k}{k!} e^{-\lambda} + \lambda = \lambda^2 + \lambda,$$

故 $D(X) = E(X^2) - [E(X)]^2 = \lambda$.

例 4.2.3

设随机变量 X 在区间 $[a,b]$ 上服从均匀分布,求 $D(X)$.

解　由于 $E(X) = \frac{1}{2}(a+b)$, $E(X^2) = \int_a^b \frac{x^2}{b-a} dx = \frac{1}{3}(a^2 + ab + b^2)$,故

$$D(X) = E(X^2) - [E(X)]^2 = \frac{1}{3}(a^2 + ab + b^2) - \left[\frac{1}{2}(a+b)\right]^2 = \frac{1}{12}(b-a)^2.$$

例 4.2.4

设随机变量 $X \sim N(\mu, \sigma^2)$,求 $D(X)$.

解　$D(X) = E[(X-\mu)^2] = \int_{-\infty}^{+\infty} (x-\mu)^2 \frac{1}{\sqrt{2\pi}\sigma} e^{-\frac{(x-\mu)^2}{2\sigma^2}} dx$,令 $t = \frac{x-\mu}{\sigma}$,则

$$D(X) = \frac{\sigma^2}{\sqrt{2\pi}} \int_{-\infty}^{+\infty} t^2 e^{-\frac{t^2}{2}} dt = \frac{\sigma^2}{\sqrt{2\pi}} \left(-t e^{-\frac{t^2}{2}} \Big|_{-\infty}^{+\infty} + \int_{-\infty}^{+\infty} e^{-\frac{t^2}{2}} dt\right)$$

$$= \frac{\sigma^2}{\sqrt{2\pi}} \cdot \sqrt{2\pi} = \sigma^2.$$

由例 4.2.4 可以看出,一般正态分布中的参数 μ, σ^2 依次是随机变量 X 的数学期望及方差. 因此,只要能给出正态分布的数学期望及方差,便能确定正态分布.

4.2.2　方差的性质

设 X, X_1, X_2 为随机变量,它们的数学期望和方差均存在,则方差有以下性质:

(1) 若 C 为常数,则 $D(C) = 0$;

(2) 若 C 为常数,则 $D(CX) = C^2 D(X)$;

(3) 若 X_1 与 X_2 相互独立,则 $D(X_1 + X_2) = D(X_1) + D(X_2)$;

(4) $D(X) = 0$ 的充要条件是 X 以概率 1 取值 $E(X)$,即
$$P\{X = E(X)\} = 1.$$

证　这里仅给出性质(1),(2),(3) 的证明,性质(4) 的证明从略.

(1) $D(C) = E\{[C - E(C)]^2\} = E[(C - C)^2] = 0.$

(2) $D(CX) = E\{[CX - E(CX)]^2\} = C^2 E\{[X - E(X)]^2\} = C^2 D(X).$

(3) $D(X_1 + X_2)$
$$= E\{[X_1 + X_2 - E(X_1 + X_2)]^2\}$$
$$= E\{[X_1 - E(X_1)]^2 + [X_2 - E(X_2)]^2 + 2[X_1 - E(X_1)][X_2 - E(X_2)]\}$$
$$= D(X_1) + D(X_2) + 2E\{[X_1 - E(X_1)][X_2 - E(X_2)]\}.$$

由于 X_1 与 X_2 相互独立,所以 $X_1 - E(X_1)$ 与 $X_2 - E(X_2)$ 也相互独立. 于是有
$$E\{[X_1 - E(X_1)][X_2 - E(X_2)]\} = E[X_1 - E(X_1)]E[X_2 - E(X_2)] = 0,$$
故
$$D(X_1 + X_2) = D(X_1) + D(X_2).$$

性质(3) 可以推广到任意有限多个相互独立的随机变量之和的情况.

性质(4) 说明,当方差为零时,随机变量 X 以概率为 1 取值于数学期望这一值上,故方差刻画了随机变量 X 围绕它的数学期望的偏离程度.

例 4.2.5

设随机变量 $Y \sim B(n, p)$,求 $D(Y)$.

解　由于 $Y = X_1 + X_2 + \cdots + X_n$,其中 $X_1, X_2, \cdots, X_n$ 相互独立,且每个 X_i 都服从参数为 p 的 $(0\text{-}1)$ 分布. 因此,由方差的性质可知
$$D(Y) = D(X_1) + D(X_2) + \cdots + D(X_n),$$
又 $D(X_i) = p(1 - p)(i = 1, 2, \cdots, n)$,故 $D(Y) = np(1 - p)$.

习题 4.2

1. 设随机变量 X 的概率密度为
$$f(x) = \begin{cases} x, & 0 < x \leqslant 1, \\ 2 - x, & 1 < x < 2, \\ 0, & \text{其他.} \end{cases}$$
求 $E(X)$ 及 $D(X)$.

2. 一次掷 4 枚硬币,设 X 是出现正面的次数,求 X 的数学期望与方差.

3. 设随机变量 U 在区间 $[-2, 2]$ 上服从均匀分布,X, Y 为随机变量,其中
$$X = \begin{cases} -1, & U \leqslant -1, \\ 1, & U > -1, \end{cases} \qquad Y = \begin{cases} -1, & U \leqslant 1, \\ 1, & U > 1. \end{cases}$$
试求:(1) 二维随机变量 (X, Y) 的分布律;(2) $D(X + Y)$.

§4.3　协方差及相关系数

对于二维随机变量 (X, Y),人们希望有相应的数字特征来刻画两个随机变量 X, Y 之间联系

的紧密程度. 本节将讨论这方面的数字特征.

　　定义 4.3.1　　设 (X,Y) 是二维随机变量. 若 $E\{[X-E(X)][Y-E(Y)]\}$ 存在,则称之为随机变量 X 与 Y 的**协方差**,记为 $\mathrm{cov}(X,Y)$,即

$$\mathrm{cov}(X,Y) = E\{[X-E(X)][Y-E(Y)]\}. \tag{4.3.1}$$

当 $D(X)>0, D(Y)>0$ 时,称

$$\rho_{XY} = \frac{\mathrm{cov}(X,Y)}{\sqrt{D(X)}\ \sqrt{D(Y)}}$$

为随机变量 X 与 Y 的**相关系数**.

　　由上述定义易知,对于任意两个随机变量 X 和 Y,下列等式成立:

　　(1) $D(X\pm Y) = D(X) + D(Y) \pm 2\mathrm{cov}(X,Y)$; $\tag{4.3.2}$

　　(2) $\mathrm{cov}(X,Y) = E(XY) - E(X)E(Y)$. $\tag{4.3.3}$

　　协方差具有以下性质:

　　(1) $\mathrm{cov}(X,Y) = \mathrm{cov}(Y,X)$;

　　(2) $\mathrm{cov}(aX,bY) = ab\,\mathrm{cov}(X,Y)$,其中 a,b 是常数;

　　(3) $\mathrm{cov}(X_1+X_2,Y) = \mathrm{cov}(X_1,Y) + \mathrm{cov}(X_2,Y)$.

　　下面给出相关系数 ρ_{XY} 的几条重要性质,并说明 ρ_{XY} 的具体含义.

　　对于两个随机变量 X,Y,我们希望用 X 的某个线性函数 $a+bX$(a,b 均为常数) 来近似表达 Y. 这样,问题就转化为选取适当的 a,b,使得在某种含义上近似程度尽可能地好. 以均方误差 $Q(a,b) = E\{[Y-(a+bX)]^2\}$ 来衡量近似程度的好坏,从而有以下定理:

　　定理 4.3.1　　(1) $\min\limits_{a,b} Q(a,b) = D(Y)(1-\rho_{XY}^2)$;

　　(2) $|\rho_{XY}| \leqslant 1$;

　　(3) $|\rho_{XY}| = 1$ 的充要条件是存在常数 a,b,使得 $P\{Y=a+bX\} = 1$.

　　证　　(1) $Q(a,b) = E\{[Y-(a+bX)]^2\}$

$$= E(Y^2) + b^2 E(X^2) + a^2 - 2bE(XY) + 2abE(X) - 2aE(Y).$$

要求得 $Q(a,b)$ 的最小值,先对 $Q(a,b)$ 关于 a,b 求偏导数,并且满足

$$\frac{\partial Q}{\partial a} = 2a + 2bE(X) - 2E(Y) = 0,$$

$$\frac{\partial Q}{\partial b} = 2bE(X^2) - 2E(XY) + 2aE(X) = 0,$$

于是解得 $b_0 = \dfrac{\mathrm{cov}(X,Y)}{D(X)}$, $a_0 = E(Y) - b_0 E(X)$. (a_0,b_0) 为 $Q(a,b)$ 的最小值点,将 a_0, b_0 代入 $Q(a,b)$,得到

$$\min\limits_{a,b} Q(a,b) = E\{[Y-(a_0+b_0X)]^2\} = D(Y)(1-\rho_{XY}^2).$$

　　(2) 由性质(1)的结论易知,$1-\rho_{XY}^2 \geqslant 0$,即 $|\rho_{XY}| \leqslant 1$.

　　(3) 证明从略.

　　注:由定理 4.3.1 可知,ρ_{XY}^2 越大,$Q(a,b)$ 越小,从而表明:

　　(1) 当 $|\rho_{XY}| = 1$ 时,Y 与 X 呈线性关系的概率为 1. 我们从概率意义上认为,Y 与 X 确实存在某种线性关系.

　　(2) 当 $0 < |\rho_{XY}| < 1$(这是绝大多数情形)时,这时 X 与 Y 存在着一定的线性关系,$|\rho_{XY}|$ 较

大时,$Q(a,b)$ 较小,说明 X 与 Y 的线性关系较紧密;当 $|\rho_{XY}|$ 较小时,$Q(a,b)$ 较大,说明 X 与 Y 的线性相关的程度较差.

(3) 当 $\rho_{XY} = 0$ 时,$\mathrm{cov}(X,Y) = 0$,从而 $b_0 = \dfrac{\mathrm{cov}(X,Y)}{D(X)} = 0$. 此时,$X$ 与 Y 没有线性关系,称为 X 与 Y 不相关.

定理 4.3.2　设相互独立的随机变量 X 与 Y 的相关系数 ρ_{XY} 存在,则 $\rho_{XY} = 0$,即 X 与 Y 不相关.

证　由于
$$\mathrm{cov}(X,Y) = E\{[X-E(X)][Y-E(Y)]\} = E[X-E(X)]E[Y-E(Y)] = 0,$$
从而 $\rho_{XY} = 0$,即 X 与 Y 不相关.

例 4.3.1

设二维随机变量 (X,Y) 的概率密度为
$$f(x,y) = \begin{cases} \dfrac{1}{\pi}, & x^2 + y^2 \leqslant 1, \\ 0, & \text{其他}. \end{cases}$$

试证:X 与 Y 不相互独立且不相关.

证　当 $|x| \leqslant 1$ 时,随机变量 X 的概率密度为
$$f_X(x) = \int_{-\infty}^{+\infty} f(x,y)\mathrm{d}y = \int_{-\sqrt{1-x^2}}^{\sqrt{1-x^2}} \frac{1}{\pi}\mathrm{d}y = \frac{2}{\pi}\sqrt{1-x^2};$$

当 $|y| \leqslant 1$ 时,随机变量 Y 的概率密度为
$$f_Y(y) = \int_{-\infty}^{+\infty} f(x,y)\mathrm{d}x = \int_{-\sqrt{1-y^2}}^{\sqrt{1-y^2}} \frac{1}{\pi}\mathrm{d}x = \frac{2}{\pi}\sqrt{1-y^2}.$$

于是
$$f_X(x)f_Y(y) = \frac{4}{\pi^2}\sqrt{1-x^2}\sqrt{1-y^2} \neq f(x,y),$$

所以 X 与 Y 不相互独立.

下面证明 X 与 Y 不相关,即 $\rho_{XY} = 0$. 为此,先求 $E(X),E(Y)$:
$$E(X) = \int_{-\infty}^{+\infty}\int_{-\infty}^{+\infty} xf(x,y)\mathrm{d}x\mathrm{d}y = \iint\limits_{x^2+y^2\leqslant 1} x \cdot \frac{1}{\pi}\mathrm{d}x\mathrm{d}y = 0,$$
$$E(Y) = \int_{-\infty}^{+\infty}\int_{-\infty}^{+\infty} yf(x,y)\mathrm{d}x\mathrm{d}y = \iint\limits_{x^2+y^2\leqslant 1} y \cdot \frac{1}{\pi}\mathrm{d}x\mathrm{d}y = 0,$$

于是
$$\mathrm{cov}(X,Y) = \int_{-\infty}^{+\infty}\int_{-\infty}^{+\infty} [x-E(X)][y-E(Y)]f(x,y)\mathrm{d}x\mathrm{d}y$$
$$= \frac{1}{\pi}\iint\limits_{x^2+y^2\leqslant 1} xy\mathrm{d}x\mathrm{d}y = \frac{1}{\pi}\int_0^{2\pi}\int_0^1 r^2\sin\theta \cdot \cos\theta \cdot r\mathrm{d}r\mathrm{d}\theta = 0,$$

所以 $\rho_{XY} = 0$.

此例说明,$\rho_{XY} = 0$ 不是 X 与 Y 相互独立的充分条件,即 X 与 Y 不相关,但 X 与 Y 不一定相互独立.

例 4.3.2

设二维随机变量 (X,Y) 服从二维正态分布 $N(\mu_1,\mu_2,\sigma_1^2,\sigma_2^2,\rho)$，其概率密度为

$$f(x,y) = \frac{1}{2\pi\sigma_1\sigma_2\sqrt{1-\rho^2}}\exp\left\{\frac{-1}{2(1-\rho^2)}\left[\frac{(x-\mu_1)^2}{\sigma_1^2} - 2\rho\frac{(x-\mu_1)(y-\mu_2)}{\sigma_1\sigma_2} + \frac{(y-\mu_2)^2}{\sigma_2^2}\right]\right\},$$

求 ρ_{XY}.

解　(X,Y) 的边缘概率密度分别为

$$f_X(x) = \frac{1}{\sqrt{2\pi}\,\sigma_1}\mathrm{e}^{-\frac{(x-\mu_1)^2}{2\sigma_1^2}} \quad (-\infty < x < +\infty),$$

$$f_Y(y) = \frac{1}{\sqrt{2\pi}\,\sigma_2}\mathrm{e}^{-\frac{(y-\mu_2)^2}{2\sigma_2^2}} \quad (-\infty < y < +\infty),$$

故 $E(X) = \mu_1, D(X) = \sigma_1^2, E(Y) = \mu_2, D(Y) = \sigma_2^2$. 而

$$\mathrm{cov}(X,Y) = \int_{-\infty}^{+\infty}\int_{-\infty}^{+\infty}(x-\mu_1)(y-\mu_2)f(x,y)\mathrm{d}x\mathrm{d}y$$

$$= \frac{1}{2\pi\sigma_1\sigma_2\sqrt{1-\rho^2}}\int_{-\infty}^{+\infty}\int_{-\infty}^{+\infty}(x-\mu_1)(y-\mu_2)\mathrm{e}^{-\frac{(x-\mu_1)^2}{2\sigma_1^2}}\mathrm{e}^{-\frac{1}{2(1-\rho^2)}\left(\frac{y-\mu_2}{\sigma_2}-\rho\frac{x-\mu_1}{\sigma_1}\right)^2}\mathrm{d}x\mathrm{d}y,$$

令 $t = \dfrac{1}{\sqrt{1-\rho^2}}\left(\dfrac{y-\mu_2}{\sigma_2} - \rho\dfrac{x-\mu_1}{\sigma_1}\right), u = \dfrac{x-\mu_1}{\sigma_1}$，则

$$\mathrm{cov}(X,Y) = \frac{1}{2\pi}\int_{-\infty}^{+\infty}\int_{-\infty}^{+\infty}(\sigma_1\sigma_2\sqrt{1-\rho^2}\,tu + \rho\sigma_1\sigma_2 u^2)\mathrm{e}^{-\frac{u^2}{2}-\frac{t^2}{2}}\mathrm{d}t\mathrm{d}u$$

$$= \frac{\rho\sigma_1\sigma_2}{2\pi}\left(\int_{-\infty}^{+\infty}u^2\mathrm{e}^{-\frac{u^2}{2}}\mathrm{d}u\right)\left(\int_{-\infty}^{+\infty}\mathrm{e}^{-\frac{t^2}{2}}\mathrm{d}t\right) + \frac{\sigma_1\sigma_2\sqrt{1-\rho^2}}{2\pi}\left(\int_{-\infty}^{+\infty}u\mathrm{e}^{-\frac{u^2}{2}}\mathrm{d}u\right)\left(\int_{-\infty}^{+\infty}t\mathrm{e}^{-\frac{t^2}{2}}\mathrm{d}t\right)$$

$$= \frac{\rho\sigma_1\sigma_2}{2\pi}\cdot\sqrt{2\pi}\cdot\sqrt{2\pi} = \rho\sigma_1\sigma_2.$$

故 $\rho_{XY} = \dfrac{\mathrm{cov}(X,Y)}{\sqrt{D(X)}\,\sqrt{D(Y)}} = \rho.$

因此，二维正态随机变量 (X,Y) 的概率密度的参数 ρ 就是 X 与 Y 的相关系数.

习题 4.3

1.设二维随机变量 (X,Y) 具有概率密度

$$f(x,y) = \begin{cases} \dfrac{1}{\pi R^2}, & x^2 + y^2 \leqslant R, R > 0, \\ 0, & \text{其他.} \end{cases}$$

试证：X 与 Y 不相关且不相互独立.

2.将一颗骰子抛掷 n 次，X 表示出现 1 点的次数，Y 表示出现 6 点的次数，求 $\mathrm{cov}(X,Y)$ 和 ρ_{XY}.

3.某箱装有 100 件产品，其中一、二、三等品分别为 80 件、10 件和 10 件. 现从中随机取一件，记

$$X_i = \begin{cases} 1, & \text{抽到 } i \text{ 等品,} \\ 0, & \text{其他} \end{cases} \quad (i = 1,2,3).$$

试求随机变量 X_1 和 X_2 的相关系数 $\rho_{X_1X_2}$.

4.设 A, B 是两个随机事件，X, Y 为随机变量，其中

$$X = \begin{cases} 1, & A \text{ 出现,} \\ -1, & A \text{ 不出现,} \end{cases} \qquad Y = \begin{cases} 1, & B \text{ 出现,} \\ -1, & B \text{ 不出现.} \end{cases}$$

试证:随机变量 X 与 Y 不相关的充要条件是 A 与 B 相互独立.

§4.4 矩和协方差矩阵

4.4.1 矩

矩包括原点矩与中心矩,也是随机变量的重要数字特征.

定义 4.4.1 设 X 和 Y 是随机变量.

(1) 若 $E(X^k)(k=1,2,\cdots)$ 存在,则称其为 X 的 k 阶原点矩.

(2) 若 $E\{[X-E(X)]^k\}(k=1,2,\cdots)$ 存在,则称其为 X 的 k 阶中心矩.

(3) 若 $E(X^kY^l)(k,l=1,2,\cdots)$ 存在,则称其为 X 和 Y 的 $k+l$ 阶混合矩.

(4) 若 $E\{[X-E(X)]^k[Y-E(Y)]^l\}(k,l=1,2,\cdots)$ 存在,则称其为 X 和 Y 的 $k+l$ **阶混合中心矩**.

由定义 4.4.1 可知,X 的数学期望 $E(X)$ 是 X 的一阶原点矩,方差 $D(X)$ 是 X 的二阶中心距,且一阶中心矩 $E[X-E(X)]=0$,协方差 $\mathrm{cov}(X,Y)$ 是 X 和 Y 的二阶混合中心矩.

例 4.4.1

设随机变量 $X \sim N(\mu,\sigma^2)$,求 X 的各阶中心矩.

解 $E\{[X-E(X)]^k\} = \dfrac{1}{\sqrt{2\pi}\sigma}\displaystyle\int_{-\infty}^{+\infty}(x-\mu)^k \mathrm{e}^{-\frac{(x-\mu)^2}{2\sigma^2}}\,\mathrm{d}x.$ 令 $t=\dfrac{x-\mu}{\sigma}$,则

$$E\{[X-E(X)]^k\} = \frac{\sigma^k}{\sqrt{2\pi}}\int_{-\infty}^{+\infty} t^k \mathrm{e}^{-\frac{t^2}{2}}\,\mathrm{d}t.$$

当 k 为奇数时,上式中的被积函数为奇函数,故

$$E\{[X-E(X)]^k\} = 0;$$

当 k 为偶数时,令 $t^2=2u$,则

$$E\{[X-E(X)]^k\} = \frac{1}{\sqrt{2\pi}}2\sigma^k\int_0^{+\infty} t^k \mathrm{e}^{-\frac{t^2}{2}}\,\mathrm{d}t = \sqrt{\frac{2}{\pi}}\sigma^k 2^{\frac{k-1}{2}}\int_0^{+\infty} u^{\frac{k-1}{2}}\mathrm{e}^{-u}\,\mathrm{d}u$$

$$= \frac{1}{\sqrt{\pi}}\sigma^k 2^{\frac{k}{2}}\Gamma\left(\frac{k+1}{2}\right) = \sigma^k(k-1)(k-3)\cdots 1 \quad (k \geqslant 2).$$

4.4.2 协方差矩阵

定义 4.4.2 若 n 维随机变量 $(X_1,X_2,\cdots,X_n)$ 的二阶混合中心矩 $\mathrm{cov}(X_i,X_j)(i,j=1,2,\cdots,n)$ 都存在,则称矩阵

$$C = \begin{pmatrix} \mathrm{cov}(X_1,X_1) & \mathrm{cov}(X_1,X_2) & \cdots & \mathrm{cov}(X_1,X_n) \\ \mathrm{cov}(X_2,X_1) & \mathrm{cov}(X_2,X_2) & \cdots & \mathrm{cov}(X_2,X_n) \\ \vdots & \vdots & & \vdots \\ \mathrm{cov}(X_n,X_1) & \mathrm{cov}(X_n,X_2) & \cdots & \mathrm{cov}(X_n,X_n) \end{pmatrix}$$

为 n 维随机变量 $(X_1,X_2,\cdots,X_n)$ 的**协方差矩阵**.

由 C 的定义可知,C 是对称矩阵. 协方差矩阵给出了 n 维随机变量的全部二阶混合中心矩,因此在研究 n 维随机变量的统计规律时,协方差矩阵是很重要的.

习题 4.4

1. 设二维随机变量 (X,Y) 的概率密度为

(1) $f(x,y) = \begin{cases} 6xy^2, & 0 < x < 1, 0 < y < 1, \\ 0, & \text{其他;} \end{cases}$

(2) $f(x,y) = \begin{cases} \dfrac{1}{8}(x+y), & 0 \leqslant x \leqslant 2, 0 \leqslant y \leqslant 2, \\ 0, & \text{其他.} \end{cases}$

求 (X,Y) 的协方差矩阵.

2. **帕累托**(Pareto)**分布**的概率密度为

$$f(x) = \begin{cases} rA^r \dfrac{1}{x^{r+1}}, & x \geqslant A, \\ 0, & x < A, \end{cases}$$

其中 $r > 0, A > 0$. 试证:该分布具有 p 阶中心矩当且仅当 $p < r$.

3. 设随机变量 X 的概率密度为

$$f(x) = \begin{cases} \dfrac{1}{2 \mid x \mid (\ln \mid x \mid)^2}, & \mid x \mid > \mathrm{e}, \\ 0, & \text{其他.} \end{cases}$$

试证:对于任意 $\alpha > 0, E(\mid X \mid^{\alpha}) = \infty$.

习 题 4

1. 对目标进行射击,直到击中为止. 如果每次射击的命中率为 p,求射击次数 X 的数学期望与方差.

2. 设随机变量 X 的分布函数为

$$F(x) = \begin{cases} 0, & x < -1, \\ a + b\arcsin x, & -1 \leqslant x < 1, \\ 1, & x \geqslant 1. \end{cases}$$

试确定常数 a, b,并求 $E(X)$ 与 $D(X)$.

3. 某产品的次品率为 0.1,检验员每天检验 4 次,每次随机地抽取 10 件产品进行检验,如果发现其中的次品数多于 1,就去调整设备. 以 X 表示一天中调整设备的次数,试求 $E(X)$(设产品是否为次品是互相独立的).

4. 设随机变量 X 与 Y 相互独立且都服从标准正态分布 $N(0,1)$,求 $E(\max\{X, Y\})$.

5. 设随机变量 X 的概率密度 $\varphi(x) = \dfrac{1}{2}\mathrm{e}^{-|x|}$,求 $E(X), D(X)$.

6. 设二维随机变量 (X,Y) 的概率密度为

$$f(x,y) = \begin{cases} 12y^2, & 0 \leqslant y \leqslant x \leqslant 1, \\ 0, & \text{其他.} \end{cases}$$

求 $E(X), E(Y), E(XY), E(X^2 + Y^2)$.

7. 设 X 是取非负整数值的随机变量,试证:

(1) $E(X) = \displaystyle\sum_{k=1}^{\infty} P\{X \geqslant k\}$;

(2) $D(X) = 2\displaystyle\sum_{k=1}^{\infty} kP\{X \geqslant k\} - E(X)[E(X) + 1]$.

8. 把数字 $1,2,\cdots,n$ 任意排成一列,如果数字 k 恰好出现在第 k 个位置上,则称有一个匹配. 以 X 表示所有的匹配数,求 X 的数学期望与方差.

9. 设随机变量 $X \sim N(\mu,\sigma^2)$,求 $E(|X-\mu|)$,$E(\alpha^X)(\alpha > 0)$.

10. 设二维随机变量 (X,Y) 在区域 A 上服从均匀分布,其中 A 为由 x 轴、y 轴及直线 $x+y+1=0$ 所围成的区域,求 $E(X)$,$E(-3X+2Y)$,$E(XY)$.

11. 设随机变量 X 在区间 $\left(-\dfrac{1}{2},\dfrac{1}{2}\right)$ 内服从均匀分布,求 $Y = \sin \pi X$ 的数学期望与方差.

12. 将 n 个球放入 M 个盒子中去,设每个球落入各个盒子是等可能的,求有球的盒子数 X 的数学期望.

13. 一工厂生产的某种设备的寿命(单位:年)X 服从指数分布,其概率密度为

$$f(x) = \begin{cases} \dfrac{1}{4}\mathrm{e}^{-\frac{x}{4}}, & x > 0, \\ 0, & x \leqslant 0. \end{cases}$$

该工厂规定,出售的设备若在一年之内损坏可予以调换. 若该工厂售出一台设备赢利 100 元,调换一台设备厂方需花 300 元,试求该工厂出售一台设备净赢利的数学期望.

14. 按规定,某车站每天 $8:00 \sim 9:00$,$9:00 \sim 10:00$ 都恰有一辆客车到站,但到站的时刻是随机的,且两者到站的时间相互独立,其规律如表 4-6 所示.

(1) 一乘客 8:00 到达该车站,求他候车时间的数学期望;

(2) 一乘客 8:20 到达该车站,求他候车时间的数学期望.

表 4-6

到站时间	8:10	8:30	8:50
	9:10	9:30	9:50
概率	$\dfrac{1}{6}$	$\dfrac{3}{6}$	$\dfrac{2}{6}$

15. 有 5 个相互独立工作的电子装置,它们的寿命 $X_k(k=1,2,3,4,5)$ 服从同一指数分布,其概率密度为

$$f(x) = \begin{cases} \dfrac{1}{\theta}\mathrm{e}^{-\frac{x}{\theta}}, & x > 0, \\ 0, & x \leqslant 0 \end{cases} \quad (\theta > 0).$$

(1) 若将这 5 个电子装置串联组成整机,求整机寿命 N 的数学期望;

(2) 若将这 5 个电子装置并联组成整机,求整机寿命 M 的数学期望.

16. 证明:当 $C = E(X)$ 时,$E[(X-C)^2]$ 的值最小,且最小值为 $D(X)$.

17. 证明:事件 A 在一次试验中发生次数的方差不会超过 $\dfrac{1}{4}$.

18. 设随机变量 X 服从瑞利分布,其概率密度为

$$f(x) = \begin{cases} \dfrac{1}{\theta}\mathrm{e}^{-\frac{x^2}{2\sigma^2}}, & x > 0, \\ 0, & x \leqslant 0 \end{cases} \quad (\sigma > 0).$$

求 $E(X)$,$D(X)$.

19. 设随机变量 X 服从 Γ 分布,其概率密度为

$$f(x) = \begin{cases} \dfrac{\beta}{\Gamma(\alpha)}(\beta x)^{\alpha-1}\mathrm{e}^{-\beta x}, & x > 0, \\ 0, & x \leqslant 0 \end{cases} \quad (\alpha > 0,\beta > 0).$$

求 $E(X)$,$D(X)$.

20. 设二维随机变量 (X,Y) 在区域 $D = \{(x,y) \mid 0 < x < 1, 0 < y < x\}$ 上服从均匀分布,求相关系数.

21. 设二维随机变量 (X,Y) 的概率密度为 $f(x,y) = \dfrac{1}{2}[\varphi_1(x,y) + \varphi_2(x,y)]$,其中 $\varphi_1(x,y)$ 和 $\varphi_2(x,y)$ 都

是二维正态分布的概率密度,它们对应的相关系数分别为 $\frac{1}{3}$ 和 $-\frac{1}{3}$,边缘分布的数学期望都是 0,方差都是 1.

(1) 求随机变量 X 和 Y 的概率密度 $f_1(x)$ 和 $f_2(y)$;

(2) 求 X 与 Y 的相关系数;

(3) 问:X 与 Y 是否相互独立?为什么?

22.设二维随机变量 (X,Y) 具有概率密度

$$f(x,y) = \begin{cases} \dfrac{1}{8}(x+y), & 0 \leqslant x \leqslant 2, 0 \leqslant y \leqslant 2, \\ 0, & \text{其他.} \end{cases}$$

求 $\text{cov}(X,Y), \rho_{XY}, D(X+Y)$.

23.证明:当 X 与 Y 不相关时,有

(1) $E(XY) = E(X)E(Y)$;

(2) $D(X \pm Y) = D(X) + D(Y)$.

24.设随机变量 X 的概率密度为

$$f(x) = \begin{cases} \dfrac{1}{2}\cos\dfrac{1}{2}x, & 0 \leqslant x \leqslant \pi, \\ 0, & \text{其他.} \end{cases}$$

对 X 独立地重复观察 4 次,用 Y 表示观察值大于 $\dfrac{\pi}{3}$ 的次数,求 Y^2 的数学期望.

25.设 A,B 为两个随机事件,且 $P(A) = \dfrac{1}{4}, P(B \mid A) = \dfrac{1}{3}, P(A \mid B) = \dfrac{1}{2}$.令

$$X = \begin{cases} 1, & A \text{ 发生,} \\ 0, & A \text{ 不发生,} \end{cases} \qquad Y = \begin{cases} 1, & B \text{ 发生,} \\ 0, & B \text{ 不发生.} \end{cases}$$

求:

(1) 二维随机变量 (X,Y) 的概率分布;

(2) X 与 Y 的相关系数 ρ_{XY};

(3) $Z = X^2 + Y^2$ 的概率分布.

26.设二维随机变量 (X,Y) 的概率密度为

$$f(x,y) = \begin{cases} 2-x-y, & 0 \leqslant x \leqslant 1, 0 \leqslant y \leqslant 1, \\ 0, & \text{其他.} \end{cases}$$

(1) 判别 X 与 Y 是否相互独立,是否相关;

(2) 求 $D(X+Y)$.

27.设随机变量 X 的概率密度为

$$f_X(x) = \begin{cases} \dfrac{1}{2}, & -1 < x < 0, \\ \dfrac{1}{4}, & 0 \leqslant x < 2, \\ 0, & \text{其他.} \end{cases}$$

令 $Y = X^2$,$F(x,y)$ 为二维随机变量 (X,Y) 的分布函数,求:

(1) Y 的概率密度 $f_Y(y)$;

(2) $\text{cov}(X,Y)$;

(3) $F\left(-\dfrac{1}{2}, 4\right)$.

28.对于两个随机变量 V,W,若 $E(V^2), E(W^2)$ 存在,证明:

$$[E(VW)]^2 \leqslant E(V^2)E(W^2).$$

这一不等式称为柯西-施瓦茨(Cauchy-Schwarz) **不等式**.

第 5 章

大数定律与中心极限定理

前面的章节指出,事件发生的频率具有稳定性,即当随机试验的次数无限增大时,在某种收敛意义下频率趋于某一常数(事件的概率). 这是大数定律研究的内容之一. 正是由于有了大数定律,概率才具有客观意义. 有些随机变量受很多随机因素的影响,而其中每个因素对随机变量的作用又很微小,这种随机变量往往近似服从正态分布. 这就是中心极限定理的内涵及其客观背景.

§5.1 大 数 定 律

定义 5.1.1 设 $X_1, X_2, \cdots, X_n, \cdots$ 是一个随机变量序列,α 是常数. 若对于任意正数 ε,有

$$\lim_{n \to \infty} P\{\mid X_n - \alpha \mid \geqslant \varepsilon\} = 0, \tag{5.1.1}$$

则称序列 $X_1, X_2, \cdots, X_n, \cdots$ **依概率收敛**于 α,记为

$$\lim_{n \to \infty} X_n = \alpha(P) \quad \text{或} \quad X_n \xrightarrow{P} \alpha.$$

显然,式(5.1.1)等价于

$$\lim_{n \to \infty} P\{\mid X_n - \alpha \mid < \varepsilon\} = 1. \tag{5.1.2}$$

注:随机变量序列 $\{X_n\}$ 依概率收敛于 α,是指对于任意正数 ε,当 n 无限增大时,随机事件 $\{\mid X_n - \alpha \mid \geqslant \varepsilon\}$ 发生的概率无限接近于零.

定理 5.1.1(切比雪夫(Chebyshev) 不等式) 设随机变量 X 具有数学期望 $E(X)$ 及方差 $D(X)$,则对于任意正数 ε,有

$$P\{\mid X - E(X) \mid \geqslant \varepsilon\} \leqslant \frac{D(X)}{\varepsilon^2}. \tag{5.1.3}$$

证 若 X 是连续型随机变量,其概率密度为 $f(x)$,则

$$\begin{aligned}
P\{\mid X - E(X) \mid \geqslant \varepsilon\} &= \int_{\mid x - E(X) \mid \geqslant \varepsilon} f(x) \mathrm{d}x \\
&\leqslant \int_{\mid x - E(X) \mid \geqslant \varepsilon} \frac{[x - E(X)]^2}{\varepsilon^2} f(x) \mathrm{d}x \\
&\leqslant \frac{1}{\varepsilon^2} \int_{-\infty}^{+\infty} [x - E(X)]^2 f(x) \mathrm{d}x \\
&= \frac{D(X)}{\varepsilon^2}.
\end{aligned}$$

当 X 是离散型随机变量时,将概率密度换成分布律,积分换成求和即可.

切比雪夫不等式也可以写成如下形式:

$$P\{\mid X-E(X)\mid<\varepsilon\}\geqslant 1-\frac{D(X)}{\varepsilon^2}. \tag{5.1.4}$$

定理 5.1.2(伯努利大数定律)　设 f_n 是 n 重伯努利试验中事件 A 发生的次数,p 是事件 A 在每次试验中发生的概率,则对于任意正数 ε,都有

$$\lim_{n\to\infty}P\left\{\left|\frac{f_n}{n}-p\right|<\varepsilon\right\}=1. \tag{5.1.5}$$

证　由于 $f_n\sim B(n,p)$,故 $E(f_n)=np$,$D(f_n)=npq(p+q=1)$. 所以,$E\left(\dfrac{f_n}{n}\right)=p$,

$D\left(\dfrac{f_n}{n}\right)=\dfrac{pq}{n}$. 因此,由定理 5.1.1 有

$$P\left\{\left|\frac{f_n}{n}-p\right|\geqslant\varepsilon\right\}\leqslant\frac{pq}{n\varepsilon^2},$$

故

$$\lim_{n\to\infty}P\left\{\left|\frac{f_n}{n}-p\right|\geqslant\varepsilon\right\}=0,\quad\text{即}\quad\lim_{n\to\infty}P\left\{\left|\frac{f_n}{n}-p\right|<\varepsilon\right\}=1.$$

注:本定理给出了频率稳定于概率 p 的数学表达式,即当 n 充分大时,事件发生的频率与概率有较大偏差的可能性很小. 所以,在实际应用中可以用频率代替概率(当 n 较大时).

定理 5.1.3(切比雪夫大数定律)　设 $X_1,X_2,\cdots,X_n,\cdots$ 为相互独立的随机变量序列,$E(X_i)$ 和 $D(X_i)$ 都存在,且 $D(X_i)\leqslant C(i=1,2,\cdots)$,$C$ 为常数,则 $\dfrac{1}{n}\sum\limits_{i=1}^{n}X_i$ 依概率收敛于 $\dfrac{1}{n}\sum\limits_{i=1}^{n}E(X_i)$,即对于任意正数 ε,有

$$\lim_{n\to\infty}P\left\{\left|\frac{1}{n}\sum_{i=1}^{n}X_i-\frac{1}{n}\sum_{i=1}^{n}E(X_i)\right|\geqslant\varepsilon\right\}=0. \tag{5.1.6}$$

证　因为 $X_1,X_2,\cdots,X_n,\cdots$ 相互独立,所以

$$E\left(\frac{1}{n}\sum_{i=1}^{n}X_i\right)=\frac{1}{n}\sum_{i=1}^{n}E(X_i),\quad D\left(\frac{1}{n}\sum_{i=1}^{n}X_i\right)=\frac{1}{n^2}\sum_{i=1}^{n}D(X_i).$$

由定理 5.1.1 可知

$$P\left\{\left|\frac{1}{n}\sum_{i=1}^{n}X_i-\frac{1}{n}\sum_{i=1}^{n}E(X_i)\right|\geqslant\varepsilon\right\}\leqslant\frac{C}{n\varepsilon^2},$$

故

$$\lim_{n\to\infty}P\left\{\left|\frac{1}{n}\sum_{i=1}^{n}X_i-\frac{1}{n}\sum_{i=1}^{n}E(X_i)\right|\geqslant\varepsilon\right\}=0.$$

特别地,若 $E(X_i)=\mu(i=1,2,\cdots)$,则有

$$\lim_{n\to\infty}P\left\{\left|\frac{1}{n}\sum_{i=1}^{n}X_i-\mu\right|\geqslant\varepsilon\right\}=0,$$

即 $\dfrac{1}{n}\sum\limits_{i=1}^{n}X_i$ 依概率收敛于 μ. 也就是说,当 n 无限增大时,n 个随机变量的算术平均在概率意义下无限接近于它们的数学期望(均值).

前面两个大数定律都是在假定随机变量 $X_i(i=1,2,\cdots)$ 的方差一致有界的前提下成立的. 但是在许多问题中,往往仅知道 X_i 是相互独立且同分布的,从而有以下定理:

定理 5.1.4（辛钦(Khinchin)大数定律）设 $X_1, X_2, \cdots, X_n, \cdots$ 是相互独立且同分布的随机变量序列. 若 X_i 有有限的数学期望 $E(X_i) = \mu (i = 1, 2, \cdots)$，则 $\frac{1}{n} \sum\limits_{i=1}^{n} X_i$ 依概率收敛于 μ，即对于任意正数 ε，有

$$\lim_{n \to \infty} P\left\{ \left| \frac{1}{n} \sum_{i=1}^{n} X_i - \mu \right| \geqslant \varepsilon \right\} = 0. \tag{5.1.7}$$

习题 5.1

1. 设 X 为随机变量，$E(|X|^k)(k > 0)$ 存在，试证明：对于任意 $\varepsilon > 0$，有

$$P\{|X| \geqslant \varepsilon\} \leqslant \frac{E(|X|^k)}{\varepsilon^k}.$$

2. 用切比雪夫不等式确定，当抛掷一均匀硬币时，需掷多少次才能保证出现正面的频率在 $0.4 \sim 0.6$ 之间的概率不小于 0.9.

3. 在每次试验中，事件 A 发生的概率为 0.5. 利用切比雪夫不等式估计：在 1000 次独立试验中，事件 A 发生的次数在 $450 \sim 550$ 之间的概率.

4. 设 $X_1, X_2, \cdots, X_n, \cdots$ 是相互独立且都在区间 $[0, \theta]$ 上服从均匀分布的随机变量序列，令 $Y_n = \max\limits_{1 \leqslant i \leqslant n} \{X_i\}$，证明：$Y_n \xrightarrow{P} \theta$.

§5.2 中心极限定理

在客观实际中，有许多随机变量服从正态分布，而这些随机变量都可以看成许多相互独立的起微小作用的随机因素的总和. 因此，需要研究相互独立随机变量和的分布问题，而它们的极限分布往往是正态分布，正是这个问题的解决，为概率论的应用提供了重要的理论依据. 本节介绍几个常用的中心极限定理.

定理 5.2.1（独立同分布的中心极限定理）设随机变量 $X_1, X_2, \cdots, X_n, \cdots$ 相互独立且同分布，$E(X_i) = \mu, D(X_i) = \sigma^2 \neq 0 (i = 1, 2, \cdots)$. 令

$$Y_n = \frac{\sum\limits_{i=1}^{n} X_i - n\mu}{\sqrt{n}\sigma} \quad (n = 1, 2, \cdots),$$

则随机变量 Y_n 的分布函数 $F_n(x)$ 对于任意 x 都满足

$$\lim_{n \to \infty} F_n(x) = \lim_{n \to \infty} P\{Y_n \leqslant x\} = \int_{-\infty}^{x} \frac{1}{\sqrt{2\pi}} e^{-\frac{t^2}{2}} dt. \tag{5.2.1}$$

注：Y_n 是 $\sum\limits_{i=1}^{n} X_i$ 经标准化后得到的标准化随机变量，$P\{Y_n \leqslant x\}$ 是 Y_n 的分布函数. 此定理指出，Y_n 的分布函数的极限为标准正态分布的分布函数.

定理 5.2.2（棣莫弗-拉普拉斯(De Moivre-Laplace)定理）设 f_n 是 n 次独立重复试验中事件发生的次数，$p(0 < p < 1)$ 是事件在每次试验中发生的概率，$q = 1 - p$，则对于任意 x，有

$$\lim_{n \to \infty} P\left\{ \frac{f_n - np}{\sqrt{npq}} \leqslant x \right\} = \int_{-\infty}^{x} \frac{1}{\sqrt{2\pi}} e^{-\frac{t^2}{2}} dt. \tag{5.2.2}$$

证　　令 X_i 表示第 i 次试验中事件发生的次数,则 X_i 的分布律为

$$P\{X_i = 1\} = p, \quad P\{X_i = 0\} = q \quad (i = 1, 2, \cdots, n),$$

且 $f_n = X_1 + X_2 + \cdots + X_n (X_1, X_2, \cdots, X_n$ 相互独立且同分布$)$. 因此

$$E(X_i) = p, \quad D(X_i) = pq \quad (i = 1, 2, \cdots, n),$$
$$E(f_n) = np, \quad D(f_n) = npq,$$

从而由定理 5.2.1 有

$$\lim_{n \to \infty} P\left\{ \frac{f_n - np}{\sqrt{npq}} \leqslant x \right\} = \int_{-\infty}^{x} \frac{1}{\sqrt{2\pi}} e^{-\frac{t^2}{2}} dt.$$

注:由于 $f_n \sim B(n, p)$,所以此定理表明二项分布的极限分布是正态分布.

定理 5.2.3(李雅普诺夫(Lyapunov)定理)　**设随机变量 $X_1, X_2, \cdots, X_n, \cdots$ 相互独立,$E(X_i)$**

$= \mu_i, D(X_i) = \sigma_i^2 \neq 0 (i = 1, 2, \cdots),$**记 $B_n^2 = \sum\limits_{i=1}^{n} \sigma_i^2, Y_n = \dfrac{\sum\limits_{i=1}^{n} X_i - \sum\limits_{i=1}^{n} \mu_i}{B_n}$. 若存在 $\delta > 0$,使得**

$$\lim_{n \to \infty} \frac{1}{B_n^{2+\delta}} \sum_{i=1}^{n} E(|X_i - \mu_i|^{2+\delta}) = 0,$$

则随机变量 Y_n 的分布函数 $F_n(x)$ 对于任意 x 都满足

$$\lim_{n \to \infty} F_n(x) = \lim_{n \to \infty} P\{Y_n \leqslant x\} = \int_{-\infty}^{x} \frac{1}{\sqrt{2\pi}} e^{-\frac{t^2}{2}} dt. \tag{5.2.3}$$

例 5.2.1

已知计算机在进行加法运算时,对每个加数取整(取最接近它的整数). 设所有的取整误差是相互独立的,且它们都在区间 $(-0.5, 0.5)$ 内服从均匀分布.

(1) 若将 1 500 个数相加,问:误差总和的绝对值超过 15 的概率是多少?

(2) 多少个数加在一起才能使得误差总和的绝对值小于 10 的概率为 0.9?

解　　设 $X_i (i = 1, 2, \cdots)$ 表示第 i 个加数的取整误差,则 X_i 在区间 $(-0.5, 0.5)$ 内服从均匀分布,其概率密度为

$$f(x) = \begin{cases} 1, & x \in (-0.5, 0.5), \\ 0, & \text{其他}, \end{cases}$$

且 $X_1, X_2, \cdots, X_n, \cdots$ 是相互独立同分布的随机变量序列. 故

$$E(X_i) = \int_{-\infty}^{+\infty} x f(x) dx = \int_{-0.5}^{0.5} x dx = 0,$$

$$D(X_i) = E(X_i^2) - [E(X_i)]^2 = \int_{-\infty}^{+\infty} x^2 f(x) dx = \int_{-0.5}^{0.5} x^2 dx = \frac{1}{12}.$$

(1) 由定理 5.2.1 可知,随机变量 $Y_{1500} = \dfrac{\sum\limits_{i=1}^{1500} X_i - 1500 \times 0}{\sqrt{1500} \times \sqrt{\dfrac{1}{12}}}$ 近似服从标准正态分布 $N(0, 1)$,因此

$$P\left\{ \left| \sum_{i=1}^{1500} X_i \right| > 15 \right\} = P\left\{ \frac{\left| \sum\limits_{i=1}^{1500} X_i - 0 \right|}{\sqrt{1500} \times \sqrt{\dfrac{1}{12}}} > \frac{15}{\sqrt{1500} \times \sqrt{\dfrac{1}{12}}} \right\} = P\left\{ |Y_{1500}| > \frac{15}{5 \times \sqrt{5}} \right\}$$

$$\approx P\{Y_{1500} < -1.34\} + P\{Y_{1500} > 1.34\} \approx 2[1 - \Phi(1.34)] = 0.180\,2.$$

（2）因为

$$0.9 = P\left\{\left|\sum_{i=1}^n X_i\right| < 10\right\} = P\left\{\frac{\left|\sum_{i=1}^n X_i - 0\right|}{\sqrt{\frac{1}{12}}\sqrt{n}} < \frac{10-0}{\sqrt{\frac{1}{12}}\sqrt{n}}\right\}$$

$$= P\left\{|Y_n| < \frac{20\sqrt{3}}{\sqrt{n}}\right\} = P\left\{\frac{-20\sqrt{3}}{\sqrt{n}} < Y_n < \frac{20\sqrt{3}}{\sqrt{n}}\right\} \approx 2\Phi\left(20\sqrt{\frac{3}{n}}\right) - 1,$$

所以 $\Phi\left(20\sqrt{\frac{3}{n}}\right) = 0.95$. 查附表 1，得 $\Phi(1.645) = 0.95$，故 $n = \frac{400 \times 3}{1.645^2} \approx 443.455$，因此取 $n = 444$.

这表明，大约 444 个整数相加可以有 0.9 的概率保证取整误差总和的绝对值小于 10.

例 5.2.2

某车间有 200 台车床，在生产期间由于需要对车床进行检修、调换刀具、变换位置等，因而常需要停车. 设每台车床的开工率为 0.6，车床的工作是独立的，且每台车床开工时需要消耗电力 1 kW. 问：给该车间供应多少千瓦电力才能以 0.999 的概率保证该车间不会因供电不足而影响生产？

解 把对每台车床的观察视为一次试验，车床在工作中设为事件 A. 由题意可知 A 发生的概率为 0.6. 由于 200 台车床是独立工作的，因此可以看成 $n = 200$，$p = 0.6$ 的伯努利试验. 把某时刻在工作中的车床数记为 Y，则 Y 是随机变量，$Y \sim B(200, 0.6)$. 现要求满足下列不等式的 N，使得

$$P\{Y \leqslant N\} = \sum_{k=0}^N C_{200}^k (0.6)^k (0.4)^{200-k} \geqslant 0.999.$$

显然，直接计算是很困难的，但可利用棣莫弗-拉普拉斯定理，得

$$P\{Y \leqslant N\} = P\{0 \leqslant Y \leqslant N\}$$

$$= P\left\{\frac{0 - 200 \times 0.6}{\sqrt{200 \times 0.6 \times 0.4}} \leqslant \frac{Y - 200 \times 0.6}{\sqrt{200 \times 0.6 \times 0.4}} \leqslant \frac{N - 200 \times 0.6}{\sqrt{200 \times 0.6 \times 0.4}}\right\}$$

$$= P\left\{\frac{-120}{\sqrt{48}} \leqslant \frac{Y - 120}{\sqrt{48}} \leqslant \frac{N - 120}{\sqrt{48}}\right\} \approx \Phi\left(\frac{N-120}{6.928}\right) - \Phi(-17.32) = \Phi\left(\frac{N-120}{6.928}\right).$$

当 $\Phi\left(\frac{N-120}{6.928}\right) = 0.999$ 时，查附表 1 得 $\frac{N-120}{6.928} = 3.1$，于是 $N = 141.4768$，取 $N = 142$，此即为所求.

上面的结果表明，$P\{Y \leqslant 142\} \geqslant 0.999$，所以若供电 142 kW，则由于供电不足而影响生产的可能性小于 0.001.

习题 5.2

1. 一生产线将生产的产品包装成箱，每箱的重量是随机的. 假设每箱平均重 50 kg，标准差为 5 kg，若用最大载重量为 5 t 的汽车承运，试用中心极限定理说明每辆车最多可以装多少箱，才能保障不超载的概率大于 0.977（$\Phi(2) = 0.977$）？

2. 有一批建筑房屋用的木柱，其中有 80% 的长度不小于 3 m. 现从这批木柱中随机地取出 100 根，问：其中至少有 30 根短于 3 m 的概率是多少？

3. 一个终端每分钟收到信号的个数服从参数为 10 的泊松分布，某系统有 50 个独立工作的终端，问：该系统一分钟收到的信号个数超过 550 的概率是多少？

4. 设各零件的重量都是随机变量，它们相互独立，且服从相同的分布，其数学期望为 0.5 kg，标准差为 0.1 kg，问：5 000 个零件的总重量超过 2 510 kg 的概率是多少？

习　题　5

1. 一船舶在某海域航行, 每遭到一次波浪的冲击时, 其纵摇角 (船舶的纵轴与水平面的夹角) 大于 $3°$ 的概率 $p = \dfrac{1}{3}$. 若该船舶遭受了 90 000 次波浪冲击, 问: 其中有 29 500 ~ 30 500 次纵摇角大于 $3°$ 的概率是多少?

2. 设 X 是非负随机变量, $E(X)$ 存在, 试证: 当 $x > 0$ 时,

$$P\{X < x\} \geqslant 1 - \frac{E(X)}{x}.$$

3. 某单位设置一电话总机, 共有 200 部分机. 设每部分机是否使用外线通话是相互独立的, 每时刻每部分机有 5% 的概率要使用外线通话, 问: 总机需要配置多少根外线才能以不低于 0.9 的概率保证每部分机使用外线时可供使用.

4. 一加法器同时收到 20 个噪声电压 $V_k (k = 1, 2, \cdots, 20)$, 设它们是相互独立的随机变量, 且都在区间 $(0, 10)$ 内服从均匀分布, 记 $V = \sum\limits_{k=1}^{20} V_k$, 求 $P\{V > 105\}$ 的近似值.

5. 一食品店有三种蛋糕出售, 由于售出哪种蛋糕是随机的, 因而售出一个蛋糕的价格 (单位: 元) 是一个随机变量, 它取 1, 1.2, 1.5 各个值的概率分别为 0.3, 0.2, 0.5. 若售出 300 个蛋糕, 求:

(1) 收入至少是 400 元的概率;

(2) 售出价格为 1.2 元的蛋糕多于 60 个的概率.

6. 一个复杂的系统由 n 个相互独立起作用的部件组成, 每个部件的可靠性 (正常工作概率) 为 0.9, 且至少要有 80% 的部件正常工作才能使得系统工作, 问: n 至少为多少, 才能使得系统的可靠性为 0.95?

7. 一保险公司有 10 000 人参加保险, 每个参保人每年付 12 元保险费, 一年内有一位参保人死亡的概率为 0.006, 死亡时保险公司向其家属支付 1 000 元, 问:

(1) 保险公司亏本的概率多大?

(2) 保险公司一年的利润不少于 40 000 元, 60 000 元的概率各为多少?

8. 重复投掷硬币 100 次, 设每次出现正面的概率均为 0.5, 问: 出现正面次数小于 60 大于 50 的概率是多少?

9. 有甲、乙两个电影院在竞争 1 000 名观众, 假定每个观众完全随意地选择一个电影院, 且观众之间选择电影院是彼此独立的, 问: 每个电影院应该设多少个座位才能保证因缺少座位而使得观众离去的概率小于 1%?

10. 已知某厂生产一大批电子元件, 合格品占 $\dfrac{1}{6}$.

(1) 某商店从该厂任选 6 000 个这种元件, 试问: 在这 6 000 个元件中合格品的比例与 $\dfrac{1}{6}$ 之差小于 1% 的概率是多少?

(2) 欲从中任选 n 件, 使得选出的这批元件中合格品的比例与 $\dfrac{1}{6}$ 之差不大于 0.01 的概率不小于 0.95, 问: 至少应选多少个?

11. 随机选取两组学生, 每组 80 人, 分别在两个实验室测量某种化合物的 pH 值, 各人测量的结果是随机变量, 它们相互独立, 且服从同一分布, 其数学期望为 5, 方差为 0.3. 以 X, Y 分别表示第一组和第二组所得结果的算术平均, 求:

(1) $P\{4.9 < X < 5.1\}$;

(2) $P\{-0.1 < X - Y < 0.1\}$.

12. 有一批种子, 其中良种占 $\dfrac{1}{6}$, 从中任取 6 000 粒, 问: 能以 0.99 的概率保证其中良种的比例与 $\dfrac{1}{6}$ 相差多少?

第6章

数理统计的基本概念

本章主要介绍数理统计中的基本概念:总体、样本、抽样统计量等,以及一些统称为抽样分布的重要的统计量分布.

§6.1 总体与样本

6.1.1 总体

在数理统计中,通常把研究对象的全体元素组成的集合称为**总体**,而把组成总体的每个元素称为**个体**.总体包含的个体数可以是有限的,也可以是无限的.

例 6.1.1

一整批钢筋共 2 000 根,当研究这批钢筋的强度时,这 2 000 根钢筋的强度的全体是一个总体,而每根钢筋的强度则是一个个体.

例 6.1.2

在检查某军工厂生产的一大批炮弹的质量时,若仅考察炮弹的射程,则各发炮弹的射程的全体构成一个总体,每颗炮弹的各自射程是一个个体.

从例 6.1.1 和例 6.1.2 中可以看出,总体中的元素常常并不是个体本身,而是个体的某个数量指标.例如,在例 6.1.1 中人们只关心钢筋的强度,在例 6.1.2 中人们只关心炮弹的射程,而不同射程的炮弹是按一定规律分布的,即任取一发炮弹,其射程是按一定概率分布的.这也就是说,

炮弹的射程是一个随机变量.一般来说,总体的某个数量指标的取值,在客观上有一定的分布,是一个随机变量,因此任意一个总体都可以用一个随机变量来描述.总体的概率分布就是指相应随机变量的概率分布,可用分布律(概率密度)和分布函数具体表示出来.

6.1.2 样本

为了推测和判断总体的性质,最理想的办法是对个体逐个进行观测,但是人们获取某些数据时所做的试验可能是破坏性的.例如,检查炮弹的质量就需要将其发射出去,观测灯泡的使用寿命就必须将灯泡用坏为止,等等.有时即使所做的试验不破坏研究对象,但时间、财力和人力也不允许.因此,一些问题必须用抽样观察的办法进行研究.这种从总体中抽取若干个体来观察某种

数量指标的取值过程称为**抽样**,这种方法称为**随机抽样法**,这若干个体称为总体的一个**样本**,样本中个体的数目称为**样本容量**. 从总体中随机抽样得到的样本可以用 n 维随机变量 $(X_1, X_2, \cdots, X_n)$ 表示,也可直接用 $X_1, X_2, \cdots, X_n$ 表示. 样本 $X_1, X_2, \cdots, X_n$ 可能取值的全体称为**样本空间**,这里 $X_i (i = 1, 2, \cdots, n)$ 都是随机变量. 一次抽样得到的结果是 n 个具体的数据 $x_1, x_2, \cdots, x_n$,称为样本 $X_1, X_2, \cdots, X_n$ 的**观察值**.

定义 6.1.1　　若随机变量 $X_1, X_2, \cdots, X_n$ 相互独立,且每个 $X_i (i = 1, 2, \cdots, n)$ 与总体 X 有相同的概率分布,则称 $X_1, X_2, \cdots, X_n$ 为来自总体 X 的样本容量为 n 的**简单随机样本**,简称**样本**.

设总体的分布函数为 $F(x)$,则样本 $X_1, X_2, \cdots, X_n$ 的联合分布函数为

$$F_n(x_1, x_2, \cdots, x_n) = F(x_1) F(x_2) \cdots F(x_n).$$

当总体为离散型情形时,设总体的分布律为

$$P(x^{(i)}) = P\{X = x^{(i)}\} \quad (i = 1, 2, \cdots),$$

则样本的联合分布律为

$$\begin{aligned} P_n(x_1, x_2, \cdots, x_n) &= P\{X_1 = x_1, X_2 = x_2, \cdots, X_n = x_n\} \\ &= P(x_1) P(x_2) \cdots P(x_n), \end{aligned}$$

其中 $x_1, x_2, \cdots, x_n$ 都在总体 X 的所有可能取值 $x^{(1)}, x^{(2)}, \cdots$ 中.

当总体为连续型情形时,设总体的概率密度为 $f(x)$,则样本的联合概率密度为

$$f(x_1, x_2, \cdots, x_n) = f(x_1) f(x_2) \cdots f(x_n).$$

本书主要考虑的是简单随机样本,如不特殊说明,凡提到的样本都是指简单随机样本.

习题 6.1

1. 判别下列 $X_1, X_2, \cdots, X_n$ 是否为简单随机样本:

(1) 袋中装有 100 个球,其中 50 个白球,50 个红球,随机抽取 20 个,每次取 1 个,不放回,记

$$X_i = \begin{cases} 1, & \text{第 } i \text{ 次取到的是白球}, \\ 0, & \text{第 } i \text{ 次取到的是红球} \end{cases} \quad (i = 1, 2, \cdots, 20);$$

(2) $X_1, X_2, \cdots, X_n$ 相互独立, $P\{X_k = i\} = \dfrac{1}{k} (i = 1, 2, \cdots, k)$;

(3) $X_1, X_2, \cdots, X_{2n}$ 相互独立,且都服从参数为 1 的指数分布, $Y_i = \min\{X_i, X_{2n-i+1}\} (i = 1, 2, \cdots, n)$;

(4) 将一颗骰子掷 n 次, X_i 表示第 i 次出现的点数.

2. 从一批机器零件毛坯中随机抽取 8 件,测得其重量(单位:kg) 分别为 230, 243, 185, 240, 228, 196, 246, 200,试写出其总体、样本、观察值、样本容量.

3. 设 $X_1, X_2, \cdots, X_n$ 是来自下列总体的样本,试写出样本的联合分布律或联合概率密度:

(1) $X \sim (0 - 1)$ 分布; 　　　　　　　　(2) $X \sim P(\lambda)$;

(3) $X \sim N(\mu, \sigma^2)$; 　　　　　　　　(4) X 的概率密度为 $f(x) = \begin{cases} \dfrac{1}{\theta} \mathrm{e}^{-\frac{x-c}{\theta}}, & x > c, \\ 0, & x \leqslant c. \end{cases}$

§6.2　统计量与抽样分布

6.2.1　统计量

样本是总体的代表与反映. 当抽取总体 X 的一个样本 $X_1, X_2, \cdots, X_n$ 以后,为了推断总体的

性质,往往不直接利用样本的观察值进行判断,而是针对不同问题构造关于样本的某种函数,再利用这些函数推断总体的性质.

定义 6.2.1 设 $X_1, X_2, \cdots, X_n$ 为来自总体 X 的一个样本. 若 $\varphi(X_1, X_2, \cdots, X_n)$ 为 $X_1, X_2, \cdots, X_n$ 的一个实值函数,且 φ 中不包含任何未知参数,则称 $\varphi(X_1, X_2, \cdots, X_n)$ 为一个**统计量**.

设 $x_1, x_2, \cdots, x_n$ 是相应于样本 $X_1, X_2, \cdots, X_n$ 的观察值,则称 $\varphi(x_1, x_2, \cdots, x_n)$ 是统计量 $\varphi(X_1, X_2, \cdots, X_n)$ 的观察值.

下面介绍一些常用的统计量. 设 $X_1, X_2, \cdots, X_n$ 是来自总体 X 的一个样本,定义:

样本均值 $\quad \overline{X} = \dfrac{1}{n} \sum_{i=1}^{n} X_i$;

样本方差 $\quad S^2 = \dfrac{1}{n-1} \sum_{i=1}^{n} (X_i - \overline{X})^2 = \dfrac{1}{n-1} \left(\sum_{i=1}^{n} X_i^2 - n \overline{X}^2 \right)$;

样本标准差 $\quad S = \sqrt{S^2} = \sqrt{\dfrac{1}{n-1} \sum_{i=1}^{n} (X_i - \overline{X})^2}$;

样本 k 阶(原点)矩 $\quad A_k = \dfrac{1}{n} \sum_{i=1}^{n} X_i^k \quad (k = 1, 2, \cdots)$;

样本 k 阶中心矩 $\quad M_k = \dfrac{1}{n} \sum_{i=1}^{n} (X_i - \overline{X})^k \quad (k = 2, 3, \cdots)$.

它们的观察值分别为

$$\overline{x} = \frac{1}{n} \sum_{i=1}^{n} x_i;$$

$$s^2 = \frac{1}{n-1} \sum_{i=1}^{n} (x_i - \overline{x})^2 = \frac{1}{n-1} \left(\sum_{i=1}^{n} x_i^2 - n \overline{x}^2 \right);$$

$$s = \sqrt{s^2} = \sqrt{\frac{1}{n-1} \sum_{i=1}^{n} (x_i - \overline{x})^2};$$

$$a_k = \frac{1}{n} \sum_{i=1}^{n} x_i^k \quad (k = 1, 2, \cdots);$$

$$m_k = \frac{1}{n} \sum_{i=1}^{n} (x_i - \overline{x})^k \quad (k = 2, 3, \cdots),$$

这些观察值仍分别称为样本均值、样本方差、样本标准差、样本 k 阶(原点)矩以及样本 k 阶中心矩.

显然,$A_1 = \overline{X}, M_2 = \dfrac{n-1}{n} S^2$.

6.2.2　抽样分布

由于统计量是样本的函数,所以它们都是随机变量,也应有确定的概率分布. 我们称统计量的分布为**抽样分布**.

当总体的分布函数已知时,统计量的分布理论上总可以通过求随机变量函数的分布得到,然而真正做起来是很困难的. 只有在很少数的情形下,才有较简单的结果. 下面介绍几个常用统计量的分布.

1. χ^2 分布

定义 6.2.2　设 $X_1, X_2, \cdots, X_n$ 为来自正态总体 $N(0,1)$ 的一个样本, 则称统计量

$$\chi^2 = \sum_{i=1}^{n} X_i^2$$

服从自由度为 n 的 χ^2 **分布**, 记为 $\chi^2 \sim \chi^2(n)$.

$\chi^2(n)$ 分布的概率密度 $\chi^2(x, n)$ 的图形如图 6-1 所示.

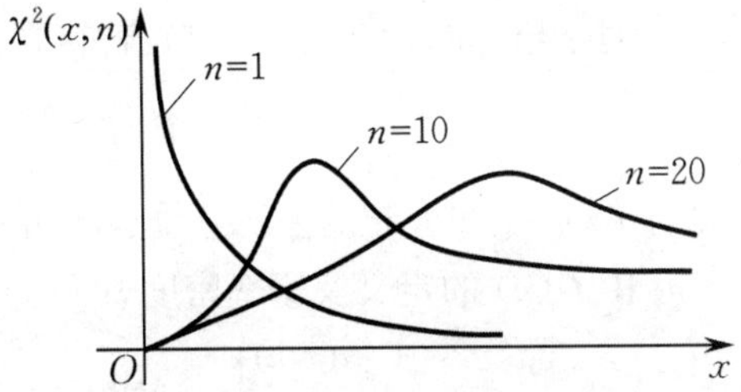

由定义 6.2.2 可知, 若 $X_1, X_2, \cdots, X_n$ 是来自正态总体 $N(\mu, \sigma^2)$ 的一个样本, μ, σ^2 为已知常数, 则统计量

$$\chi^2 = \sum_{i=1}^{n} \frac{(X_i - \mu)^2}{\sigma^2} \sim \chi^2(n).$$

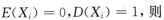

图 6-1

性质 6.2.1　设 $\chi^2 \sim \chi^2(n)$, 则

$$E(\chi^2) = n, \quad D(\chi^2) = 2n.$$

证　由于 $X_i \sim N(0,1)(i = 1, 2, \cdots, n)$, 即 $E(X_i) = 0, D(X_i) = 1$, 则

$$E(X_i^2) = D(X_i) + [E(X_i)]^2 = D(X_i) = 1.$$

又

$$E(X_i^4) = \int_{-\infty}^{+\infty} x^4 \frac{1}{\sqrt{2\pi}} \mathrm{e}^{-\frac{x^2}{2}} \mathrm{d}x = 3,$$

所以

$$D(X_i^2) = E(X_i^4) - [E(X_i^2)]^2 = 3 - 1 = 2.$$

故

$$E(\chi^2) = E\left(\sum_{i=1}^{n} X_i^2\right) = \sum_{i=1}^{n} E(X_i^2) = n,$$

$$D(\chi^2) = \sum_{i=1}^{n} D(X_i^2) = 2n.$$

性质 6.2.2　设 $\chi_1^2 \sim \chi^2(n_1), \chi_2^2 \sim \chi^2(n_2)$, 且 χ_1^2 与 χ_2^2 相互独立, 则

$$\chi_1^2 + \chi_2^2 \sim \chi^2(n_1 + n_2).$$

对于给定的 $\alpha(0 < \alpha < 1)$, 若存在 $\chi_\alpha^2(n)$, 使得

$$P\{\chi^2 > \chi_\alpha^2(n)\} = \int_{\chi_\alpha^2(n)}^{+\infty} \chi^2(x, n) \mathrm{d}x = \alpha,$$

则称 $\chi_\alpha^2(n)$ 为 χ^2 分布的上 α 分位点. χ^2 分布的上 α 分位点的值已制成表格, 可直接查用(见附表 3).

2. t 分布

定义 6.2.3　设 $X \sim N(0,1), Y \sim \chi^2(n)$, 且 X 与 Y 相互独立, 则称统计量

$$T = \frac{X}{\sqrt{Y/n}}$$

服从自由度为 n 的 t **分布**, 记为 $T \sim t(n)$.

t 分布的概率密度 $t(x,n)$ 的图形如图 6-2 所示.

由定义 6.2.3 可知,若 $X \sim N(\mu, \sigma^2), \dfrac{Y}{\sigma^2} \sim \chi^2(n), X$ 与 Y 相互独立,则

$$T = \frac{X - \mu}{\sqrt{Y/n}} \sim t(n).$$

通过计算可得 $\lim\limits_{n \to \infty} t(x, n) = \dfrac{1}{\sqrt{2\pi}} \mathrm{e}^{-\frac{x^2}{2}}$. 因此,当 $n(\geqslant 30)$ 足够大时,t 分布近似于标准正态分布 $N(0,1)$,但对于较小的 n,t 分布与标准正态分布之间有较大的差异.

对于给定的 $\alpha(0 < \alpha < 1)$,若存在 $t_\alpha(n)$,使得

$$P\{T > t_\alpha(n)\} = \int_{t_\alpha(n)}^{+\infty} t(x, n)\mathrm{d}x = \alpha,$$

则称 $t_\alpha(n)$ 为 t 分布的上 α 分位点. t 分布的上 α 分位点可以从附表 4 查得.

由 $t_\alpha(n)$ 的定义及概率密度 $t(x, n)$ 图形的对称性可知,$t_{1-\alpha}(n) = -t_\alpha(n)$.

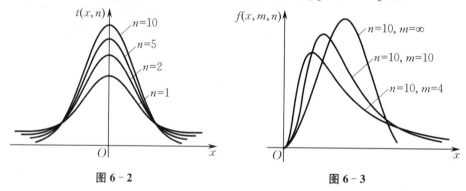

图 6-2   图 6-3

3. F 分布

定义 6.2.4　设 $X \sim \chi^2(m), Y \sim \chi^2(n)$,且 X 与 Y 相互独立,则称随机变量

$$F = \frac{X/m}{Y/n} = \frac{X}{Y} \cdot \frac{n}{m}$$

服从自由度为 (m, n) 的 **F 分布**,记为 $F \sim F(m, n)$,其中 m 称为**第一自由度**,n 称为**第二自由度**.

F 分布的概率密度 $f(x, m, n)$ 的图形如图 6-3 所示.

由 F 分布的定义得,若 $F \sim F(m, n)$,则 $\dfrac{1}{F} \sim F(n, m)$.

对于给定的 $\alpha(0 < \alpha < 1)$,若存在 $F_\alpha(m, n)$,使得

$$P\{F > F_\alpha(m, n)\} = \int_{F_\alpha(m, n)}^{+\infty} f(x, m, n)\mathrm{d}x = \alpha,$$

则称 $F_\alpha(m, n)$ 为 F 分布的上 α 分位点. F 分布的上 α 分位点可从附表 5 查得.

F 分布的上 α 分位点具有以下性质:

性质 6.2.3　$F_{1-\alpha}(m, n) = \dfrac{1}{F_\alpha(n, m)}$.

6.2.3 正态总体样本的分布

正态总体在数理统计中具有特别重要的地位. 很多分布都可以认为是近似正态分布的,因此

有必要知道正态总体统计量的分布情况.

定理 6.2.1　设 $X_1, X_2, \cdots, X_n$ 是来自正态总体 $N(\mu, \sigma^2)$ 的一个样本，μ, σ^2 为已知

常数，$\overline{X} = \dfrac{1}{n} \sum\limits_{i=1}^{n} X_i$ 是样本均值，则有

$$\overline{X} \sim N\left(\mu, \frac{\sigma^2}{n}\right). \tag{6.2.1}$$

证　当 $X_1, X_2, \cdots, X_n$ 服从正态分布 $N(\mu, \sigma^2)$ 时，$\overline{X}$ 也服从正态分布，且

$$E(\overline{X}) = E\left(\frac{1}{n} \sum_{i=1}^{n} X_i\right) = \frac{1}{n} \sum_{i=1}^{n} E(X_i) = \mu,$$

$$D(\overline{X}) = D\left(\frac{1}{n} \sum_{i=1}^{n} X_i\right) = \frac{1}{n^2} \sum_{i=1}^{n} D(X_i) = \frac{\sigma^2}{n},$$

故 $\overline{X} \sim N\left(\mu, \dfrac{\sigma^2}{n}\right)$，从而可知 $\dfrac{\overline{X} - \mu}{\sigma / \sqrt{n}} \sim N(0, 1)$.

定理 6.2.2　设 $X_1, X_2, \cdots, X_n$ 是来自正态总体 $N(\mu, \sigma^2)$ 的一个样本，则样本方差 $S^2 =$
$\dfrac{1}{n-1} \sum\limits_{i=1}^{n} (X_i - \overline{X})^2$ 与样本均值 $\overline{X} = \dfrac{1}{n} \sum\limits_{i=1}^{n} X_i$ 相互独立，且有

$$\frac{(n-1)S^2}{\sigma^2} \sim \chi^2(n-1). \tag{6.2.2}$$

定理 6.2.3　设 $X_1, X_2, \cdots, X_n$ 是来自正态总体 $N(\mu, \sigma^2)$ 的一个样本，$\overline{X}, S^2$ 分别是其样本均值与样本方差，则有

$$T = \frac{\overline{X} - \mu}{S / \sqrt{n}} \sim t(n-1). \tag{6.2.3}$$

证　因为 $\dfrac{\overline{X} - \mu}{\sigma / \sqrt{n}} \sim N(0, 1)$，又 $\dfrac{(n-1)S^2}{\sigma^2} \sim \chi^2(n-1)$，并且 $\overline{X}$ 与 S^2 相互独立，$\dfrac{\overline{X} - \mu}{\sigma / \sqrt{n}}$ 与
$\dfrac{(n-1)S^2}{\sigma^2}$ 也相互独立，故

$$\frac{\overline{X} - \mu}{\sigma / \sqrt{n}} \left/ \sqrt{\frac{(n-1)S^2}{\sigma^2} \middle/ (n-1)} \right. = \frac{\overline{X} - \mu}{S / \sqrt{n}} \sim t(n-1).$$

定理 6.2.4　设 $X_1, X_2, \cdots, X_m$ 和 $Y_1, Y_2, \cdots, Y_n$ 是分别来自正态总体 $N(\mu_1, \sigma^2)$ 和 $N(\mu_2, \sigma^2)$
的样本，且这两个样本相互独立，则

$$T = \frac{\overline{X} - \overline{Y} - (\mu_1 - \mu_2)}{\sqrt{\dfrac{(m-1)S_1^2 + (n-1)S_2^2}{m+n-2}} \sqrt{\dfrac{1}{m} + \dfrac{1}{n}}} \sim t(m+n-2), \tag{6.2.4}$$

其中

$$\overline{X} = \frac{1}{m} \sum_{i=1}^{m} X_i, \quad S_1^2 = \frac{1}{m-1} \sum_{i=1}^{m} (X_i - \overline{X})^2,$$

$$\overline{Y} = \frac{1}{n} \sum_{i=1}^{n} Y_i, \quad S_2^2 = \frac{1}{n-1} \sum_{i=1}^{n} (Y_i - \overline{Y})^2.$$

证　由于 $\overline{X} \sim N\left(\mu_1, \dfrac{\sigma^2}{m}\right), \overline{Y} \sim N\left(\mu_2, \dfrac{\sigma^2}{n}\right)$，因此

$$\overline{X} - \overline{Y} \sim N\left(\mu_1 - \mu_2, \frac{\sigma^2}{m} + \frac{\sigma^2}{n}\right),$$

即 $\dfrac{\overline{X}-\overline{Y}-(\mu_1-\mu_2)}{\sigma\sqrt{\dfrac{1}{m}+\dfrac{1}{n}}}\sim N(0,1).$ 又

$$\frac{(m-1)S_1^2}{\sigma^2}\sim\chi^2(m-1),\quad \frac{(n-1)S_2^2}{\sigma^2}\sim\chi^2(n-1),$$

并且它们相互独立,故由 χ^2 分布的性质可知

$$\frac{(m-1)S_1^2}{\sigma^2}+\frac{(n-1)S_2^2}{\sigma^2}\sim\chi^2(m+n-2).$$

因此

$$\frac{\overline{X}-\overline{Y}-(\mu_1-\mu_2)}{\sigma\sqrt{\dfrac{1}{m}+\dfrac{1}{n}}}\bigg/\sqrt{\frac{\dfrac{(m-1)S_1^2}{\sigma^2}+\dfrac{(n-1)S_2^2}{\sigma^2}}{m+n-2}}\sim t(m+n-2),$$

即

$$T=\frac{\overline{X}-\overline{Y}-(\mu_1-\mu_2)}{\sqrt{\dfrac{(m-1)S_1^2+(n-1)S_2^2}{m+n-2}}\sqrt{\dfrac{1}{m}+\dfrac{1}{n}}}\sim t(m+n-2).$$

定理 6.2.5 设 $X_1,X_2,\cdots,X_m$ 和 $Y_1,Y_2,\cdots,Y_n$ 是分别来自正态总体 $N(\mu_1,\sigma_1^2)$ 和 $N(\mu_2,\sigma_2^2)$ 的样本,且这两个样本相互独立,则

$$F=\frac{S_1^2\sigma_2^2}{S_2^2\sigma_1^2}\sim F(m-1,n-1). \tag{6.2.5}$$

证 由于 $\dfrac{(m-1)S_1^2}{\sigma^2}\sim\chi^2(m-1),\dfrac{(n-1)S_2^2}{\sigma^2}\sim\chi^2(n-1)$,并且它们相互独立,故

$$\frac{\dfrac{(m-1)S_1^2}{\sigma_1^2}\bigg/(m-1)}{\dfrac{(n-1)S_2^2}{\sigma_2^2}\bigg/(n-1)}\sim F(m-1,n-1),$$

即

$$F=\frac{S_1^2\sigma_2^2}{S_2^2\sigma_1^2}\sim F(m-1,n-1).$$

习题 6.2

1. 求总体 $X\sim N(20,\sqrt{3}^2)$ 的样本容量分别为 $10,15$ 的两个相互独立样本的样本均值差的绝对值大于 0.3 的概率.

2. 设 $X_1,X_2,\cdots,X_{10}$ 为来自正态总体 $N(0,(0.3)^2)$ 的一个样本,求 $P\left\{\sum\limits_{i=1}^{10}X_i^2>1.44\right\}$.

3. 设随机变量 $X_i(i=1,2,\cdots,n)$ 的分布函数为 $F(x)$,概率密度为 $f(x)$,且它们相互独立. 令 $Z=\max\limits_{1\leqslant i\leqslant n}\{X_i\}$, $T=\min\limits_{1\leqslant i\leqslant n}\{X_i\}$,求 Z,T 的分布函数及概率密度.

4. 设随机变量 X_1,X_2,X_3,X_4 是来自正态总体 $N(0,2^2)$ 的一个样本,$Y=a(X_1-2X_2)^2+b(3X_3-4X_4)^2$,求常数 a,b,使得统计量 Y 服从 χ^2 分布,并求其自由度.

习　题　6

1. 在总体 $N(52.6, 3^2)$ 中随机抽取一样本容量为 36 的样本,求样本均值 $\overline{X}$ 落在 50.8 到 53.8 之间的概率.

2. 在总体 $N(80, 20^2)$ 中随机抽取一样本容量为 100 的样本,问:样本均值与总体均值差的绝对值大于 3 的概率是多少?

3. 试证:当 $a = \overline{X}$ 时,$\sum_{i=1}^{n} (X_i - a)^2$ 达到最小.

4. 设 $X_i \sim N(\mu, \sigma^2)(i = 1, 2, \cdots, n, n+1)$ 相互独立,记 $\overline{X}, S_n^2$ 分别为 $X_1, X_2, \cdots, X_n$ 的样本均值与样本方差,求证:

$$T = \sqrt{\frac{n}{n+1}} \frac{X_{n+1} - \overline{X}}{S_n} \sim t(n-1).$$

5. 设 $T \sim t(n)$,求证:$T^2 \sim F(1, n)$.

6. 设总体 $X \sim N(0, 1), X_1, X_2, \cdots, X_6$ 是来自总体 X 的样本容量为 6 的一个样本,令 $Y = (X_1 + X_2 + X_3)^2 + (X_4 + X_5 + X_6)^2$,试求常数 C,使得 CY 服从 χ^2 分布.

7. 设 $X_1, X_2, \cdots, X_9$ 是来自正态总体 X 的一个样本,且

$$Y_1 = \frac{1}{6}(X_1 + X_2 + \cdots + X_6), \quad Y_2 = \frac{1}{3}(X_7 + X_8 + X_9),$$

$$S^2 = \frac{1}{2} \sum_{i=7}^{9} (X_i - Y_2)^2, \quad Z = \frac{\sqrt{2}(Y_1 - Y_2)}{S}.$$

证明:统计量 Z 服从自由度为 2 的 t 分布.

8. 若从方差相等的两正态总体中分别抽取样本容量为 $m = 8$ 和 $n = 12$ 的两个独立样本,其样本方差分别为 S_1^2 和 S_2^2,求 $P\left\{\dfrac{S_1^2}{S_2^2} < 4.89\right\}$.

第7章

参数估计

我们知道,总体 X 的分布函数完全刻画了总体的统计特性. 然而,在实际问题中,其分布函数 $F(x,\theta)$ 或者完全未知,或者类型已知而参数 θ(可以是向量) 未知. 对于类型已知而参数未知的分布函数,只要依据样本对参数 θ 做出估计,便可推断其分布函数. 这就是参数的估计问题. 参数 θ 所有可能取值的集合 Θ 称为参数空间. 本章讨论参数的点估计和区间估计.

§7.1 点 估 计

设总体 X 的分布函数 $F(x,\theta)$ 类型已知,参数 θ 未知,$X_1,X_2,\cdots,X_n$ 是来自总体 X 的一个样本,$x_1,x_2,\cdots,x_n$ 是相应的一个观察值. 所谓参数的**点估计**,就是构造一个适当的统计量 $\hat{\theta}(X_1,X_2,\cdots,X_n)$ 作为 θ 的估计量,$\hat{\theta}(x_1,x_2,\cdots,x_n)$ 作为 θ 的估计值. 在不致引起混淆的情况下统称估计量和估计值为估计,简记为 $\hat{\theta}$. 常用的点估计方法有矩估计法和极大似然估计法,由此得到的估计分别称为**矩估计**和**极大似然估计**.

7.1.1 矩估计

如何构造一个估计量?一个非常自然的要求是估计量与被估计参数越接近越好.

设总体 X 的分布函数为 $F(x,\theta)$,这里 $\theta = E(X)$ 是待估参数,$X_1,X_2,\cdots,X_n$ 是来自总体 X 的一个样本. 由辛钦大数定律可知,样本均值 $\overline{X}$(样本一阶矩) 依概率收敛于总体均值 $E(X)$(总体一阶矩),即 $\overline{X} \xrightarrow{P} \theta$. 很自然地,可以把统计量 $\hat{\theta} = \overline{X}$ 作为 θ 的一个估计. 这种用样本一阶矩去估计总体一阶矩的方法恰恰体现了矩估计的基本思想.

一般说来,参数 θ 未必是一维的,更未必是总体的一阶矩,但总体的矩是 θ 的函数. 用样本的各阶矩去估计总体相应的各阶矩,便得到参数矩估计的一般方法.

设总体 X 的分布函数为 $F(x,\theta)$,其中 $\theta = (\theta_1,\theta_2,\cdots,\theta_k), E(X^i) = f_i(\theta_1,\theta_2,\cdots,\theta_k)(i=1,2,\cdots,k)$ 存在,$X_1,X_2,\cdots,X_n$ 是来自总体 X 的一个样本. 建立以 $\theta_1,\theta_2,\cdots,\theta_k$ 为未知数的方程组

$$\frac{1}{n}\sum_{j=1}^{n} X_j^i = f_i(\theta_1,\theta_2,\cdots,\theta_k) \quad (i=1,2,\cdots,k).$$

如果上述方程组有解,设其解向量为 $\hat{\theta} = (\hat{\theta}_1,\hat{\theta}_2,\cdots,\hat{\theta}_k)$,那么 $\hat{\theta}$ 便是 θ 的矩估计.

例 7.1.1

设总体 X 的均值 μ 及方差 σ^2 都存在,且 $\sigma > 0$,X_1,X_2,$\cdots$,X_n 是来自总体 X 的一个样本,试求参数 μ,σ^2 的矩估计.

解 由于 $E(X) = \mu$,$E(X^2) = \mu^2 + \sigma^2$,故建立方程组

$$\begin{cases} \dfrac{1}{n}\sum_{j=1}^{n} X_j = \mu, \\ \dfrac{1}{n}\sum_{j=1}^{n} X_j^2 = \mu^2 + \sigma^2. \end{cases}$$

解上述方程组,得 μ,σ^2 的矩估计分别为

$$\hat{\mu} = \frac{1}{n}\sum_{j=1}^{n} X_j = \overline{X},$$

$$\hat{\sigma}^2 = \frac{1}{n}\sum_{j=1}^{n} X_j^2 - \overline{X}^2 = \frac{1}{n}\sum_{j=1}^{n} (X_j - \overline{X})^2 = \frac{n-1}{n}S^2,$$

即样本均值 $\overline{X}$ 和 $\dfrac{n-1}{n}S^2$ 分别是总体均值与方差的矩估计.

例 7.1.2

设总体 X 在区间 $[a,b]$ 上服从均匀分布,X_1,X_2,$\cdots$,X_n 是来自总体 X 的一个样本,试求 a,b 的矩估计.

解 由 $E(X) = \dfrac{1}{2}(a+b)$,$E(X^2) = \dfrac{1}{4}(a+b)^2 + \dfrac{1}{12}(b-a)^2$,建立方程组

$$\begin{cases} \dfrac{1}{n}\sum_{j=1}^{n} X_j = \dfrac{1}{2}(a+b), \\ \dfrac{1}{n}\sum_{j=1}^{n} X_j^2 = \dfrac{1}{4}(a+b)^2 + \dfrac{1}{12}(b-a)^2. \end{cases}$$

解上述方程组,得 a,b 的矩估计分别为

$$\hat{a} = \overline{X} - \sqrt{\frac{3(n-1)}{n}}S, \quad \hat{b} = \overline{X} + \sqrt{\frac{3(n-1)}{n}}S.$$

对于矩估计,还有以下几点需要说明:

(1) 在总体矩不存在的场合,如柯西分布,其概率密度为 $f(x,\theta) = \dfrac{1}{\pi}\big[1 + (x-\theta)^2\big]^{-1}$ $(-\infty < x < +\infty)$,则不能使用矩估计法,这时需改用其他方法.

(2) 由矩估计法得到的估计未必是唯一的. 例如考虑泊松分布,其参数 λ 既是总体的均值,又是总体的方差,因而 $\dfrac{1}{n}\sum_{j=1}^{n} X_j$ 和 $\dfrac{1}{n}\sum_{j=1}^{n} (X_j - \overline{X})^2$ 都是 λ 的矩估计.

7.1.2 极大似然估计

设总体 X 的分布函数为 $F(x,\theta)(\theta \in \Theta, \Theta \subseteq \mathbf{R}^k)$. 若 X 为连续型随机变量,其概率密度为 $f(x,\theta)$,则来自总体 X 的一个样本 X_1,X_2,$\cdots$,X_n 的联合概率密度为 $\displaystyle\prod_{i=1}^{n} f(x_i,\theta)$,记为

$$L(\theta, x_1, x_2, \cdots, x_n) = \prod_{i=1}^{n} f(x_i, \theta), \tag{7.1.1}$$

称 $L(\theta, x_1, x_2, \cdots, x_n)$ 为 θ 的 **似然函数**.

类似地,若 X 为离散型随机变量,其分布律为 $P\{X = x\} = p(x, \theta)$,则对于来自总体 X 的一个样本 $X_1, X_2, \cdots, X_n$,其似然函数定义为

$$L(\theta, x_1, x_2, \cdots, x_n) = \prod_{i=1}^{n} p(x_i, \theta). \tag{7.1.2}$$

下面仅就总体 X 为离散型随机变量的情形来说明极大似然估计的基本思想.

设 $x_1, x_2, \cdots, x_n$ 是样本 $X_1, X_2, \cdots, X_n$ 的观察值,则

$$P\{X_1 = x_1, X_2 = x_2, \cdots, X_n = x_n\} = \prod_{i=1}^{n} p(x_i, \theta).$$

由于 θ 是未知参数,所以事件 $\{X_1 = x_1, X_2 = x_2, \cdots, X_n = x_n\}$ 的概率并不知道. 但这一事件在一次试验中恰恰发生了,因此有理由把使得这一事件发生概率最大的那个 θ 取值 $\hat{\theta}(x_1, x_2, \cdots, x_n)$ 作为 θ 的估计值,这就是极大似然估计的基本思想.

设 $X_1, X_2, \cdots, X_n$ 是来自总体 X 的一个样本,$x_1, x_2, \cdots, x_n$ 为其观察值. 若存在 $\hat{\theta}$,使得

$$L(\hat{\theta}, x_1, x_2, \cdots, x_n) = \sup_{\theta \in \Theta}\{L(\theta, x_1, x_2, \cdots, x_n)\}^{①}, \tag{7.1.3}$$

则称 $\hat{\theta}(x_1, x_2, \cdots, x_n)$ 为 θ 的 **极大似然估计值**,称 $\hat{\theta}(X_1, X_2, \cdots, X_n)$ 为 θ 的 **极大似然估计量**.

由极大似然估计的定义可知,如果似然函数 $L(\theta, x_1, x_2, \cdots, x_n)$ 关于 θ 可微,并且其最大值在 Θ 内部一点 $\hat{\theta}(x_1, x_2, \cdots, x_n)$ 处取得,则 $\hat{\theta}$ 必满足 **似然方程**

$$\left.\frac{\partial L}{\partial \theta_i}\right|_{\hat{\theta}} = 0 \quad (i = 1, 2, \cdots, k). \tag{7.1.4}$$

由于 $\ln x$ 是关于 x 的单调递增函数,因此 $L(\theta, x_1, x_2, \cdots, x_n)$ 与 $\ln L(\theta, x_1, x_2, \cdots, x_n)$ 有相同的最大值点. 故 $\hat{\theta}$ 也必满足 **对数似然方程**

$$\left.\frac{\partial (\ln L)}{\partial \theta_i}\right|_{\hat{\theta}} = 0 \quad (i = 1, 2, \cdots, k). \tag{7.1.5}$$

这仅仅是似然函数 L 在 $\hat{\theta}$ 处取得最大值的必要条件而非充分条件,因此由方程 (7.1.4) 或方程(7.1.5) 求出解 $\hat{\theta}$ 后,还需验证 L 在点 $\hat{\theta}$ 处确实取得最大值. 对于具体的似然函数 L 进行讨论是容易的,在此不再做一般性的讨论.

例 7.1.3

设总体 X 服从正态分布 $N(\mu, \sigma^2)$,$X_1, X_2, \cdots, X_n$ 是来自总体 X 的一个样本,求 μ, σ^2 的极大似然估计.

解　　**解法 1**　设 $x_1, x_2, \cdots, x_n$ 是相应于样本 $X_1, X_2, \cdots, X_n$ 的观察值. 由题设可知,总体 X 的概率密度为

$$f(x) = \frac{1}{\sqrt{2\pi}\sigma} \exp\left\{-\frac{1}{2\sigma^2}(x - \mu)^2\right\},$$

故其似然函数为

$$L = \prod_{i=1}^{n} \frac{1}{\sqrt{2\pi}\sigma} \exp\left\{-\frac{1}{2\sigma^2}(x_i - \mu)^2\right\} = \left(\frac{1}{2\pi\sigma^2}\right)^{\frac{n}{2}} \exp\left\{-\frac{1}{2\sigma^2}\sum_{i=1}^{n}(x_i - \mu)^2\right\}.$$

---

① sup 是 supremum(上确界) 的缩写.

上式两边取对数,有

$$\ln L = -\frac{n}{2}\ln(2\pi\sigma^2) - \frac{1}{2\sigma^2}\sum_{i=1}^{n}(x_i - \mu)^2,$$

分别对 μ, σ^2 求偏导,得对数似然方程

$$\frac{\partial(\ln L)}{\partial\mu} = \frac{1}{\sigma^2}\sum_{i=1}^{n}(x_i - \mu) = 0,$$

$$\frac{\partial(\ln L)}{\partial\sigma^2} = -\frac{n}{2\sigma^2} + \frac{1}{2\sigma^4}\sum_{i=1}^{n}(x_i - \mu)^2 = 0.$$

解上述方程组,得 μ 和 σ^2 的极大似然估计值分别为

$$\hat{\mu} = \overline{x}, \quad \hat{\sigma}^2 = \frac{1}{n}\sum_{i=1}^{n}(x_i - \overline{x})^2.$$

由于在 $\mu = \hat{\mu}, \sigma^2 = \hat{\sigma}^2$ 处,

$$\frac{\partial^2(\ln L)}{\partial\mu^2} = -\frac{n}{\hat{\sigma}^2} < 0, \quad \frac{\partial^2(\ln L)}{\partial(\sigma^2)^2} = -\frac{n}{2(\hat{\sigma}^2)^2} < 0, \quad \frac{\partial^2(\ln L)}{\partial\mu\partial(\sigma^2)} = 0,$$

所以由二元函数的极值判定条件可知,函数 $\ln L$ 在 $\mu = \hat{\mu}, \sigma^2 = \hat{\sigma}^2$ 处取得极大值,也是最大值. 故

$$\hat{\mu} = \overline{X}, \quad \hat{\sigma}^2 = \frac{1}{n}\sum_{i=1}^{n}(X_i - \overline{X})^2$$

分别为 μ, σ^2 的极大似然估计量.

解法 2　由于

$$\sum_{i=1}^{n}(x_i - \mu)^2 = \sum_{i=1}^{n}(x_i - \overline{x})^2 + \sum_{i=1}^{n}(\overline{x} - \mu)^2,$$

所以

$$L(\mu, \sigma^2, x_1, x_2, \cdots, x_n) \leqslant L(\overline{x}, \sigma^2, x_1, x_2, \cdots, x_n). \tag{7.1.6}$$

关于 σ^2 的一元函数 $L(\mu, \sigma^2, x_1, x_2, \cdots, x_n)$,易求得它在 $\sigma^2 = \hat{\sigma}^2 = \dfrac{1}{n}\sum_{i=1}^{n}(x_i - \overline{x})^2$ 处取得最大值.
结合式(7.1.6),有

$$L(\mu, \sigma^2, x_1, x_2, \cdots, x_n) \leqslant L(\overline{x}, \hat{\sigma}^2, x_1, x_2, \cdots, x_n),$$

故 $\hat{\mu} = \overline{X}, \hat{\sigma}^2 = \dfrac{1}{n}\sum_{i=1}^{n}(X_i - \overline{X})^2$ 分别为 μ, σ^2 的极大似然估计量.

对于不具有良好分析性质的似然函数 L,可采取其他方法求其最大值点.

例 7.1.4

设总体 X 在区间 $[0, \theta]$ 上服从均匀分布,其中参数 $\theta > 0, X_1, X_2, \cdots, X_n$ 是来自总体 X 的一个样本,求 θ 的极大似然估计.

解　总体 X 的概率密度为

$$f(x, \theta) = \begin{cases} \dfrac{1}{\theta}, & 0 \leqslant x \leqslant \theta, \\ 0, & \text{其他} \end{cases} \quad (0 < \theta < +\infty),$$

于是似然函数为

$$L(\theta, x_1, x_2, \cdots, x_n) = \begin{cases} \dfrac{1}{\theta^n}, & 0 \leqslant x_i \leqslant \theta, \\ 0, & \text{其他} \end{cases} \quad (0 < \theta < +\infty; i = 1, 2, \cdots, n)$$

$$= \begin{cases} \dfrac{1}{\theta^n}, & 0 \leqslant \min\limits_{1 \leqslant i \leqslant n}\{x_i\} \leqslant \max\limits_{1 \leqslant i \leqslant n}\{x_i\} \leqslant \theta, \\ 0, & \text{其他.} \end{cases}$$

易知,当 $\theta = \max\limits_{1 \leqslant i \leqslant n}\{x_i\}$ 时,似然函数取得最大值,所以 θ 的极大似然估计为

$$\hat{\theta}(X_1, X_2, \cdots, X_n) = \max\limits_{1 \leqslant i \leqslant n}\{X_i\}.$$

例 7.1.5

设总体 X 在区间 $[\theta, \theta+1]$ 上服从均匀分布,$X_1, X_2, \cdots, X_n$ 为来自总体 X 的一个样本,试求 θ 的极大似然估计.

解 易求得似然函数为

$$L(\theta, x_1, x_2, \cdots, x_n) = \begin{cases} 1, & \theta \leqslant x_i \leqslant \theta + 1, \\ 0, & \text{其他} \end{cases} \quad (i = 1, 2, \cdots, n)$$

$$= \begin{cases} 1, & \max\limits_{1 \leqslant i \leqslant n}\{x_i\} - 1 \leqslant \theta \leqslant \min\limits_{1 \leqslant i \leqslant n}\{x_i\}, \\ 0, & \text{其他.} \end{cases}$$

由此可见,若 $\hat{\theta} \in \left[\max\limits_{1 \leqslant i \leqslant n}\{x_i\} - 1, \min\limits_{1 \leqslant i \leqslant n}\{x_i\}\right]$,则 $\hat{\theta}$ 便是 θ 的极大似然估计. 所以,参数的极大似然估计未必是唯一的.

习题 7.1

1. 随机地取出 8 只活塞环,测得它们的直径(单位:mm)分别为 74.001,74.005,74.003,74.001,74.000,73.998,74.006,74.002,试求总体均值 μ 及标准差 σ 的矩估计值.

2. 设总体 X 在区间 $[-\alpha, \alpha]$ 上服从均匀分布,其中 $\alpha > 0$ 是未知参数,$X_1, X_2, \cdots, X_n$ 是来自总体 X 的一个样本,求:

(1) α 的矩估计;

(2) α 的极大似然估计.

3. 设 $\ln X \sim N(\mu, \sigma^2)$,$X_1, X_2, \cdots, X_n$ 是来自总体 X 的一个样本,试验证:$E(X) = e^{\mu + \frac{1}{2}\sigma^2}$,并求 $E(X)$ 的极大似然估计.

4. 设总体 X 的分布律如表 7-1 所示,其中 $\theta(0 < \theta < 0.5)$ 是未知参数. 利用样本观察值 3,1,2,3,0,3,1,3,求 θ 的矩估计值和极大似然估计值.

表 7-1

X	0	1	2	3
p_k	θ^2	$2\theta(1-\theta)$	θ^2	$1 - 2\theta$

§7.2 点估计的性质

由 §7.1 的讨论可知,对于同一个未知参数可以构造不同的估计,那么哪一个更好呢?这就有必要进一步研究点估计的性质,以帮助我们选取优良的估计方法.

7.2.1 无偏性

估计量是一个随机变量,对于不同的观察值它有不同的估计值. 人们总希望估计量能在待估参数的左右取值,即估计量的数学期望能等于待估参数. 这就是无偏性的概念. 严格地说,有以下定义:

定义 7.2.1 设 $X_1, X_2, \cdots, X_n$ 是来自总体 X 的一个样本,$\hat{\theta}(X_1, X_2, \cdots, X_n)$ 是未知参数 θ 的一个估计量. 若对于任意的 $\theta \in \Theta$,都有
$$E[\hat{\theta}(X_1, X_2, \cdots, X_n)] = \theta,$$
则称 $\hat{\theta}(X_1, X_2, \cdots, X_n)$ 是 θ 的**无偏估计**.

例 7.2.1

设总体 X 的 k 阶矩 $\mu_k = E(X^k)(k \geqslant 1)$ 存在,$X_1, X_2, \cdots, X_n$ 是来自总体 X 的一个样本,试证:样本的 k 阶矩 $A_k = \dfrac{1}{n} \sum\limits_{i=1}^{n} X_i^k$ 是 μ_k 的无偏估计.

证 因为 $E(A_k) = \dfrac{1}{n} \sum\limits_{i=1}^{n} E(X_i^k) = \mu_k$,所以样本的 k 阶矩 A_k 是 μ_k 的无偏估计.

特别地,当总体 X 的均值存在时,样本均值就是总体均值 $E(X)$ 的无偏估计.

例 7.2.2

设总体 X 的方差 $\sigma^2 = D(X)$ 存在,$X_1, X_2, \cdots, X_n$ 是来自总体 X 的一个样本,试证:样本方差 $S^2 = \dfrac{1}{n-1} \sum\limits_{i=1}^{n} (X_i - \overline{X})^2$ 是 σ^2 的无偏估计.

证 由样本方差和样本 k 阶矩的定义可知
$$S^2 = \frac{1}{n-1} \sum_{i=1}^{n} X_i^2 - \frac{n}{n-1} \overline{X}^2 = \frac{n}{n-1}(A_2 - A_1^2),$$
所以
$$E(S^2) = \frac{n}{n-1}[E(A_2) - E(A_1^2)].$$
而
$$E(A_2) = E(X^2) = D(X) + [E(X)]^2 = \sigma^2 + \mu^2, \tag{7.2.1}$$
$$E(A_1^2) = D(A_1) + [E(A_1)]^2 = \frac{1}{n}\sigma^2 + \mu^2, \tag{7.2.2}$$
由式(7.2.1) 及式(7.2.2),得
$$E(S^2) = \frac{n}{n-1} \cdot \frac{n-1}{n}\sigma^2 = \sigma^2.$$
所以,S^2 是 σ^2 的无偏估计.

这也是定义 $\dfrac{1}{n-1} \sum\limits_{i=1}^{n} (X_i - \overline{X})^2$ 而不是 $\dfrac{1}{n} \sum\limits_{i=1}^{n} (X_i - \overline{X})^2$ 为样本方差 S^2 的原因之一.

例 7.2.3

设总体 X 服从参数为 $\theta(\theta > 0)$ 的指数分布,其概率密度为

$$f(x,\theta) = \begin{cases} \dfrac{1}{\theta}\mathrm{e}^{-\frac{x}{\theta}}, & x > 0, \\ 0, & \text{其他}. \end{cases}$$

又设 $X_1, X_2, \cdots, X_n$ 是来自总体 X 的一个样本,试证:$\overline{X}$ 和 $n\min\{X_1, X_2, \cdots, X_n\}$ 都是 θ 的无偏估计.

证 显然,$\overline{X}$ 是 θ 的无偏估计.

下面只要证明 $E(n\min\{X_1, X_2, \cdots, X_n\}) = \theta$,即

$$E(\min\{X_1, X_2, \cdots, X_n\}) = \frac{\theta}{n}.$$

易求得 $\min\{X_1, X_2, \cdots, X_n\}$ 的概率密度为

$$f_{\min}(x, \theta) = \begin{cases} \dfrac{n}{\theta}\mathrm{e}^{-\frac{nx}{\theta}}, & x > 0, \\ 0, & \text{其他}, \end{cases}$$

故 $E(\min\{X_1, X_2, \cdots, X_n\}) = \dfrac{\theta}{n}.$ 所以,$n\min\{X_1, X_2, \cdots, X_n\}$ 也是 θ 的无偏估计.

由此可见,对于同一个未知参数,无偏估计不是唯一的.

7.2.2 一致性(相合性)

作为参数 θ 的估计 $\hat{\theta}$,很自然的一个要求是:当样本容量 n 增大时,$\hat{\theta}$ 应越来越稳定于待估参数的真值. 这就是所说的**一致性**,也称为**相合性**.

定义 7.2.2 设 $\hat{\theta}(X_1, X_2, \cdots, X_n)$ 是 θ 的估计量. 若对于任意 $\theta \in \Theta$,当 $n \to \infty$ 时,都有 $\hat{\theta}(X_1, X_2, \cdots, X_n)$ 依概率收敛于 θ,则称 $\hat{\theta}(X_1, X_2, \cdots, X_n)$ 是 θ 的**一致估计**(相合估计).

例 7.2.4

设总体 X 的 k 阶矩存在,$X_1, X_2, \cdots, X_n$ 是来自总体 X 的一个样本,则 k 阶矩 $A_k = \dfrac{1}{n}\sum\limits_{i=1}^{n} X_i^k$ 是 $E(X^k)$ 的一致估计.

7.2.3 有效性

我们知道,对未知参数 θ 进行估计的方法有很多,因而它的估计往往不止一个. 那么在众多的估计中哪个更好一些呢?无偏性从一个方面描述了估计的特性,选出了一类估计,称之为无偏估计类. 由于参数的无偏估计也不是唯一的,那么如何比较两个无偏估计之间的好坏呢?设 $\hat{\theta}_1, \hat{\theta}_2$ 是未知参数 θ 的无偏估计,一种很自然的想法就是哪个估计更接近 θ,哪个估计就更好. 因而,我们用 $E[(\hat{\theta}_1 - \theta)^2] = D(\hat{\theta}_1)$ 与 $E[(\hat{\theta}_2 - \theta)^2] = D(\hat{\theta}_2)$ 的大小来作为评判,方差越小,估计越好.

定义 7.2.3 设 $\hat{\theta}_1, \hat{\theta}_2$ 是未知参数 θ 的两个无偏估计. 若

$$D(\hat{\theta}_1) \leqslant D(\hat{\theta}_2),$$

且至少有一个 $\theta \in \Theta$ 使得不等号严格成立,则称 $\hat{\theta}_1$ 比 $\hat{\theta}_2$ 更**有效**.

如果存在 $\hat{\theta}_0$,使得对于任意的无偏估计 $\hat{\theta}$,都有 $\hat{\theta}_0$ 比 $\hat{\theta}$ 有效,那么称 $\hat{\theta}_0$ 为**最小方差无偏估计**.

同一未知参数的两个无偏估计可用其方差来衡量优劣,那么无偏估计的方差是否可以任意小?如果不可以任意小,那么它的下限是什么?这个下限能否达到?为此我们引入下面的定理:

定理 7.2.1(克拉默-拉奥(Cramer-Rao) 不等式) 设 Θ 是 **R** 上的一个开区间,$f(x, \theta)$ $(\theta \in \Theta)$

是总体 X 的概率密度，$X_1, X_2, \cdots, X_n$ 为来自总体 X 的一个样本，$\hat{\theta}(X_1, X_2, \cdots, X_n)$ 是 θ 的无偏估计，且满足：

(1) $\{x \mid f(x, \theta) \neq 0\}$ 与 θ 无关；

(2) $\dfrac{\partial f(x, \theta)}{\partial \theta}$ 存在，且对于一切 $\theta \in \Theta$ 都有

$$\frac{\partial}{\partial \theta} \int_{\mathbf{R}} f(x, \theta) \mathrm{d}x = \int_{\mathbf{R}} \frac{\partial f(x, \theta)}{\partial \theta} \mathrm{d}x,$$

$$\frac{\partial}{\partial \theta} \int_{\mathbf{R}^n} \hat{\theta}(x_1, x_2, \cdots, x_n) \prod_{i=1}^{n} f(x_i, \theta) \mathrm{d}x_1 \mathrm{d}x_2 \cdots \mathrm{d}x_n = \int_{\mathbf{R}^n} \hat{\theta}(x_1, x_2, \cdots, x_n) \frac{\partial}{\partial \theta} \prod_{i=1}^{n} f(x_i, \theta) \mathrm{d}x_1 \mathrm{d}x_2 \cdots \mathrm{d}x_n;$$

(3) $I(\theta) = E_\theta \left[\left(\dfrac{\partial \ln f(x, \theta)}{\partial \theta} \right)^2 \right] > 0,$

则对于一切 $\theta \in \Theta$，都有

$$D(\hat{\theta}) \geqslant \frac{1}{nI(\theta)}. \tag{7.2.3}$$

对于总体是离散型随机变量的情形，只要将定理 7.2.1 中的概率密度用分布律代替，积分号用求和号代替即可，结论仍然成立.

定义 7.2.4　如果 $\hat{\theta}(X_1, X_2, \cdots, X_n)$ 是未知参数 θ 的无偏估计，并且它的方差达到式(7.2.3)给出的下界，则称 $\hat{\theta}(X_1, X_2, \cdots, X_n)$ 为 θ 的有效估计.

例 7.2.5

设 $X_1, X_2, \cdots, X_n$ 是来自正态总体 $N(\mu, \sigma^2)$ 的一个样本，求 μ 和 σ^2 的无偏估计的方差下限.

解　　　　$$I(\mu) = \int_{-\infty}^{+\infty} \left(\frac{x - \mu}{\sigma^2} \right)^2 \frac{1}{\sigma \sqrt{2\pi}} \mathrm{e}^{-\frac{(x-\mu)^2}{2\sigma^2}} \mathrm{d}x = \frac{1}{\sigma^2},$$

故 μ 的无偏估计的方差下限是 $\dfrac{\sigma^2}{n}$.

同理，

$$I(\sigma^2) = \int_{-\infty}^{+\infty} \left[\frac{(x - \mu)^2}{2\sigma^4} - \frac{1}{2\sigma^2} \right]^2 \frac{1}{\sigma \sqrt{2\pi}} \mathrm{e}^{-\frac{(x-\mu)^2}{2\sigma^2}} \mathrm{d}x = \frac{1}{2\sigma^4},$$

故 σ^2 的无偏估计的方差下限是 $\dfrac{2\sigma^4}{n}$.

可以证明，对于正态总体 $N(\mu, \sigma^2)$，样本均值 $\overline{X}$ 和样本方差 S^2 分别是 μ 和 σ^2 的最小方差无偏估计. 经计算得

$$D(\overline{X}) = \frac{\sigma^2}{n} = \frac{1}{nI(\mu)}, \quad D(S^2) = \frac{2\sigma^4}{n-1} > \frac{1}{nI(\sigma^2)}.$$

可见，$\overline{X}$ 达到了方差下限，而 S^2 却未达到方差下限，即由定理 7.2.1 给出的方差下限不一定能够达到.

进一步，也可考虑任意两个估计(未必是无偏估计)之间的比较，不考虑无偏性，只考虑估计与待估参数的接近程度，即用 $E[(\hat{\theta}_1 - \theta)^2]$ 与 $E[(\hat{\theta}_2 - \theta)^2]$ 的大小来确定，关于这一方面的深入研究可参阅有关的专业书.

例 7.2.6

设总体 X 的均值 μ、方差 σ^2 存在，$X_1, X_2, \cdots, X_n$ 是来自总体 X 的一个样本，令

$$L = \left\{ \sum_{i=1}^{n} c_i X_i \ \middle| \ \sum_{i=1}^{n} c_i = 1, c_i \in \mathbf{R}, i = 1, 2, \cdots, n \right\},$$

试求 $\hat{\mu}_0 \in L$，使得 $D(\hat{\mu}_0)$ 在 L 中最小.

解 由题设可知 L 中的每个估计都是 μ 的无偏估计. 设

$$\hat{\mu} = c_1 X_1 + c_2 X_2 + \cdots + c_n X_n,$$

其中 $\sum\limits_{i=1}^{n} c_i = 1$，那么 $D(\hat{\mu}) = \sigma^2 \sum\limits_{i=1}^{n} c_i^2$.

为了求得 $\hat{\mu}_0$，实际上是要在 $\sum\limits_{i=1}^{n} c_i = 1$ 的条件下求当 $c_1, c_2, \cdots, c_n$ 为何值时 $\sum\limits_{i=1}^{n} c_i^2$ 最小. 设

$$f(c_1, c_2, \cdots, c_n) = \sum_{i=1}^{n} c_i^2 - k\left(\sum_{i=1}^{n} c_i - 1\right),$$

令

$$\frac{\partial f}{\partial c_i} = 2c_i - k = 0 \quad (i = 1, 2, \cdots, n),$$

解得 $c_i = \dfrac{k}{2}$. 因 $\sum\limits_{i=1}^{n} c_i = 1$，故求得 $c_i = \dfrac{1}{n}$. 因此 $\dfrac{1}{n} \sum\limits_{i=1}^{n} X_i$ 在 L 中方差最小，称为最小方差线性无偏估计.

习题 7.2

1. 从总体中抽取样本容量 $n = 50$ 的样本，其样本观察值 x_i 和频数 n_i 如表 7-2 所示，求总体均值的无偏估计.

表 7-2

样本观察值 x_i	2	5	7	10
频数 n_i	16	12	8	14

2. 设总体 $X \sim N(\mu, \sigma^2)$，$X_1, X_2, \cdots, X_n, X_{n+1}$ 是来自总体 X 的一个样本，试确定常数 C，使得 $C \sum\limits_{i=1}^{n} (X_{i+1} - X_i)^2$ 为 σ^2 的无偏估计.

3. 试证：均匀分布 $f(x) = \begin{cases} \dfrac{1}{\theta}, & 0 < x \leqslant \theta, \\ 0, & \text{其他} \end{cases}$ 中未知参数 θ 的极大似然估计不是 θ 的无偏估计.

4. 设有一批产品，为了估计其废品率 p，随机取一样本 $X_1, X_2, \cdots, X_n$，其中

$$X_i = \begin{cases} 1, & \text{取得废品,} \\ 0, & \text{取得合格品} \end{cases} \quad (i = 1, 2, \cdots, n).$$

证明：$\hat{p} = \overline{X} = \dfrac{1}{n} \sum\limits_{i=1}^{n} X_i$ 是 p 的一致无偏估计.

§7.3 区 间 估 计

对于未知参数 θ，仅仅考虑它的点估计是不够的，人们还希望能给出 θ 的估计范围，并知道 θ 落在这个范围内的可能性有多大，这就是参数的区间估计问题.

定义 7.3.1 设总体 X 的分布函数为 $F(x, \theta)$，θ 为待估参数，$X_1, X_2, \cdots, X_n$ 是来自总体 X 的一个样本，$\hat{\theta}_1 = \hat{\theta}_1(X_1, X_2, \cdots, X_n)$ 和 $\hat{\theta}_2 = \hat{\theta}_2(X_1, X_2, \cdots, X_n)$ 是两个统计量，且 $\hat{\theta}_1 < \hat{\theta}_2$. 若对于给定的 $\alpha (0 < \alpha < 1)$，有

$$P\{\hat{\theta}_1 < \theta < \hat{\theta}_2\} = 1 - \alpha,$$

则称随机区间 $(\hat{\theta}_1, \hat{\theta}_2)$ 为参数 θ 的置信度为 $1-\alpha$ 的**置信区间**（区间估计），其中 $1-\alpha$ 称为**置信度**，$\hat{\theta}_1$ 与 $\hat{\theta}_2$ 分别称为**置信下限**与**置信上限**.

参数的区间估计的意义是：$\hat{\theta}_1$ 与 $\hat{\theta}_2$ 是样本的函数，每一次取样，$(\hat{\theta}_1, \hat{\theta}_2)$ 是一个确定的区间，它可能包含待估参数 θ，也可能不包含，但包含 θ 的概率为 $1-\alpha$. 若取 $\alpha = 0.05$，则可理解为在 100 次独立试验中，得到的置信区间内包含参数 θ 可能在 95 次左右.

由置信区间的定义可知：(1) 相同置信度下的置信区间不是唯一的；(2) 一般来说，置信度越大，置信区间的长度也越大. 显然，在相同置信度下置信区间的长度越小越好.

例 7.3.1

设总体 $X \sim N(\mu, \sigma^2)$，σ^2 已知，μ 是未知参数，$X_1, X_2, \cdots, X_n$ 是来自总体 X 的一个样本，求 μ 的置信度为 $1-\alpha$ 的置信区间.

解　因为 $\overline{X} = \dfrac{1}{n} \sum\limits_{i=1}^{n} X_i$ 是 μ 的无偏估计，可适当先取 $\varepsilon > 0$，使得

$$P\{\overline{X} - \varepsilon < \mu < \overline{X} + \varepsilon\} = 1 - \alpha. \tag{7.3.1}$$

由于 $\dfrac{\overline{X} - \mu}{\sigma / \sqrt{n}} \sim N(0, 1)$，故式 (7.3.1) 可等价地表示为

$$P\left\{ \frac{|\overline{X} - \mu|}{\sigma / \sqrt{n}} < \frac{\sqrt{n}}{\sigma} \varepsilon \right\} = 1 - \alpha.$$

由标准正态分布的上 α 分位点的定义可知，$\dfrac{\sqrt{n}}{\sigma} \varepsilon = z_{\frac{\alpha}{2}}$，故 $\varepsilon = \dfrac{\sigma}{\sqrt{n}} z_{\frac{\alpha}{2}}$. 因此，$\mu$ 的置信度为 $1-\alpha$ 的置信区间为

$$\left(\overline{X} - \frac{\sigma}{\sqrt{n}} z_{\frac{\alpha}{2}},\ \overline{X} + \frac{\sigma}{\sqrt{n}} z_{\frac{\alpha}{2}} \right).$$

若取 $\alpha = 0.05, \sigma = 1, n = 16, \overline{x} = 5.20$，则可得到一个区间 $(4.71, 5.69)$. 它不是一个随机区间，但在不引起混淆的情况下，习惯上仍称之为置信度为 0.95 的置信区间.

寻求未知参数 θ 的置信区间的一般做法如下：

(1) 寻求一个样本函数 $Z(X_1, X_2, \cdots, X_n, \theta)$，其中 θ 是唯一的未知参数，而 $Z(X_1, X_2, \cdots, X_n, \theta)$ 的分布已知；

(2) 对于给定的 $\alpha (0 < \alpha < 1)$，确定常数 a, b，使得

$$P\{a < Z(X_1, X_2, \cdots, X_n, \theta) < b\} = 1 - \alpha;$$

(3) 从 $a < Z(X_1, X_2, \cdots, X_n, \theta) < b$ 中，得到等价的不等式 $\hat{\theta}_1 < \theta < \hat{\theta}_2$，则 $(\hat{\theta}_1, \hat{\theta}_2)$ 即为所求.

习题 7.3

1. 某工厂生产的一批滚球，其直径（单位:mm）X 服从正态分布 $N(\mu, 0.05)$，现从中随机地抽取 6 个，测得直径如下：

$$15.1,\quad 14.8,\quad 15.2,\quad 14.9,\quad 14.6,\quad 15.1.$$

求直径均值的置信度为 0.95 的置信区间.

2. 某种岩石密度的测量误差 $X \sim N(\mu, \sigma^2)$，取样本值 12 个，得样本方差为 0.04，试求 σ^2 的置信度为 0.90 的置信区间.

3. 假设 $0.50, 1.25, 0.80, 2.00$ 是来自总体 X 的一个样本观察值. 已知 $Y = \ln X$ 服从正态分布 $N(\mu, 1)$，求：

(1) X 的数学期望 $E(X)$（记 $E(X)$ 为 b）；

(2) μ 的置信度为 0.95 的置信区间；

(3) b 的置信度为 0.95 的置信区间.

§7.4 正态总体参数的区间估计

7.4.1 单个正态总体 $N(\mu,\sigma^2)$ 的情况

设总体 $X \sim N(\mu,\sigma^2)$，$X_1,X_2,\cdots,X_n$ 为来自总体 X 的一个样本，$\overline{X},S^2$ 分别为样本均值与样本方差，已给定置信度为 $1-\alpha$.

1. 均值 μ 的置信区间

(1) σ^2 已知. 由 §7.3 例 7.3.1 可知，μ 的置信度为 $1-\alpha$ 的置信区间为

$$\left(\overline{X}-\frac{\sigma}{\sqrt{n}}z_{\frac{\alpha}{2}},\overline{X}+\frac{\sigma}{\sqrt{n}}z_{\frac{\alpha}{2}}\right). \tag{7.4.1}$$

(2) σ^2 未知. 此时不能使用式(7.4.1)作为 μ 的置信区间，因为该区间的端点与 σ 有关. 由于 S^2 是 σ^2 的无偏估计，很自然的想法是用 S 代替 σ. 我们知道

$$\frac{\overline{X}-\mu}{S/\sqrt{n}} \sim t(n-1),$$

于是

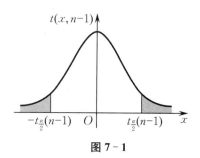

图 7-1

$$P\left\{-t_{\frac{\alpha}{2}}(n-1)<\frac{\overline{X}-\mu}{S/\sqrt{n}}<t_{\frac{\alpha}{2}}(n-1)\right\}=1-\alpha \quad (\text{见图 } 7-1),$$

即

$$P\left\{\overline{X}-\frac{S}{\sqrt{n}}t_{\frac{\alpha}{2}}(n-1)<\mu<\overline{X}+\frac{S}{\sqrt{n}}t_{\frac{\alpha}{2}}(n-1)\right\}=1-\alpha.$$

因此，μ 的置信度为 $1-\alpha$ 的置信区间为

$$\left(\overline{X}-\frac{S}{\sqrt{n}}t_{\frac{\alpha}{2}}(n-1),\overline{X}+\frac{S}{\sqrt{n}}t_{\frac{\alpha}{2}}(n-1)\right).$$

例 7.4.1

有一大批袋装糖果，其重量(单位：g)服从正态分布. 从中任取 16 袋，测得 $\overline{x}=503.75, s=6.20$，试求 μ 的置信度为 0.95 的置信区间.

解 由题设可知 $1-\alpha=0.95,\frac{\alpha}{2}=0.025,n-1=15$. 查附表 4 得 $t_{0.025}(15)=2.1315$，于是

$$\frac{s}{\sqrt{n}}t_{\frac{\alpha}{2}}(n-1)=\frac{6.20}{\sqrt{16}}\times 2.1315\approx 3.304,$$

故 μ 的置信度为 0.95 的置信区间为 $(500.446,507.045)$. 这就是说，这批袋装糖果重量的均值在区间 $(500.446,507.045)$ 内的可信程度为 95%.

2. σ^2 的置信区间

由正态分布的性质可知

$$\frac{(n-1)S^2}{\sigma^2} \sim \chi^2(n-1), \tag{7.4.2}$$

这是一个完全已知的分布，不依赖于任何未知参数，故

$$P\left\{\chi^2_{1-\frac{\alpha}{2}}(n-1) < \frac{(n-1)S^2}{\sigma^2} < \chi^2_{\frac{\alpha}{2}}(n-1)\right\} = 1-\alpha,$$

即

$$P\left\{\frac{(n-1)S^2}{\chi^2_{\frac{\alpha}{2}}(n-1)} < \sigma^2 < \frac{(n-1)S^2}{\chi^2_{1-\frac{\alpha}{2}}(n-1)}\right\} = 1-\alpha. \tag{7.4.3}$$

因此，σ^2 的置信度为 $1-\alpha$ 的置信区间为

$$\left(\frac{(n-1)S^2}{\chi^2_{\frac{\alpha}{2}}(n-1)}, \frac{(n-1)S^2}{\chi^2_{1-\frac{\alpha}{2}}(n-1)}\right).$$

这里并没有考虑 μ 是否已知．特别地，当 μ 已知时，我们知道 $\dfrac{\sum\limits_{i=1}^{n}(X_i-\mu)^2}{\sigma^2} \sim \chi^2(n)$，由此也可得到 σ^2 的置信度为 $1-\alpha$ 的置信区间为

$$\left(\frac{\sum\limits_{i=1}^{n}(X_i-\mu)^2}{\chi^2_{\frac{\alpha}{2}}(n)}, \frac{\sum\limits_{i=1}^{n}(X_i-\mu)^2}{\chi^2_{1-\frac{\alpha}{2}}(n)}\right).$$

注：当概率密度不对称时，如 χ^2 分布，F 分布等，习惯上仍取分位点（见图 7-2）来确定置信区间，由此得到的区间不一定是最短的．

由式（7.4.3）还可以得到

$$P\left\{\frac{\sqrt{n-1}S}{\sqrt{\chi^2_{\frac{\alpha}{2}}(n-1)}} < \sigma < \frac{\sqrt{n-1}S}{\sqrt{\chi^2_{1-\frac{\alpha}{2}}(n-1)}}\right\} = 1-\alpha,$$

即标准差 σ 的置信度为 $1-\alpha$ 的置信区间为

$$\left(\frac{\sqrt{n-1}S}{\sqrt{\chi^2_{\frac{\alpha}{2}}(n-1)}}, \frac{\sqrt{n-1}S}{\sqrt{\chi^2_{1-\frac{\alpha}{2}}(n-1)}}\right). \tag{7.4.4}$$

同样，在 μ 已知的条件下，可考虑 σ 的置信度为 $1-\alpha$ 的置信区间为

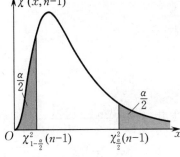

图 7-2

$$\left(\frac{\sqrt{\sum\limits_{i=1}^{n}(X_i-\mu)^2}}{\sqrt{\chi^2_{\frac{\alpha}{2}}(n)}}, \frac{\sqrt{\sum\limits_{i=1}^{n}(X_i-\mu)^2}}{\sqrt{\chi^2_{1-\frac{\alpha}{2}}(n)}}\right).$$

例 7.4.2

求例 7.4.1 中标准差 σ 的置信度为 0.95 的置信区间.

解 由题设可知 $\dfrac{\alpha}{2} = \dfrac{1-0.95}{2} = 0.025, 1-\dfrac{\alpha}{2} = 0.975, n-1 = 15, s = 6.20.$ 又查附表 3 得

$$\chi^2_{\frac{\alpha}{2}}(n-1) = \chi^2_{0.025}(15) = 27.488, \quad \chi^2_{1-\frac{\alpha}{2}}(n-1) = \chi^2_{0.975}(15) = 6.262,$$

故由式(7.4.4)可得 σ 的置信度为 0.95 的置信区间为

$$\left(\frac{\sqrt{15 \times 6.20}}{\sqrt{27.488}}, \frac{\sqrt{15 \times 6.20}}{\sqrt{6.262}}\right), \quad 即 \quad (4.58, 9.60).$$

7.4.2 两个相互独立的正态总体 $N(\mu_1, \sigma_1^2), N(\mu_2, \sigma_2^2)$ 的情况

设总体 $X \sim N(\mu_1, \sigma_1^2), Y \sim N(\mu_2, \sigma_2^2), X_1, X_2, \cdots, X_{n_1}$ 是来自总体 X 的样本容量为 n_1 的一个样本，$Y_1, Y_2, \cdots, Y_{n_2}$ 是来自总体 Y 的样本容量为 n_2 的一个样本，X 与 Y 相互独立，$\overline{X}, S_X^2$ 与 $\overline{Y}, S_Y^2$ 分别表示两个总体的样本均值与样本方差，已给定置信度为 $1 - \alpha$.

1. $\mu_1 - \mu_2$ 的置信区间

(1) σ_1^2, σ_2^2 已知. 由正态分布的性质可知 $\overline{X} \sim N\left(\mu_1, \frac{\sigma_1^2}{n_1}\right), \overline{Y} \sim N\left(\mu_2, \frac{\sigma_2^2}{n_2}\right)$，且两个总体是相互独立的，故 $\overline{X} - \overline{Y} \sim N\left(\mu_1 - \mu_2, \frac{\sigma_1^2}{n_1} + \frac{\sigma_2^2}{n_2}\right)$，于是有

$$\frac{\overline{X} - \overline{Y} - (\mu_1 - \mu_2)}{\sqrt{\frac{\sigma_1^2}{n_1} + \frac{\sigma_2^2}{n_2}}} \sim N(0, 1).$$

依据单个正态总体均值 μ 的置信区间的求解方法，可得到 $\mu_1 - \mu_2$ 的置信度为 $1 - \alpha$ 的置信区间为

$$\left(\overline{X} - \overline{Y} - z_{\frac{\alpha}{2}}\sqrt{\frac{\sigma_1^2}{n_1} + \frac{\sigma_2^2}{n_2}}, \overline{X} - \overline{Y} + z_{\frac{\alpha}{2}}\sqrt{\frac{\sigma_1^2}{n_1} + \frac{\sigma_2^2}{n_2}}\right).$$

(2) $\sigma_1^2 = \sigma_2^2 = \sigma^2$，但 σ^2 未知. 由正态分布的性质可知

$$\frac{(n_1 - 1)S_X^2 + (n_2 - 1)S_Y^2}{\sigma^2} \sim \chi^2(n_1 + n_2 - 2),$$

故

$$\frac{\overline{X} - \overline{Y} - (\mu_1 - \mu_2)}{S_w\sqrt{\frac{1}{n_1} + \frac{1}{n_2}}} \sim t(n_1 + n_2 - 2),$$

其中 $S_w^2 = \dfrac{(n_1 - 1)S_X^2 + (n_2 - 1)S_Y^2}{n_1 + n_2 - 2}$，从而可得 $\mu_1 - \mu_2$ 的置信度为 $1 - \alpha$ 的置信区间为

$$\left(\overline{X} - \overline{Y} - t_{\frac{\alpha}{2}}(n_1 + n_2 - 2)S_w\sqrt{\frac{1}{n_1} + \frac{1}{n_2}}, \overline{X} - \overline{Y} + t_{\frac{\alpha}{2}}(n_1 + n_2 - 2)S_w\sqrt{\frac{1}{n_1} + \frac{1}{n_2}}\right). \quad (7.4.5)$$

例 7.4.3

为比较 A, B 两种型号灯泡的寿命(单位: h)，随机抽取 A 型灯泡 5 只，测得平均寿命 $\overline{x}_A = 1\,000$，样本标准差 $s_A = 28$；随机抽取 B 型灯泡 7 只，测得平均寿命 $\overline{x}_B = 980$，样本标准差 $s_B = 32$. 设两总体都服从正态分布，并且它们的方差相等. 求总体均值差 $\mu_A - \mu_B$ 的置信度为 0.99 的置信区间.

解 由实际抽样的随机性可知，两组样本是相互独立的. 由题设条件两总体方差相等，故可用式(7.4.5)来确定所求置信区间.

由于 $\dfrac{\alpha}{2} = 0.005, n_1 + n_2 - 2 = 10, t_{0.005}(10) = 3.169\,3, s_w^2 = 928$，即 $s_w \approx 30.46$，故所求置

信区间为

$$\left(1\,000-980-3.169\,3\times30.46\times\sqrt{\frac{1}{5}+\frac{1}{7}}\,,1\,000-980+3.169\,3\times30.46\times\sqrt{\frac{1}{5}+\frac{1}{7}}\right),$$

即 $(-36.53,76.53)$.

2. 方差比 $\dfrac{\sigma_1^2}{\sigma_2^2}$ 的置信区间

这里仅考虑 μ_1,μ_2 未知的情形. 由于

$$\frac{(n_1-1)S_X^2}{\sigma_1^2}\sim\chi^2(n_1-1),\quad \frac{(n_2-1)S_Y^2}{\sigma_2^2}\sim\chi^2(n_2-1),$$

所以

$$\frac{S_X^2/\sigma_1^2}{S_Y^2/\sigma_2^2}=\frac{\dfrac{(n_1-1)S_X^2}{\sigma_1^2}\Big/(n_1-1)}{\dfrac{(n_2-1)S_Y^2}{\sigma_2^2}\Big/(n_2-1)}\sim F(n_1-1,n_2-1).$$

由此得到

$$P\left\{F_{1-\frac{\alpha}{2}}(n_1-1,n_2-1)<\frac{S_X^2/\sigma_1^2}{S_Y^2/\sigma_2^2}<F_{\frac{\alpha}{2}}(n_1-1,n_2-1)\right\}=1-\alpha,$$

即

$$P\left\{\frac{S_X^2}{S_Y^2}\cdot\frac{1}{F_{\frac{\alpha}{2}}(n_1-1,n_2-1)}<\frac{\sigma_1^2}{\sigma_2^2}<\frac{S_X^2}{S_Y^2}\cdot\frac{1}{F_{1-\frac{\alpha}{2}}(n_1-1,n_2-1)}\right\}=1-\alpha.$$

于是,方差比 $\dfrac{\sigma_1^2}{\sigma_2^2}$ 的置信度为 $1-\alpha$ 的置信区间为

$$\left(\frac{S_X^2}{S_Y^2}\cdot\frac{1}{F_{\frac{\alpha}{2}}(n_1-1,n_2-1)},\frac{S_X^2}{S_Y^2}\cdot\frac{1}{F_{1-\frac{\alpha}{2}}(n_1-1,n_2-1)}\right). \tag{7.4.6}$$

例 7.4.4

研究由机器 A 和机器 B 生产的钢管内径(单位:mm). 随机抽取机器 A 生产的钢管 16 根,测得 $s_A^2=0.34$;随机抽取机器 B 生产的钢管 13 根,测得 $s_B^2=0.29$. 设两机器生产的钢管的内径分别服从正态分布 $N(\mu_1,\sigma_1^2),N(\mu_2,\sigma_2^2)$,并且相互独立. 已知正态分布的参数均未知,试求方差比 $\dfrac{\sigma_1^2}{\sigma_2^2}$ 的置信度为 0.90 的置信区间.

解 由题设可知

$$n_1=16,s_A^2=0.34,n_2=13,s_B^2=0.29,\alpha=0.10,$$
$$F_{\frac{\alpha}{2}}(n_1-1,n_2-1)=F_{0.05}(15,12)=2.62,$$
$$F_{1-\frac{\alpha}{2}}(n_1-1,n_2-1)=F_{0.95}(15,12)=\frac{1}{F_{0.05}(12,15)}=\frac{1}{2.48}.$$

于是,由式(7.4.6)得 $\dfrac{\sigma_1^2}{\sigma_2^2}$ 的置信度为 0.90 的置信区间为

$$\left(\frac{0.34}{0.29}\times\frac{1}{2.62},\frac{0.34}{0.29}\times2.48\right),$$

即 $(0.45,2.91)$.

参数的区间估计,只能给出参数的取值范围以及它的置信度. 当考虑 $\mu_1-\mu_2$ 的区间估计时,

如果得到的置信区间包含 0,则无法判定 μ_1 与 μ_2 的大小. 同理,当 $\dfrac{\sigma_1^2}{\sigma_2^2}$ 的区间估计包含 1 时,也无法判定 σ_1^2 与 σ_2^2 的大小. 下一章的内容将解决这些问题.

习题 7.4

1. 设某种清漆的干燥时间(单位:h)服从正态分布 $N(\mu,\sigma^2)$. 随机抽取 9 个样品,其干燥时间分别为 6.0,5.7,5.8,6.5,7.0,6.3,5.6,6.1,5.0,求在以下两种情形中 μ 的置信度为 0.95 的置信区间:
(1) $\sigma = 0.6$;(2) σ 未知.

2. 有 A,B 两批导线,现随机地从 A 批导线中抽取 4 根,从 B 批导线中抽取 5 根,测得其电阻(单位:Ω) 如下:
A 批导线:0.143, 0.142, 0.143, 0.137;
B 批导线:0.140, 0.142, 0.136, 0.138, 0.140.
设测试数据分别服从正态分布 $N(\mu_1,\sigma^2),N(\mu_2,\sigma^2)$,且它们相互独立,$\mu_1,\mu_2,\sigma^2$ 均未知,试求 $\mu_1 - \mu_2$ 的置信度为 0.95 的置信区间.

3. 从相互独立的两个正态总体 $X \sim N(\mu_1,\sigma^2),Y \sim N(\mu_2,\sigma^2)$ 中,分别抽取样本容量为 $n = 16,m = 10$ 的两个样本,若 $\bar{x} = 3.6,s_1^2 = 4.42,\bar{y} = 13.6,s_2^2 = 8.07$,当 μ_1,μ_2 未知时,求 $\dfrac{\sigma_1^2}{\sigma_2^2}$ 的置信度为 0.90 的置信区间.

4. 已知一批零件的长度(单位:cm)X 服从正态分布 $N(\mu,1)$,从中随机地抽取 16 个零件,得到其长度的平均值为 40 cm,求 μ 的置信度为 0.95 的置信区间.

§7.5 单侧置信区间

在 §7.4 中讨论了参数的区间估计,特别是正态总体参数的区间估计,给出了确定置信上、下限的方法. 但在某些实际问题中,例如在测试元件的寿命问题中,人们关心的是元件平均寿命的下限;在检验产品的废品率问题中,人们关心的是废品率的上限. 这就是所谓的单侧置信区间问题.

定义 7.5.1 设总体 X 具有分布函数 $F(x,\theta)$,其中 θ 为未知参数,$X_1,X_2,\cdots,X_n$ 是来自总体 X 的一个样本,$\hat{\theta}_1,\hat{\theta}_2$ 是两个统计量.

(1) 若对于给定的 $\alpha(0 < \alpha < 1)$,有 $P\{\theta > \hat{\theta}_1\} = 1-\alpha$,则称随机区间 $(\hat{\theta}_1,+\infty)$ 是 θ 的置信度为 $1-\alpha$ 的**单侧置信区间**,$\hat{\theta}_1$ 称为置信度为 $1-\alpha$ 的**单侧置信下限**.

(2) 若对于给定的 $\alpha(0 < \alpha < 1)$,有 $P\{\theta < \hat{\theta}_2\} = 1-\alpha$,则称随机区间 $(-\infty,\hat{\theta}_2)$ 是 θ 的置信度为 $1-\alpha$ 的**单侧置信区间**,$\hat{\theta}_2$ 称为置信度为 $1-\alpha$ 的**单侧置信上限**.

例 7.5.1

从某批灯泡中随机取出 5 只做寿命试验,测得寿命(单位:h) 如下:1 050,1 100,1 120,1 250,1 280. 设该批灯泡寿命服从正态分布,试求寿命均值 μ 的置信度为 0.95 的单侧置信下限.

解 设总体 $X \sim N(\mu,\sigma^2),\sigma^2$ 未知,$\overline{X}$ 与 S^2 分别为样本均值与样本方差,于是

$$\frac{\overline{X}-\mu}{S/\sqrt{n}} \sim t(n-1).$$

令 C 满足

$$P\left\{\frac{\overline{X}-\mu}{S/\sqrt{n}} < C\right\} = 1-\alpha, \qquad (7.5.1)$$

即

$$P\left\{\frac{\overline{X}-\mu}{S/\sqrt{n}}>C\right\}=\alpha,$$

由上 α 分位点的定义可知, $C=t_\alpha(n-1)$. 于是, 式(7.5.1) 也可写为

$$P\left\{\mu>\overline{X}-t_\alpha(n-1)\frac{S}{\sqrt{n}}\right\}=1-\alpha,$$

由此得到 μ 的置信度为 $1-\alpha$ 的单侧置信区间为

$$\left(\overline{X}-t_\alpha(n-1)\frac{S}{\sqrt{n}},+\infty\right).$$

对于已知数据进行计算, 结果如下:

$$\overline{x}=1160,\quad s^2=9950,\quad t_{0.05}(5-1)=2.1318.$$

将其代入得到寿命均值 μ 的置信度为 0.95 的单侧置信区间为 $(1065,+\infty)$, 1065 就是所求的单侧置信下限.

习题 7.5

1. 为了研究某种汽车轮胎的磨损特性, 随机地选择 16 只轮胎, 每只轮胎行驶到磨坏为止, 记录所行驶的路程(单位: km) 如下:

41 250, 40 187, 41 010, 39 265, 41 872, 43 175, 42 654, 41 287,

38 970, 40 200, 42 550, 41 095, 40 680, 43 500, 39 775, 40 400,

假设这些数据来自正态总体 $N(\mu,\sigma^2)$, 其中 μ,σ^2 未知, 试求 μ 的置信度为 0.95 的单侧置信下限.

2. 某加工厂生产的水果罐头含锡量(单位: mg/kg) 服从正态分布, 随机抽取了 16 只水果罐头, 测得平均含锡量为 180 mg/kg, 标准差为 10 mg/kg. 试求这种水果罐头平均含锡量的置信度为 0.90 的单侧置信上限.

3. 为了考察某厂生产的水泥构件的抗压强度(单位: kg/cm²), 抽取了 25 件样品进行测试, 得到平均抗压强度为 415 kg/cm². 根据以往资料, 该厂生产的水泥构件的抗压强度 $X\sim N(\mu,20^2)$, 试求 μ 的置信度为 0.90 的单侧置信上限和单侧置信下限.

习 题 7

1. 设 $X_1,X_2,\cdots,X_n$ 为来自总体 X 的一个样本, 求下列各总体的概率密度或分布律中未知参数的矩估计:

(1) $f(x)=\begin{cases}\sqrt{\theta}x^{\sqrt{\theta}-1}, & 0\leqslant x\leqslant 1,\\ 0, & 其他,\end{cases}$ 其中 $\theta(\theta>0)$ 为未知参数;

(2) $f(x)=\begin{cases}\dfrac{1}{\theta}\mathrm{e}^{-\frac{x-\mu}{\theta}}, & x\geqslant\mu,\\ 0, & 其他,\end{cases}$ 其中 $\theta(\theta>0),\mu$ 是未知参数;

(3) $P\{X=x\}=C_m^x p^x q^{m-x}(x=0,1,2,\cdots,m;q=1-p)$, 其中 $p(0<p<1)$ 为未知参数.

2. 求上题中各未知参数的极大似然估计.

3. 设 $X_1,X_2,\cdots,X_n$ 是来自总体服从参数为 λ 的泊松分布的一个样本, 求 λ 的矩估计及极大似然估计.

4. (1) 设 $X_1,X_2,\cdots,X_n$ 是来自总体 X 的一个样本, 且 $X\sim P(\lambda)$, 求 $P\{X=0\}$ 的极大似然估计.

(2) 已知一个扳道员在 5 年内所引起的严重事故的次数服从泊松分布, 求一个扳道员在 5 年内未引起严重事故的概率 p 的极大似然估计. 使用下列 122 个观察值(见表 7-3), 其中 r 表示某 5 年内扳道员所引起严重事故的次数, s 表示观察到的扳道员人数.

表 7 - 3

r	0	1	2	3	4	5
s	44	42	21	9	4	2

5. 设 $\hat{\theta}$ 是参数 θ 的无偏估计,且 $D(\hat{\theta}) > 0$,试证: $\hat{\theta}^2$ 不是 θ^2 的无偏估计.

6. 设从均值为 μ、方差 $\sigma^2 > 0$ 的总体中,分别取样本容量为 n_1, n_2 的两独立样本, $\overline{X}_1, \overline{X}_2$ 分别为两样本的均值,试证:对于任意的常数 $a, b(a+b=1)$, $Y = a\overline{X}_1 + b\overline{X}_2$ 都是 μ 的无偏估计,并确定常数 a, b,使得 $D(Y)$ 最小.

7. 设有 k 台仪器,已知用第 i 台测量时,测定值总体的标准差为 $\sigma_i (i = 1, 2, \cdots, k)$. 用这些仪器独立观测某一物理量 θ,其观测结果分别为 $X_1, X_2, \cdots, X_k$,假设 $E(X_i) = \theta (i = 1, 2, \cdots, k)$,问: $a_1, a_2, \cdots, a_k$ 取何值时,才能使得 $\hat{\theta} = \sum\limits_{i=1}^{k} a_i X_i$ 是 θ 的无偏估计,并且使得 $D(\hat{\theta})$ 最小?

8. 从相互独立的总体 $N(\mu_1, \sigma^2), N(\mu_2, \sigma^2)$ 中分别抽取样本容量为 n_1, n_2 的两个样本,其样本方差分别为 S_1^2, S_2^2. 试证:对于任意常数 $a, b(a+b=1)$, $Z = aS_1^2 + bS_2^2$ 都是 σ^2 的无偏估计,并确定常数 a, b,使得 $D(Z)$ 达到最小.

9. 设 $X_1, X_2, \cdots, X_n$ 是来自正态总体 $N(\mu, \sigma^2)$ 的一个样本, σ^2 的估计形式为 $\hat{\sigma}^2 = C \sum\limits_{i=1}^{n} \left(X_i - \overline{X} \right)^2$,试确定常数 C,使得 $E\left[(\hat{\sigma}^2 - \sigma^2)^2 \right]$ 最小.

10. 设某种清漆的干燥时间(单位: h)服从正态分布 $N(\mu, \sigma^2)$. 随机抽取 9 个样品,测得干燥时间分别为 6.0, 5.7, 5.8, 6.5, 7.0, 6.3, 5.6, 6.1, 5.0,求在以下两种情形中 μ 的置信度为 0.95 的单侧置信上限:

(1) $\sigma = 0.6$;　　(2) σ 未知.

11. 分别用金球和铂球来测定引力常数(单位: $10^{-11} m^3 \cdot kg^{-1} \cdot s^{-2}$),测定结果如下:

(1) 用金球的测定值为 6.683, 6.676, 6.678, 6.679, 6.672;

(2) 用铂球的测定值为 6.661, 6.667, 6.667, 6.664.

设测定值总体服从正态分布 $N(\mu, \sigma^2)$, μ, σ^2 均未知,试就(1),(2)两种情形分别求 μ 的置信度为 0.90 的置信区间和 σ^2 的置信度为 0.90 的置信区间.

12. 设两位化验员 A, B 独立地对某种物质的含氯量用相同的方法各测定 10 次,测得样本方差分别为 $s_A^2 = 0.541\,9$, $s_B^2 = 0.606\,6$. 假设两测定值总体相互独立,且分别服从正态分布 $N(\mu_A, \sigma_A^2)$ 和 $N(\mu_B, \sigma_B^2)$,求 $\dfrac{\sigma_A^2}{\sigma_B^2}$ 的置信度为 0.95 的置信区间.

13. 设总体 X 的概率密度为

$$f(x, \theta) = \begin{cases} \dfrac{1}{2\theta}, & 0 < x < \theta, \\[2mm] \dfrac{1}{2(1-\theta)}, & \theta \leqslant x < 1, \\[2mm] 0, & \text{其他.} \end{cases}$$

其中参数 $\theta(0 < \theta < 1)$ 未知, $X_1, X_2, \cdots, X_n$ 是来自总体 X 的一个样本, $\overline{X}$ 是样本均值.

(1) 求参数 θ 的矩估计 $\hat{\theta}$;

(2) 判断 $4\overline{X}^2$ 是否为 θ^2 的无偏估计,并说明理由.

14. 设随机变量 X 的分布函数为

$$F(x, \alpha, \beta) = \begin{cases} 1 - \left(\dfrac{\alpha}{x} \right)^{\beta}, & x > \alpha, \\[2mm] 0, & \text{其他.} \end{cases}$$

其中参数 $\alpha > 0, \beta > 1$, $X_1, X_2, \cdots, X_n$ 为来自总体 X 的一个样本,求:

(1) 当 $\alpha = 1$ 时,未知参数 β 的矩估计;

(2) 当 $\alpha = 1$ 时,未知参数 β 的极大似然估计;

(3) 当 $\beta = 2$ 时,未知参数 α 的极大似然估计.

第8章

假 设 检 验

假设检验作为统计推断的另一基本方法，有着广泛的应用. 本章将介绍它的基本思想和方法，其中包括正态总体的参数假设检验（U 检验，T 检验）和分布拟合检验（χ^2 检验）.

§8.1　假设检验的基本概念

8.1.1　假设检验问题

在实际问题中，不仅需要解决定量问题，有时还需要解决定性问题. 例如，判断一枚硬币是否均匀，某一次考试成绩是否服从正态分布等. 对于这类问题，都可以把它抽象为以下假设检验问题：设总体 X 具有分布函数 $F(x)$，$F_0(x)$ 为一已知分布函数. 首先，提出一种假设：$F(x) = F_0(x)$，记为 $H_0 : F(x) = F_0(x)$；然后，根据样本观察值判断是接受假设 H_0 还是拒绝假设 H_0. 这里 H_0 称为**原假设**（或**零假设**）.

总体 X 的分布函数 $F(x)$ 可能完全未知，也可能类型已知而参数未知. 在这两种情形下，我们所要做的假设也不同.

（1）$F(x)$ 类型已知，参数未知，记为 $F(x, \theta)(\theta \in \Theta)$. 在这种情形下，就可简化为对参数 θ 提出假设. 例如，假设 $\theta = \theta_0$，或假设 $\theta \neq \theta_0$，记为

$$H_0 : \theta = \theta_0, \quad H_1 : \theta \neq \theta_0,$$

其中 H_1 称为**备选假设**. 又如，假设 $\theta = \theta_0$，或假设 $\theta > \theta_0$，记为

$$H_0 : \theta = \theta_0, \quad H_1 : \theta > \theta_0.$$

拒绝原假设 H_0（接受备选假设 H_1），或接受原假设 H_0（拒绝备选假设 H_1）是我们要做出的判断.

（2）$F(x)$ 完全未知. 在这种情形下，仅对 $F(x)$ 提出假设. 例如，假设 $F(x)$ 为正态分布函数，记为

$$H_0 : F(x) \text{ 为正态分布函数}.$$

又如，假设 $F(x)$ 的某数字特征为 μ_0（μ_0 为一已知常数），记为

$$H_0 : F(x) \text{ 的某数字特征为 } \mu_0 \quad (\mu_0 \text{ 为一已知常数}).$$

8.1.2　拒绝域及两类错误

在提出假设 H_0 及备选假设 H_1 后，就需要抽取样本，构造合适的统计量，根据样本做出判断：

是拒绝 H_0,还是接受 H_0.

设 $X_1,X_2,\cdots,X_n$ 是来自总体 X 的一个样本,记为 $X'=(X_1,X_2,\cdots,X_n)$. 找到一个合适的集合 $C(C\subseteq \mathbf{R}^n)$,当样本的观察值 $x'=(x_1,x_2,\cdots,x_n)$ 落在 C 内,即 $x'\in C$ 时,拒绝 H_0;否则,接受 H_0(若 x' 落在 C 的边界上,则不能判断). 这里的集合 C 称为**拒绝域**. 对于一个假设,只要给出了拒绝域,便可以做出判断. 但由抽样的随机性可知,我们所做出的判断并不是百分之百正确的,存在以下两种误判(见表 8-1):(1) H_0 为真,却拒绝 H_0;(2) H_0 不真,却接受 H_0. 前者称为犯**第一类错误**,也称为**弃真错误**,后者称为犯**第二类错误**,也称为**取伪错误**. 设犯第一类错误的概率为 α,并将犯第一类错误的最大概率 α 称为假设检验的**显著性水平**,犯第二类错误的概率为 β.

表 8-1

判断	实际	
	H_0 为真	H_0 不真
拒绝 H_0	犯第一类错误	正确
接受 H_0	正确	犯第二类错误

这两类错误都是不可避免的,但我们希望犯这两类错误的概率越小越好. 遗憾的是,当样本容量固定时,使 α 减小 β 就增大,使 β 减小 α 就增大. 为了简便,在实际问题中,总是控制犯第一类错误的概率 α(通常取显著性水平 α 为 0.05,0.01 等),而忽略犯第二类错误的概率,即

$$P\{拒绝\ H_0\mid H_0\ 为真\}\leqslant \alpha$$

或

$$P\{X'\in C\mid H_0\ 为真\}\leqslant \alpha. \tag{8.1.1}$$

由式(8.1.1)可确定拒绝域 C.

8.1.3　假设检验的步骤

综上所述,处理假设检验问题的步骤如下:

(1) 根据实际问题的要求,提出假设 H_0 及备选假设 H_1;

(2) 选取适当的显著性水平 α 以及样本容量 n;

(3) 由式(8.1.1)确定拒绝域 C;

(4) 根据样本的观察值做出判断,是接受 H_0 还是拒绝 H_0.

8.1.4　假设检验的基本思想

由上述步骤做出判断的理论依据是小概率事件原理,即小概率事件在一次试验中几乎不可能发生的. 设有某假设 H_0 需要检验. 首先,假设 H_0 是正确的,在此假设下,构造一个事件 A,使得它在 H_0 为真的条件下发生的概率很小,如 $P\{A\mid H_0\ 为真\}=0.05$;然后,进行一次试验,若事件 A 真的发生了,这就不能不使人怀疑假设 H_0 的正确性,因此有理由拒绝 H_0.

式(8.1.1)中的 α 通常很小(如 0.05,0.01 等),故事件 $\{X'\in C\mid H_0\ 为真\}$ 为一小概率事件,当样本的观察值 $x'\in C$ 时,说明小概率事件在这次试验中发生了,根据小概率事件原理,有理由认为 H_0 不真,故做出拒绝 H_0 的判断.

此外,同参数的区间估计一样,由式(8.1.1)所确定的 C 并不是唯一的,在此不对拒绝域 C 做一般性的讨论.

§8.2 单个正态总体的参数检验

设 $X_1, X_2, \cdots, X_n$ 是来自正态总体 $X \sim N(\mu, \sigma^2)$ 的一个样本，$\overline{X}, S^2$ 分别为其样本均值与样本方差，$x_1, x_2, \cdots, x_n$ 为其样本观察值，$\overline{X}, S^2$ 的观察值分别为 $\overline{x}, s^2$.

8.2.1 总体 $N(\mu, \sigma^2)$ 均值 μ 的假设检验

1. σ^2 已知（U 检验）

（1）μ_0 为已知常数，检验假设：

$$H_0: \mu = \mu_0, \quad H_1: \mu \neq \mu_0.$$

由于 $\overline{X} \xrightarrow{P} \mu$，因此 μ 与 μ_0 的关系可通过 $\overline{X}$ 与 μ_0 的关系来推断. 对于某一次试验，若 $|\overline{x} - \mu_0|$ 很大，就有理由怀疑假设 H_0 的正确性，从而拒绝 H_0. 而 $|\overline{X} - \mu_0|$ 很大，可用一个待定常数 k，并由 $\dfrac{|\overline{X} - \mu_0|}{\sigma/\sqrt{n}} > k$ 来刻画，即拒绝域有如下形式：

$$C = \left\{ x' = (x_1, x_2, \cdots, x_n) \,\middle|\, \frac{|\overline{X} - \mu_0|}{\sigma/\sqrt{n}} > k \right\}.$$

下面来确定常数 k. 对于给定的显著性水平 α，由式（8.1.1）（取等号）可知

$$P = \left\{ \frac{|\overline{X} - \mu_0|}{\sigma/\sqrt{n}} > k \,\middle|\, H_0 \text{ 为真} \right\} = \alpha,$$

即

$$P = \left\{ \frac{|\overline{X} - \mu_0|}{\sigma/\sqrt{n}} > k \,\middle|\, \mu = \mu_0 \right\} = \alpha. \tag{8.2.1}$$

由于 $\overline{X} \sim N\left(\mu, \dfrac{\sigma^2}{n}\right)$，所以有 $U = \dfrac{|\overline{X} - \mu|}{\sigma/\sqrt{n}} \sim N(0,1)$. 故当 H_0 为真，即 $\mu = \mu_0$ 时，有 $\dfrac{|\overline{X} - \mu_0|}{\sigma/\sqrt{n}} \sim N(0,1)$，则式（8.2.1）变为

$$P\left\{ \frac{|\overline{X} - \mu_0|}{\sigma/\sqrt{n}} > k \right\} = \alpha. \tag{8.2.2}$$

由标准正态分布的双侧 α 分位点的定义可知 $k = z_{\frac{\alpha}{2}}$（见图 8-1）. 因此，当样本的观察值满足：

① $\dfrac{|\overline{x} - \mu_0|}{\sigma/\sqrt{n}} > z_{\frac{\alpha}{2}}$ 时，拒绝 H_0；

② $\dfrac{|\overline{x} - \mu_0|}{\sigma/\sqrt{n}} < z_{\frac{\alpha}{2}}$ 时，接受 H_0；

③ $\dfrac{|\overline{x} - \mu_0|}{\sigma/\sqrt{n}} = z_{\frac{\alpha}{2}}$ 时，需进一步抽样试验.

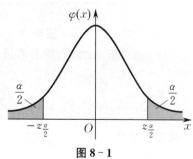

图 8-1

例 8.2.1

某车间用一台包装机包装物品，包装后物品的重量（单位：kg）是一随机变量，它服从正态分

布. 当包装机正常工作时, 其均值为 $0.5\,\mathrm{kg}$, 标准差为 $0.015\,\mathrm{kg}$. 某日开工后随机抽取 9 袋物品, 测得重量如下:

$$0.497,\quad 0.506,\quad 0.518,\quad 0.524,\quad 0.498,\quad 0.511,\quad 0.520,\quad 0.515,\quad 0.512.$$

问: 这一日包装机工作是否正常 (取显著性水平 $\alpha = 0.05$)?

解　设包装后物品的重量 $X \sim N(\mu, \sigma^2)$, 检验包装机工作是否正常, 就是检验是否有 $\mu = \mu_0 = 0.5$. 由题设可知 $\sigma^2 = 0.015^2$, 计算 9 个观察值, 得 $\bar{x} \approx 0.511$. 对于给定的显著性水平 α, 查附表 1 得 $z_{\frac{\alpha}{2}} = z_{0.025} = 1.96$, 而

$$\frac{|\bar{x} - \mu_0|}{\sigma / \sqrt{n}} = \frac{0.011}{0.015 / \sqrt{9}} = 2.2,$$

可见 $\dfrac{|\bar{x} - \mu_0|}{\sigma / \sqrt{n}} > z_{\frac{\alpha}{2}}$, 故应拒绝 H_0, 即这一日包装机工作不正常.

(2) μ_0 为已知常数, 检验假设:

$$H_0 : \mu = \mu_0,\quad H_1 : \mu > \mu_0.$$

与 (1) 的讨论类似, 由 $\overline{X} \xrightarrow{P} \mu$, 若某次试验的 $\bar{x}$ 比 μ_0 大很多, 即 $\dfrac{\bar{x} - \mu_0}{\sigma / \sqrt{n}} > k$ (k 为待定常数),

则拒绝 H_0. 故由式 (8.1.1) (取等号) 可知, 对于给定的显著性水平 α, 有

$$P = \left\{ \frac{\overline{X} - \mu_0}{\sigma / \sqrt{n}} > k \,\middle|\, H_0 \text{ 为真} \right\} = \alpha,\quad \text{即}\quad P = \left\{ \frac{\overline{X} - \mu_0}{\sigma / \sqrt{n}} > k \,\middle|\, \mu = \mu_0 \right\} = \alpha.$$

由标准正态分布的上 α 分位点的定义可知 $k = z_\alpha$ (见图 8-2). 因此, 当样本的观察值满足:

① $\dfrac{\bar{x} - \mu_0}{\sigma / \sqrt{n}} > z_\alpha$ 时, 拒绝 H_0;

② $\dfrac{\bar{x} - \mu_0}{\sigma / \sqrt{n}} < z_\alpha$ 时, 接受 H_0;

③ $\dfrac{\bar{x} - \mu_0}{\sigma / \sqrt{n}} = z_\alpha$ 时, 需进一步抽样试验.

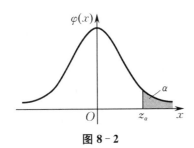
图 8-2

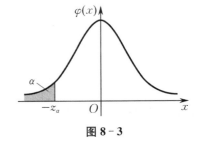
图 8-3

(3) μ_0 为已知常数, 检验假设:

$$H_0 : \mu = \mu_0,\quad H_1 : \mu < \mu_0.$$

与 (2) 的讨论类似, 易知 $P\left\{ \dfrac{\overline{X} - \mu_0}{\sigma / \sqrt{n}} < k \,\middle|\, \mu = \mu_0 \right\} = \alpha$, 且 $k = -z_\alpha$ (见图 8-3). 因此, 当样本的观察值满足:

① $\dfrac{\bar{x} - \mu_0}{\sigma / \sqrt{n}} < -z_\alpha$ 时, 拒绝 H_0;

② $\dfrac{\bar{x} - \mu_0}{\sigma / \sqrt{n}} > -z_\alpha$ 时, 接受 H_0;

③ $\dfrac{\overline{x}-\mu_0}{\sigma/\sqrt{n}}=-z_\alpha$ 时,需进一步抽样试验.

例 8.2.2

某工厂生产的某种燃料,它的燃烧率(单位:cm/s)服从正态分布 $N(\mu,\sigma^2)$,$\mu=40$,$\sigma=2$. 现用新方法生产了一批燃料,从中随机抽取25只,测得燃烧率的样本均值为$\overline{x}=41.25$,在新方法下 $\sigma=2$(不变),问:新方法较旧方法是否使得燃料的燃烧率显著提高(取显著性水平 $\alpha=0.05$)?

解　提出假设:

$$H_0:\mu=40(没有差别),\quad H_1:\mu>40(提高了燃烧率).$$

查附表1,得 $z_{0.05}=1.645$,经计算,得 $\dfrac{\overline{x}-\mu_0}{\sigma/\sqrt{n}}=3.125$. 由于 $\dfrac{\overline{x}-\mu_0}{\sigma/\sqrt{n}}>z_\alpha$,故应拒绝 H_0,接受 H_1,即认为新方法使得燃料的燃烧率有了显著提高.

注:对于例 8.2.2,看起来提出如下假设:

$$H_0:\mu\leqslant\mu_0,\quad H_1:\mu>\mu_0\quad(\mu_0=40)$$

更好一些,但由于计算犯第一类错误的概率稍复杂,况且我们所关心的仅仅是:是否 $\mu>\mu_0$,而对于 $\mu<\mu_0$ 还是 $\mu=\mu_0$ 并不感兴趣,因而提出 $H_0:\mu=\mu_0$,$H_1:\mu>\mu_0$ 的假设. 类似的问题在习题中还会遇到.

由以上的讨论可知,当 σ^2 已知时,都用统计量

$$U=\dfrac{\overline{X}-\mu_0}{\sigma/\sqrt{n}}$$

来确定拒绝域. 这种用正态变量作为检验统计量的假设检验方法称为 **U 检验法**.

2. σ^2 未知(T 检验)

设 μ_0 为已知常数,检验假设:

$$H_0:\mu=\mu_0,\quad H_1:\mu\neq\mu_0.$$

与 σ^2 为已知的情形类似,拒绝域也应具有 $|\overline{X}-\mu_0|>k(k$ 为待定常数$)$ 的形式. 但由于 σ^2 未知,故不能用 $\dfrac{\overline{X}-\mu_0}{\sigma/\sqrt{n}}>k$ 来确定拒绝域. 考虑到样本方差 S^2 是 σ^2 的无偏估计,故这一问题可用 S^2 代替 σ^2 来解决. 我们知道,

$$T=\dfrac{\overline{X}-\mu_0}{S/\sqrt{n}}\sim t(n-1),$$

所以对于给定的显著性水平 α,k 可由下式确定(见图 8-4):

$$P=\left\{\dfrac{|\overline{X}-\mu_0|}{S/\sqrt{n}}>k\Big|\mu=\mu_0\right\}=\alpha.$$

由 t 分布的双侧 α 分位点的定义可知 $k=t_{\frac{\alpha}{2}}(n-1)$. 因此,当样本的观察值满足:

① $\dfrac{|\overline{x}-\mu_0|}{s/\sqrt{n}}>t_{\frac{\alpha}{2}}(n-1)$ 时,拒绝 H_0;

② $\dfrac{|\overline{x}-\mu_0|}{s/\sqrt{n}}<t_{\frac{\alpha}{2}}(n-1)$ 时,接受 H_0;

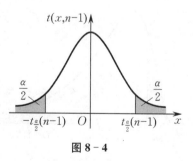

图 8-4

③ $\dfrac{|\overline{x}-\mu_0|}{s/\sqrt{n}} = t_{\frac{\alpha}{2}}(n-1)$ 时,需进一步抽样试验.

对于另外两种形式(类似情形 1 中的(2),(3))的假设,处理方法同上.只要在 σ^2 已知时,所得结论中的 $\sigma, z_\alpha, -z_\alpha$ 分别用 $S, t_\alpha(n-1), -t_\alpha(n-1)$ 代替即可.

由以上的讨论可知,当 σ^2 未知时,都用统计量 $T = \dfrac{\overline{X}-\mu_0}{S/\sqrt{n}}$ 来确定拒绝域.这种假设检验方法称为 T **检验法**.

例 8.2.3

某元件的寿命(单位:h)服从正态分布 $N(\mu,\sigma^2)$, σ^2 未知.现测得 16 个元件寿命如下:

$$159,\quad 280,\quad 101,\quad 212,\quad 224,\quad 379,\quad 179,\quad 264,$$
$$222,\quad 362,\quad 168,\quad 250,\quad 149,\quad 260,\quad 485,\quad 170.$$

问:可否认为此元件的平均寿命大于 225 h(取显著性水平 $\alpha = 0.05$)?

解　提出假设:$H_0:\mu = 225, H_1:\mu > 225$.

查附表 4,得 $t_{0.05}(15) = 1.753\,1$,计算得 $\overline{x} = 241.5, s \approx 98.725\,9$,故

$$\frac{\overline{x}-\mu_0}{s/\sqrt{n}} = \frac{16.5}{98.725\,9/\sqrt{16}} \approx 0.668\,5 < t_{0.05}(15).$$

因此认为此元件的平均寿命不大于 225 h.

8.2.2　总体 $N(\mu,\sigma^2)$ 方差 σ^2 的假设检验

设 μ 未知, σ_0 为已知常数,检验假设:

$$H_0:\sigma^2 = \sigma_0^2, \quad H_1:\sigma^2 \neq \sigma_0^2.$$

对于正态总体, $S^2 \xrightarrow{P} \sigma^2$. 当 H_0 为真时,比值 $\dfrac{S^2}{\sigma_0^2}$ 在 1 左右.如果通过某次试验得出 $\dfrac{s^2}{\sigma_0^2}$ 离 1 很远,那么就有理由拒绝 H_0.故拒绝域应有如下形式:

$$\frac{(n-1)S^2}{\sigma_0^2} > k_2 \quad 或 \quad \frac{(n-1)S^2}{\sigma_0^2} < k_1 \quad (k_1, k_2\ 为待定常数).$$

由于 $\chi^2 = \dfrac{(n-1)S^2}{\sigma^2} \sim \chi^2(n-1)$,因此对于给定的显著性水平 α, k_1, k_2 可由下式确定:

$$P\left\{\left.\left(\frac{(n-1)S^2}{\sigma^2} > k_2\right) \cup \left(\frac{(n-1)S^2}{\sigma^2} < k_1\right)\right| \sigma^2 = \sigma_0^2\right\} = \alpha,$$

即

$$P\left\{k_1 < \frac{(n-1)S^2}{\sigma_0^2} < k_2\right\} = 1-\alpha.$$

为了方便,可取(见图 8-5)

$$k_1 = \chi_{1-\frac{\alpha}{2}}^2(n-1), \quad k_2 = \chi_{\frac{\alpha}{2}}^2(n-1),$$

图 8-5

于是得到拒绝域为

$$\frac{(n-1)S^2}{\sigma_0^2} > \chi_{\frac{\alpha}{2}}^2(n-1) \quad 或 \quad \frac{(n-1)S^2}{\sigma_0^2} < \chi_{1-\frac{\alpha}{2}}^2(n-1).$$

例 8.2.4

某工厂生产某种型号的电池,长期以来电池的寿命(单位:h)服从 $\sigma^2 = 5\,000$ 的正态分布.现随机抽取 26 个电池,测得 $s^2 = 9\,200$,由此能否判断电池寿命的波动性较以往有显著变化(取显著性水平 $\alpha = 0.02$)?

解 提出假设:

$$H_0:\sigma^2 = 5\,000, \quad H_1:\sigma^2 \neq 5\,000.$$

查附表 3 得 $\chi^2_{\frac{\alpha}{2}}(n-1) = \chi^2_{0.01}(25) = 44.314, \chi^2_{1-\frac{\alpha}{2}}(n-1) = \chi^2_{0.99}(25) = 11.524$,计算得

$$\frac{(n-1)s^2}{\sigma_0^2} = \frac{25 \times 9\,200}{5\,000} = 46.$$

由于 $\frac{(n-1)s^2}{\sigma_0^2} > \chi^2_{\frac{\alpha}{2}}(n-1)$,故拒绝 H_0,即认为电池寿命的波动性较以往有显著变化.

对于 $H_0:\sigma^2 = \sigma_0^2, H_1:\sigma^2 > \sigma_0^2$ 与 $H_0:\sigma^2 = \sigma_0^2, H_1:\sigma^2 < \sigma_0^2$ 这两种形式的假设,处理方法与 μ 的假设检验的(2),(3)两种情形类似,所不同的是用统计量 $\frac{(n-1)S^2}{\sigma_0^2}$ 来确定拒绝域.

对于正态总体 $N(\mu,\sigma^2)$ 方差 σ^2 的假设检验,如果 μ 已知,那么还可考虑统计量 $\dfrac{\sum\limits_{i=1}^{n}(X_i-\mu)^2}{\sigma_0^2}$,而 $\dfrac{\sum\limits_{i=1}^{n}(X_i-\mu)^2}{\sigma_0^2} \sim \chi^2(n)$.具体过程此处不再详述.

上述检验法所用的统计量服从 χ^2 分布,所以也称该检验法为 χ^2 **检验法**.

为了方便起见,本节有关结论汇总如表 8-2 所示.

表 8-2

原假设 H_0	备选假设 H_1	检验统计量	当 H_0 为真时统计量的分布	拒绝域
$\mu = \mu_0$ (σ^2 已知)	$\mu \neq \mu_0$ $\mu > \mu_0$ $\mu < \mu_0$	$U = \dfrac{\overline{X} - \mu_0}{\sigma/\sqrt{n}}$	$N(0,1)$	$\|U\| > z_{\frac{\alpha}{2}}$ $U > z_\alpha$ $U < -z_\alpha$
$\mu = \mu_0$ (σ^2 未知)	$\mu \neq \mu_0$ $\mu > \mu_0$ $\mu < \mu_0$	$T = \dfrac{\overline{X} - \mu_0}{S/\sqrt{n}}$	$t(n-1)$	$\|T\| > t_{\frac{\alpha}{2}}(n-1)$ $T > t_\alpha(n-1)$ $T < -t_\alpha(n-1)$
$\sigma^2 = \sigma_0^2$ (μ 未知)	$\sigma^2 \neq \sigma_0^2$ $\sigma^2 > \sigma_0^2$ $\sigma^2 < \sigma_0^2$	$\chi^2 = \dfrac{(n-1)S^2}{\sigma_0^2}$	$\chi^2(n-1)$	$\chi^2 > \chi^2_{\frac{\alpha}{2}}(n-1)$ 或 $\chi^2 < \chi^2_{1-\frac{\alpha}{2}}(n-1)$ $\chi^2 > \chi^2_\alpha(n-1)$ $\chi^2 < \chi^2_{1-\alpha}(n-1)$

习题 8.2

1. 某测量仪在测量 500 m 范围内的距离时,其测量精度 $\sigma = 10$ m. 今用它对距离 500 m 的目标进行测量,共测量 9 次,得到平均距离 $\overline{x} = 510$ m,问:该测量仪是否存在系统误差(取显著性水平 $\alpha = 0.05$)?

2. 已知某种产品重量(单位:g)$X \sim N(12,1)$,更新设备后,从新生产的产品中随机抽取100个,测得样本均值 $\bar{x} = 12.5$. 若方差没有变化,问:设备更新后,产品的平均重量是否有显著变化(取显著性水平 $\alpha = 0.1$)?

3. 某厂生产一种灯管,其寿命(单位:h)$X \sim N(\mu,200^2)$,从过去经验看,$\mu \leqslant 1\,500$. 今采用新工艺进行生产后,再从产品中随机抽取25个进行测试,得到寿命的平均值为 $1\,675$ h,问:采用新工艺后,灯管质量是否有显著提高(取显著性水平 $\alpha = 0.05$)?

4. 某木材的小头直径(单位:cm)$X \sim N(\mu,\sigma^2)$,$\mu \geqslant 12$ 为合格. 今抽出12根,测得小头直径的样本均值 $\bar{x} = 11.2$,样本方差为 $s^2 = 1.44$. 问:该批木材是否合格(取显著性水平 $\alpha = 0.05$)?

5. 按规定,100 g罐头番茄汁中维生素C的平均含量不得少于21 mg. 现从工厂的产品中抽取17个罐头,其100 g番茄汁中,测得维生素C含量(单位:mg)记录如下:

   16,　25,　21,　20,　23,　21,　19,　15,　13,　23,　17,　20,　29,　18,　22,　16,　22.

设维生素C的含量服从正态分布 $N(\mu,\sigma^2)$,μ,σ^2 均未知,问:这批罐头是否符合要求(取显著性水平 $\alpha = 0.05$)?

6. 已知纤维尼纶纤度(单位:丹尼尔)在正常条件下服从正态分布 $N(1.405,(0.048)^2)$. 某日抽取5根纤维,测得其纤度为

$$1.32, \quad 1.55, \quad 1.36, \quad 1.40, \quad 1.44.$$

问:这一天纤度的总体标准差是否正常(取显著性水平 $\alpha = 0.05$)?

7. 某类钢板的质量指标平均服从正态分布,它的制造规格规定,钢板质量(单位:kg)的方差不得超过 $\sigma_0^2 = 0.016$. 已知一个由25块这类钢板组成的随机样本给出的样本方差为0.025. 问:是否能从这些数据得出钢板不合规格的结论(取显著性水平 $\alpha = 0.1$)?

§8.3　两个正态总体的参数检验

设有两相互独立的正态总体 $X \sim N(\mu_1,\sigma_1^2)$,$Y \sim N(\mu_2,\sigma_2^2)$,$X_1,X_2,\cdots,X_{n_1}$ 与 $Y_1,Y_2,\cdots,Y_{n_2}$ 分别是来自总体 X 与 Y 的两个样本,$\bar{X},\bar{Y}$ 与 S_X^2,S_Y^2 分别为它们的样本均值与样本方差.

8.3.1　两个总体均值的假设检验

1. σ_1^2,σ_2^2 已知

取显著性水平为 α,仅讨论以下三种假设中的假设(1).

(1) $H_0:\mu_1 = \mu_2$,$H_1:\mu_1 \neq \mu_2$;

(2) $H_0:\mu_1 = \mu_2$,$H_1:\mu_1 > \mu_2$;

(3) $H_0:\mu_1 = \mu_2$,$H_1:\mu_1 < \mu_2$.

由于 $\bar{X}-\bar{Y} \xrightarrow{P} \mu_1-\mu_2$,因此若某次试验的 $|\bar{x}-\bar{y}|$ 很大,则有理由怀疑假设 H_0 的正确性,从而拒绝 H_0. 故可以考虑如下形式的拒绝域:

$$\frac{|\bar{X}-\bar{Y}|}{\sqrt{\dfrac{\sigma_1^2}{n_1}+\dfrac{\sigma_2^2}{n_2}}} > k \quad (k\text{ 为待定常数}).$$

由抽样分布理论可知,

$$\frac{\bar{X}-\bar{Y}-(\mu_1-\mu_2)}{\sqrt{\dfrac{\sigma_1^2}{n_1}+\dfrac{\sigma_2^2}{n_2}}} \sim N(0,1),$$

所以 k 可由下式确定:

$$P\left\{\frac{|\overline{X}-\overline{Y}|}{\sqrt{\frac{\sigma_1^2}{n_1}+\frac{\sigma_2^2}{n_2}}}>k\,\middle|\,\mu_1=\mu_2\right\}=\alpha.$$

易知 $k=z_{\frac{\alpha}{2}}$,所以拒绝域为

$$\frac{|\overline{X}-\overline{Y}|}{\sqrt{\frac{\sigma_1^2}{n_1}+\frac{\sigma_2^2}{n_2}}}>z_{\frac{\alpha}{2}}.$$

2. $\sigma_1^2=\sigma_2^2=\sigma^2$ **未知**

仅讨论上述三种假设中的假设(2).

由抽样分布理论可知,

$$T=\frac{\overline{X}-\overline{Y}-(\mu_1-\mu_2)}{S_w\sqrt{\frac{1}{n_1}+\frac{1}{n_2}}}\sim t(n_1+n_2-2),$$

其中 $S_w^2=\dfrac{(n_1-1)S_X^2+(n_2-1)S_Y^2}{n_1+n_2-2}$.

同上文中的讨论类似,该假设的拒绝域应有以下形式:

$$\frac{\overline{X}-\overline{Y}}{S_w\sqrt{\frac{1}{n_1}+\frac{1}{n_2}}}>k,$$

其中 k 由下式确定:

$$P\left\{\frac{\overline{X}-\overline{Y}}{S_w\sqrt{\frac{1}{n_1}+\frac{1}{n_2}}}>k\,\middle|\,\mu_1=\mu_2\right\}=\alpha.$$

由于在 $\mu_1=\mu_2$ 条件下,$\dfrac{\overline{X}-\overline{Y}}{S_w\sqrt{\frac{1}{n_1}+\frac{1}{n_2}}}\sim t(n_1+n_2-2)$,故可求得 $k=t_\alpha(n_1+n_2-2)$. 因此,

对于显著性水平 α,拒绝域为

$$\frac{\overline{X}-\overline{Y}}{S_w\sqrt{\frac{1}{n_1}+\frac{1}{n_2}}}>t_\alpha(n_1+n_2-2).$$

例 8.3.1 ════════════════════

用方法 A,B 在同一台平炉上各炼 10 炉钢(假设外部条件相同),测得得钢率(单位:%)如下:

方法 A:79.1,　81.0,　77.3,　79.1,　80.0,　79.1,　79.1,　77.3,　80.2,　82.1;

方法 B:78.1,　72.4,　76.2,　74.3,　77.4,　78.4,　76.0,　75.5,　76.7,　77.3.

设两样本分别来自正态总体 $N(\mu_1,\sigma_1^2)$ 和 $N(\mu_2,\sigma_2^2)$,参数均未知,问:方法 A 是否优于方法 B(取显著性水平 $\alpha=0.05$)?

解　提出假设:$H_0:\mu_1=\mu_2,H_1:\mu_1>\mu_2$.

由题设可知,

$$n_1 = n_2 = 10, \quad \overline{x} = 79.43, \quad s_A^2 \approx 2.225, \quad \overline{y} = 76.23, \quad s_B^2 \approx 3.325.$$

计算得 $s_w^2 = \dfrac{9s_A^2 + 9s_B^2}{10 + 10 - 2} = 2.775$，查附表 4，得 $t_{0.05}(18) = 1.734\,1$．又

$$\frac{\overline{x} - \overline{y}}{s_w \sqrt{\dfrac{1}{n_1} + \dfrac{1}{n_2}}} \approx 4.295 > t_{0.05}(18),$$

故拒绝原假设 H_0，即认为方法 A 优于方法 B．

例 8.3.2

有两台设备 I_X 和 I_Y，用它们来测量材料中某种金属的含量（单位：％），为鉴定其测量结果有无显著差异，准备了 9 块试块（它们的成分、金属含量各不相同），测得数据如表 8-3 所示，问：这两台设备的测量结果有无显著差异（取显著性水平 $\alpha = 0.01$）？

表 8-3

X	0.20	0.30	0.40	0.50	0.60	0.70	0.80	0.90	1.00
Y	0.10	0.21	0.52	0.32	0.78	0.59	0.68	0.77	0.89
$d = X - Y$	0.10	0.09	-0.12	0.18	-0.18	0.11	0.12	0.13	0.11

解 不难发现，X, Y 两组数据不是来自同一总体，而同一对数据 (X, Y) 却是两台设备对于同一试块测量的结果，它们的差 $d = X - Y$ 反映了这两台设备对于这一试块测量的差别．因此，检验这两台设备测量结果的差异就可转化为检验这 9 对数据之差是否来自均值为 0 的正态分布 $N(0, \sigma^2)$．

提出假设：$H_0: \mu = 0, H_1: \mu \neq 0$．计算得 $|t_0| = \dfrac{|\overline{d} - 0|}{s/\sqrt{n}} < t_{\frac{\alpha}{2}}(n-1)$，其中 $n = 9, t_{0.005}(8) = 3.355\,4, \overline{d} = 0.06, s = 0.122\,7$．故接受 H_0，即认为两台设备测量结果无显著差异．

8.3.2　两个总体方差的假设检验

设两正态总体的均值 μ_1 与 μ_2 均未知，检验假设：

$$H_0: \sigma_1^2 = \sigma_2^2, \quad H_1: \sigma_1^2 \neq \sigma_2^2.$$

由于 $\dfrac{S_X^2}{S_Y^2} \xrightarrow{P} \dfrac{\sigma_1^2}{\sigma_2^2}$，因此若某次试验的 $\dfrac{s_X^2}{s_Y^2}$ 离 1 很远，则有理由拒绝假设 H_0．故该假设的拒绝域应有以下形式：

$$\frac{S_X^2}{S_Y^2} > k_2 \quad \text{或} \quad \frac{S_X^2}{S_Y^2} < k_1 \quad (k_1, k_2 \text{ 为待定常数}).$$

又由于

$$\frac{(n_1 - 1)S_X^2 / \sigma_1^2 (n_1 - 1)}{(n_2 - 1)S_Y^2 / \sigma_2^2 (n_2 - 1)} = \frac{S_X^2 / \sigma_1^2}{S_Y^2 / \sigma_2^2} \sim F(n_1 - 1, n_2 - 1),$$

故当 H_0 为真时，$F = \dfrac{S_X^2}{S_Y^2} \sim F(n_1 - 1, n_2 - 1)$．于是，对于给定的显著性水平 α, k_1, k_2（见图 8-6）可由下式确定：

$$P\{F > k_2 \text{ 或 } F < k_1\} = \alpha,$$

即

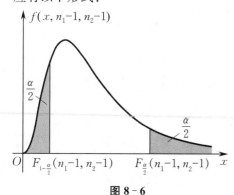

图 8-6

$$P\{k_1 < F < k_2\} = 1 - \alpha.$$

为了方便,取 $k_1 = F_{1-\frac{\alpha}{2}}(n_1 - 1, n_2 - 1)$, $k_2 = F_{\frac{\alpha}{2}}(n_1 - 1, n_2 - 1)$, 故拒绝域为

$$\frac{S_X^2}{S_Y^2} > F_{\frac{\alpha}{2}}(n_1 - 1, n_2 - 1) \quad 或 \quad \frac{S_X^2}{S_Y^2} < F_{1-\frac{\alpha}{2}}(n_1 - 1, n_2 - 1).$$

另外两种形式的假设此处不再讨论. 对于两个正态总体 $N(\mu_1, \sigma_1^2)$, $N(\mu_2, \sigma_2^2)$ 方差的假设检

验,如果 μ_1, μ_2 已知,那么还可考虑统计量 $\dfrac{\dfrac{1}{n_1}\sum\limits_{i=1}^{n_1}(X_i - \mu_1)^2}{\dfrac{1}{n_2}\sum\limits_{i=1}^{n_2}(Y_i - \mu_2)^2}$, 而 $\dfrac{\dfrac{1}{n_1}\sum\limits_{i=1}^{n_1}(X_i - \mu_1)^2}{\dfrac{1}{n_2}\sum\limits_{i=1}^{n_2}(Y_i - \mu_2)^2} \sim F(n_1, n_2)$. 具

体过程此处不再详述. 上述检验法所用的统计量服从 F 分布,所以也称该检验法为 F **检验法.**

例 8.3.3

某班有男生 61 人,女生 25 人,对他们用同一套试题进行测验,测验结果:男生成绩的标准差 $s_1 = 7.6$ 分,女生成绩的标准差 $s_2 = 7.8$ 分. 试问:男、女同学成绩的波动有无显著差异(取显著性水平 $\alpha = 0.1$)?

解　设男、女两组成绩服从正态分布 $N(\mu_1, \sigma_1^2)$ 和 $N(\mu_2, \sigma_2^2)$. 提出假设:
$$H_0 : \sigma_1^2 = \sigma_2^2, \quad H_1 : \sigma_1^2 \neq \sigma_2^2.$$

由题意可知,

$$\frac{s_1^2}{s_2^2} = \frac{(7.6)^2}{(7.8)^2} \approx 0.949,$$

$$F_{\frac{\alpha}{2}}(n_1 - 1, n_2 - 1) = F_{0.05}(60, 24) = 1.84,$$

$$F_{1-\frac{\alpha}{2}}(n_1 - 1, n_2 - 1) = F_{0.95}(60, 24) = \frac{1}{F_{0.05}(24, 60)} \approx 0.588.$$

由于 $0.588 < \dfrac{s_1^2}{s_2^2} < 1.84$,故接受假设 H_0,即认为男、女同学成绩的波动无显著差异.

为了方便起见,本节有关结论汇总如表 8-4 所示.

表 8-4

原假设 H_0	备选假设 H_1	检验统计量	当 H_0 为真时统计量的分布	拒绝域
$\mu_1 = \mu_2$ (σ_1^2, σ_2^2 已知)	$\mu_1 \neq \mu_2$ $\mu_1 > \mu_2$ $\mu_1 < \mu_2$	$U = \dfrac{\overline{X} - \overline{Y}}{\sqrt{\dfrac{\sigma_1^2}{n_1} + \dfrac{\sigma_2^2}{n_2}}}$	$N(0,1)$	$\lvert U \rvert > z_{\frac{\alpha}{2}}$ $U > z_\alpha$ $U < -z_\alpha$
$\mu_1 = \mu_2$ ($\sigma_1^2 = \sigma_2^2$ 未知)	$\mu_1 \neq \mu_2$ $\mu_1 > \mu_2$ $\mu_1 < \mu_2$	$T = \dfrac{\overline{X} - \overline{Y}}{S_w \sqrt{\dfrac{1}{n_1} + \dfrac{1}{n_2}}}$, $S_w = \dfrac{(n_1 - 1)S_X^2 + (n_2 - 1)S_Y^2}{n_1 + n_2 - 2}$	$t(n_1 + n_2 - 2)$	$\lvert T \rvert > t_{\frac{\alpha}{2}}(n_1 + n_2 - 2)$ $T > t_\alpha(n_1 + n_2 - 2)$ $T < -t_\alpha(n_1 + n_2 - 2)$
$\sigma_1^2 = \sigma_2^2$ (μ_1, μ_2 未知)	$\sigma^2 \neq \sigma_0^2$ $\sigma^2 > \sigma_0^2$ $\sigma^2 < \sigma_0^2$	$F = \dfrac{S_X^2}{S_Y^2}$	$F(n_1 - 1, n_2 - 1)$	$F > F_{\frac{\alpha}{2}}(n_1 - 1, n_2 - 1)$ 或 $F < F_{1-\frac{\alpha}{2}}(n_1 - 1, n_2 - 2)$ $F > F_\alpha(n_1 - 1, n_2 - 1)$ $F < F_{1-\alpha}(n_1 - 1, n_2 - 1)$

习题 8.3

1. 有两台机器生产金属部件,在两台机器所生产的部件中分别抽取样本容量为 $n_1 = 60, n_2 = 40$ 的两个样本,测得 $s_1^2 = 15.46, s_2^2 = 9.66$. 设两个样本相互独立,两总体分别服从正态分布 $N(\mu_1, \sigma_1^2)$ 与 $N(\mu_2, \sigma_2^2)$,试在显著性水平 $\alpha = 0.05$ 下检验假设:

$$H_0: \sigma_1^2 = \sigma_2^2, \quad H_1: \sigma_1^2 > \sigma_2^2.$$

2. 用老工艺生产的机械零件方差较大,从老工艺生产的零件中随机抽取了 25 个,测得 $s_1^2 = 6.37$. 现改用新工艺生产,也随机抽取了 25 个零件,测得 $s_2^2 = 3.19$. 设新、老工艺生产出来的零件都服从正态分布,问:新工艺的精度是否比老工艺显著变好(取显著性水平 $\alpha = 0.05$)?

3. 一名教师教 A,B 两个班级的同一门课程,从 A 班随机抽取 16 名学生,从 B 班随机抽取 26 名学生. 在同一次测验中,A 班成绩的样本标准差 $s_A = 9$ 分,B 班成绩的样本标准差 $s_B = 12$ 分. 假设 A,B 两班的测验成绩分别服从正态分布 $N(\mu_1, \sigma_1^2)$ 与 $N(\mu_2, \sigma_2^2)$,在显著性水平 $\alpha = 0.01$ 下,能否认为 B 班成绩的标准差比 A 班的大?

4. 对于两种羊毛织品的纤维强度进行试验,所得结果如表 8-5 所示. 设两种羊毛织品的纤维强度都服从方差相同的正态分布,问:是否一种羊毛较另一种更好(取显著性水平 $\alpha = 0.05$)?

表 8-5

第一种	138	127	134	125		
第二种	134	137	135	140	130	134

5. 两台机床加工同一种零件,分别从两台机床生产的零件中抽取 6 个和 9 个零件,量其长度(单位:mm),得 $s_1^2 = 0.345, s_2^2 = 0.357$. 假设零件长度服从正态分布,问:是否可认为两台机床加工的零件长度的方差无显著差异(取显著性水平 $\alpha = 0.05$)?

§8.4 分布拟合检验

上两节讨论了正态总体的参数检验问题,均假设总体分布已知. 但在实际问题中,有时并不能确定总体的分布类型,因此需要根据样本对总体的分布进行假设检验,其常用的方法是 χ^2 检验法. 而有时我们对总体的分布不感兴趣,只想知道其某些数字特征是否为一给定的常数. 这就是总体的数字特征的假设检验. 本节仅介绍 χ^2 检验.

设总体 X 的分布函数为 $F(x)$(未知),$F_0(x)$ 是一已知分布函数或分布类型已知但参数未知,提出假设:

$$H_0: F(x) = F_0(x), \quad H_1: F(x) \neq F_0(x).$$

设 $x_1, x_2, \cdots, x_n$ 是样本容量为 n 的样本观察值. 首先,说明如何通过样本描述 $F(x) = F_0(x)$. 由于分布函数的单调非降性,且值域为区间 $[0, 1]$,若对于一组实数 $a_1, a_2, \cdots, a_{k-1} (-\infty = a_0 < a_1 < a_2 < \cdots < a_{k-1} < a_k = +\infty)$ 都有

$$F(a_i) - F(a_{i-1}) = F_0(a_i) - F_0(a_{i-1}) \quad (i = 1, 2, \cdots, k),$$

则认为 $F(x)$ 与 $F_0(x)$ 的差别并不显著,即 $F(x) = F_0(x)$ 是可以接受的.

设 $p_i = F_0(a_i) - F_0(a_{i-1}) (i = 1, 2, \cdots, k)$,$f_i$ 为样本落在区间 $(a_{i-1}, a_i]$ 内的频数. 由于事件的频率 $\dfrac{f_i}{n}$ 稳定于概率 $F(a_i) - F(a_{i-1})$,因此若假设 H_0 为真,那么 $\left| \dfrac{f_i}{n} - p_i \right|$ 的值不会很大.

考虑如下统计量:

$$\chi^2 = \sum_{i=1}^{k} \frac{(f_i - np_i)^2}{np_i}. \tag{8.4.1}$$

显然,如果 H_0 为真,那么 χ^2 不会很大;反之,若某次试验后 χ^2 的观察值较大,则有理由拒绝 H_0,因此拒绝域有如下形式:

$$\chi^2 > k \quad (k \text{ 为待定常数}).$$

如果能确定 χ^2 的分布,那么便可得到常数 k,因此有必要进一步说明式(8.4.1)中的 p_i.

给定一组实数 $a_1, a_2, \cdots, a_{k-1}, a_k$ 之后,如果分布函数 $F_0(x)$ 完全已知,那么 p_i 完全确定;如果分布函数 $F_0(x)$ 含有 r 个未知参数 $\theta_1, \theta_2, \cdots, \theta_r$,那么 $p_i = p_i(\theta_1, \theta_2, \cdots, \theta_r)$ 含有未知参数. 在 H_0 为真的条件下,设 $\hat{\theta}_1, \hat{\theta}_2, \cdots, \hat{\theta}_r$(都是样本 $x_1, x_2, \cdots, x_n$ 的函数)是 $\theta_1, \theta_2, \cdots, \theta_r$ 的极大似然估计值,则

$$\hat{p}_i = p_i(\hat{\theta}_1, \hat{\theta}_2, \cdots, \hat{\theta}_r) \quad (i = 1, 2, \cdots, k).$$

这是用 $\hat{p}_i$ 代替式(8.4.1)中的 p_i,为了方便起见仍以 p_i 表示,我们有以下结论(以定理形式给出):

定理 8.4.1　当 H_0 为真时,

(1) 若 $F_0(x)$ 完全已知,则 χ^2 的极限分布为 $\chi^2(k-1)$;

(2) 若 $F_0(x)$ 含有 r 个未知参数,则 χ^2 的极限分布为 $\chi^2(k-r-1)$.

因此,当样本容量 n 充分大时,可近似地认为

$$\chi^2 \sim \chi^2(k-1) \quad \text{或} \quad \chi^2 \sim \chi^2(k-r-1).$$

综上所述,对于给定的显著性水平 α,

(1) 当 $F_0(x)$ 完全已知时,拒绝域为

$$\chi^2 > \chi^2_\alpha(k-1);$$

(2) 当 $F_0(x)$ 含有 r 个未知参数时,拒绝域为

$$\chi^2 > \chi^2_\alpha(k-r-1).$$

根据实践,一般要求 $n \geqslant 50$,np_i 不小于 5. 关于 $a_1, a_2, \cdots, a_{k-1}, a_k$ 的选取,一般基于样本 $x_1, x_2, \cdots, x_n$. 样本集中的区域,分割密一些;反之,分割疏一些. 此外,若 $np_i < 5$,可适当地进行区间合并.

例 8.4.1

在一试验中,每隔一定时间观测一次由某种铀所放射的到达计算器上的 α 粒子数,共观测了100 次,得结果如表 8-6 所示,其中 $f_i(i = 0, 1, 2, \cdots)$ 是在 100 次观测中观测到有 i 个 α 粒子的次数. 从理论上考虑,X 应服从泊松分布

$$P\{X = i\} = \frac{e^{-\lambda}\lambda^i}{i!} \quad (i = 0, 1, 2, \cdots). \tag{8.4.2}$$

问:在显著性水平 $\alpha = 0.05$ 下,总体 X 是否服从泊松分布?

表 8-6

i	0	1	2	3	4	5	6	7	8	9	10	11	$\geqslant 12$
f_i	1	5	16	17	26	11	9	9	2	1	2	1	0

解　提出假设:$H_0 : X$ 服从泊松分布,则

$$P\{X = i\} = \frac{e^{-\lambda}\lambda^i}{i!} \quad (i = 0, 1, 2, \cdots).$$

令 $a_i = i(i = 0, 1, 2, \cdots, 10)$,记 $a_{-1} = -\infty$,$a_{11} = +\infty$,则 f_i 是样本落在区间 $(a_{i-1}, a_i]$ 内的频数. 取

λ 的估计 $\hat{\lambda} = \bar{x}$,计算得 $\hat{\lambda} = 4.2$,故

$$p_i = p_i(\hat{\lambda}) = P\{X = i\} = \frac{e^{-4.2} 4.2^i}{i!} \quad (i = 0, 1, 2, \cdots, 11).$$

计算结果如表 8-7 所示.

表 8-7

$(a_{i-1}, a_i]$	f_i	p_i	np_i	$f_i - np_i$	$(f_i - np_i)^2/np_i$
$(-\infty, 0]$	1	0.015	1.5	-1.8	0.415
$(0, 1]$	5	0.063	6.3		
$(1, 2]$	16	0.132	13.2	2.8	0.594
$(2, 3]$	17	0.185	18.5	-1.5	0.122
$(3, 4]$	26	0.194	19.4	6.6	2.245
$(4, 5]$	11	0.163	16.3	-5.3	1.723
$(5, 6]$	9	0.114	11.4	-2.4	0.505
$(6, 7]$	9	0.069	6.9	2.1	0.639
$(7, 8]$	2	0.036	3.6	-0.5	0.0385
$(8, 9]$	1	0.017	1.7		
$(9, 10]$	2	0.007	0.7		
$(10, +\infty)$	1	0.005	0.5		

合计得 $\chi^2 = 6.2815$.由表 8-7 可看出,有几个区间对应的 $np_i < 5$,将相应的区间合并为 1 个,这时 $k = 8$.而 $r = 1$,查附表 3 得

$$\chi^2_{0.05}(k - r - 1) = \chi^2_{0.05}(6) = 12.592.$$

由于 $\chi^2 < \chi^2_{0.05}(6)$,故接受 H_0,即认为总体 X 服从泊松分布.

例 8.4.2

通过试验测得纤维尼纶纤度(单位:丹尼尔)的 100 个数据如下:

```
1.36,  1.49,  1.43,  1.41,  1.37,  1.40,  1.32,  1.42,  1.47,  1.39,
1.41,  1.36,  1.40,  1.34,  1.42,  1.42,  1.45,  1.35,  1.42,  1.39,
1.44,  1.42,  1.39,  1.42,  1.42,  1.30,  1.34,  1.42,  1.37,  1.36,
1.37,  1.34,  1.37,  1.37,  1.44,  1.45,  1.32,  1.48,  1.40,  1.45,
1.39,  1.46,  1.39,  1.53,  1.36,  1.48,  1.40,  1.39,  1.38,  1.40,
1.36,  1.45,  1.50,  1.43,  1.38,  1.43,  1.41,  1.48,  1.39,  1.45,
1.37,  1.37,  1.39,  1.45,  1.31,  1.41,  1.44,  1.44,  1.42,  1.47,
1.35,  1.36,  1.39,  1.40,  1.38,  1.35,  1.42,  1.43,  1.42,  1.42,
1.42,  1.40,  1.41,  1.37,  1.46,  1.36,  1.37,  1.27,  1.37,  1.38,
1.43,  1.34,  1.43,  1.42,  1.41,  1.41,  1.44,  1.48,  1.55,  1.37.
```

问:纤度是否服从正态分布(取显著性水平 $\alpha = 0.1$)?

解　提出假设:

$$H_0 : F(x) \text{ 为正态分布 } N(\mu, \sigma^2) \text{ 的分布函数}.$$

根据数据的具体大小确定适当的区间分割,首先通过计算得 $\bar{x} = 1.406, s = 0.0482$,为了方便做

变换, 令 $Z = \dfrac{X - 1.406}{0.048\,2}$, 因此假设 H_0 相当于

$$H_0' : Z \sim N(0,1).$$

将有关数据列表 (取 $\hat{\mu} = 1.406, \hat{\sigma}^2 = 0.048\,2^2$), 如表 8 - 8 所示.

表 8 - 8

$(a_{i-1}, a_i]$	f_i	np_i	$f_i - np_i$	$(f_i - np_i)^2/np_i$
$(-\infty, -2.3]$	1	1.07		
$(-2.3, -1.68]$	4	3.58	-2.46	0.418 5
$(-1.68, -1.06]$	7	9.81		
$(-1.06, -0.44]$	22	18.54	3.46	0.645 7
$(-0.44, 0.19]$	23	24.53	-1.53	0.095 4
$(0.19, 0.81]$	25	21.57	3.43	0.545 4
$(0.81, 1.43]$	10	13.26	-3.26	0.801 5
$(1.43, 2.05]$	6	5.62		
$(2.05, 2.68]$	1	1.65	0.36	0.017
$(2.68, +\infty)$	1	0.37		

合计得 $\chi^2 = 2.523\,5$, 查附表 3 得 $\chi^2_{0.1}(6-3) = \chi^2_{0.1}(3) = 6.251$. 由于 $\chi^2 < \chi^2_{0.1}(3)$, 故接受 H_0, 即认为纤度服从正态分布.

习题 8.4

1. 某电话站在 1 h 内接到电话用户的呼唤次数按每分钟记录如表 8 - 9 所示, 试问: 能否认为每分钟内电话用户的呼唤次数服从泊松分布 (取显著性水平 $\alpha = 0.05$)?

表 8 - 9

呼唤次数	0	1	2	3	4	5	6	$\geqslant 7$
频数	8	16	17	10	6	2	1	0

2. 在某公路上, 记录 50 min 内每 15 s 通过汽车的辆数, 其结果如表 8 - 10 所示, 试问: 每 15 s 通过汽车的辆数是否服从泊松分布 (取显著性水平 $\alpha = 0.05$)?

表 8 - 10

辆数	0	1	2	3	4	5
频数	92	68	28	11	1	0

3. 检查产品质量时, 每次抽取 10 个产品来检查, 共抽取 100 次, 记录每 10 个产品中的次品数, 结果如表 8 - 11 所示, 试问: 生产过程中出现次品的概率能否看作不变的, 即次品数 X 是否服从二项分布 (取显著性水平 $\alpha = 0.05$)?

表 8 - 11

次品数	0	1	2	3	4	6	7	8	9	10
频数	35	40	18	5	1	0	0	0	0	0

4. 抛掷一枚骰子 120 次, 所得结果如表 8 - 12 所示, 问: 骰子是否匀称 (取显著性水平 $\alpha = 0.05$)?

表 8 – 12

点数	1	2	3	4	5	6
频数	23	26	21	20	15	15

习 题 8

1. 某厂生产的一批滚球直径 $X \sim N(\mu, 3.2^2)$，现从中随机抽取 64 颗球，测得平均直径 $\bar{x} = 8.6$ cm，问：这批滚球的直径可否认为是 9 cm（取显著性水平 $\alpha = 0.01$）？

2. 某批矿砂的 5 个样品中的某元素含量（单位：%）经测定为

$$3.25, \quad 3.27, \quad 3.24, \quad 3.26, \quad 3.24.$$

设测定值总体服从正态分布，问：在显著性水平 $\alpha = 0.01$ 下，能否接受假设：这批矿砂某元素含量为 3.25%？

3. 要求一种元件的寿命不小于 1 000 h，今从一批这种元件中随机抽取 25 件，测得平均寿命 $\bar{x} = 950$ h. 已知该元件寿命服从正态分布 $N(\mu, 100^2)$，试在显著性水平 $\alpha = 0.05$ 下，确定这批元件是否合格.

4. 下面是某厂随机选取 20 只零件的生产时间（单位：min）：

$$9.8, \quad 10.4, \quad 10.6, \quad 9.6, \quad 9.7, \quad 9.9, \quad 10.9, \quad 11.1, \quad 9.6, \quad 10.2,$$
$$10.3, \quad 9.6, \quad 9.9, \quad 11.2, \quad 10.6, \quad 9.8, \quad 10.5, \quad 10.1, \quad 10.5, \quad 9.7.$$

设生产时间总体服从正态分布，问：是否可以认为生产这种零件的平均时间显著大于 10 min（取显著性水平 $\alpha = 0.05$）？

5. 有两台机器生产金属零件，在两台机器所生产的零件中分别抽取样本容量为 $n_1 = 60, n_2 = 40$ 的两个样本，测得 $s_1^2 = 15.46, s_2^2 = 9.66$. 设两个样本相互独立，两总体分别服从正态分布 $N(\mu_1, \sigma_1^2)$ 与 $N(\mu_2, \sigma_2^2)$，试在显著性水平 $\alpha = 0.05$ 下检验假设：

$$H_0 : \sigma_1^2 = \sigma_2^2, \quad H_1 : \sigma_1^2 > \sigma_2^2.$$

6. 测定某种溶液中的水分（单位：%），设测定值服从正态分布，今测试 10 个样品，得 $s = 0.037$，试在显著性水平 $\alpha = 0.05$ 下检验假设：

$$H_0 : \sigma = 0.04, \quad H_1 : \sigma < 0.04.$$

7. 某种导线，要求其电阻的标准差不超过 $0.005\ \Omega$，今随机抽取 9 根样品，得 $s = 0.007\ \Omega$. 设总体服从正态分布，问：在显著性水平 $\alpha = 0.05$ 下，能否认为这批导线的标准差显著偏大？

8. 某厂使用两种不同原料 A，B 生产同一类型产品，现随机抽取原料 A 生产的样品 220 件，测得平均重量 $\bar{x} = 2.46$ kg，$s_1 = 0.57$ kg；随机抽取原料 B 生产的样品 205 件，测得平均重量 $\bar{y} = 2.55$ kg，$s_2 = 0.48$ kg. 设这两个样本相互独立，问：在显著性水平 $\alpha = 0.05$ 下，能否认为使用原料 B 生产的产品较使用原料 A 生产的产品重量大？

9. 测得两批电子器件样品的电阻（单位：Ω）如表 8 – 13 所示，设这两批器材的电阻值分别服从正态分布 $N(\mu_1, \sigma_1^2)$ 与 $N(\mu_2, \sigma_2^2)$，且相互独立（取显著性水平 $\alpha = 0.05$）.

(1) 检验假设：$H_0 : \sigma_1^2 = \sigma_2^2, H_1 : \sigma_1^2 \neq \sigma_2^2$；

(2) 在 (1) 的基础上检验假设：$H_0' : \mu_1 = \mu_2, H_1' : \mu_1 \neq \mu_2$.

表 8 – 13

X	0.140	0.138	0.143	0.142	0.144	0.137
Y	0.135	0.140	0.136	0.138	0.142	0.140

10. 两个试验室每天同时从工厂的冷却水中取样，测量水中含氯量（单位：0.001‰）一次，7 天的测量记录如表 8 – 14 所示. 设 $d_i = x_i - y_i (i = 1, 2, \cdots, 7)$ 来自正态总体，问：两试验室测量的结果有无显著差异（取显著性水平 $\alpha = 0.01$）？

表 8 - 14

X	1.15	1.86	0.75	1.82	1.14	1.65	1.90
Y	1.00	0.90	0.90	1.80	1.20	1.70	1.25

11. 为了比较两种不同种子 A 和 B 的优劣,选取了 10 块土质不同的土地,并将每块土地分成两部分(面积相等),分别种这两种种子.假设外部条件完全一样,各块土地上的产量(单位:kg)如表 8 - 15 所示.设 $d_i = x_i - y_i$ ($i = 1, 2, \cdots, 10$) 来自正态总体,问:这两种种子有无显著差异(取显著性水平 $\alpha = 0.05$)?

表 8 - 15

种子 A(X)	23	35	29	42	39	29	37	34	35	28
种子 B(Y)	26	39	35	40	38	24	36	27	41	27

12. 设有两个相互独立的总体 $N(\mu_1, \sigma_1^2)$ 与 $N(\mu_2, \sigma_2^2)$,其中 σ_1^2, σ_2^2 已知,$X_1, X_2, \cdots, X_{n_1}$;$Y_1, Y_2, \cdots, Y_{n_2}$ 分别为来自两总体的样本,试给出如下假设检验的拒绝域(α 为假设检验的显著性水平):$H_0: \mu_1 = 2\mu_2, H_1: \mu_1 > 2\mu_2$.

13. 检查了一本书的 100 页,各页中印刷错误的个数记录如表 8 - 16 所示.问:能否认为一页的印刷错误的个数服从泊松分布(取显著性水平 $\alpha = 0.05$)?

表 8 - 16

错误个数 f_i	0	1	2	3	4	5	6	$\geqslant 7$
含有 f_i 个错误的页数	36	40	19	2	0	2	1	0

14. 在一批灯泡中,随机抽取 300 只灯泡做寿命试验,其结果(单位:h)如表 8 - 17 所示.取显著性水平 $\alpha = 0.05$,试检验假设:

$$H_0: 寿命服从指数分布 \ f(t) = \begin{cases} 0.005\mathrm{e}^{-0.005t}, & t \geqslant 0, \\ 0, & t < 0. \end{cases}$$

表 8 - 17

寿命 t	$t \leqslant 100$	$100 < t \leqslant 200$	$200 < t \leqslant 300$	$t > 300$
灯泡数	121	78	43	58

15. 已知商店中电池在货架上滞留的时间不能太长.某商店随机抽取 8 只电池,它们在货架上滞留的时间(单位:天)如下:

108, 124, 124, 106, 138, 163, 159, 134.

设数据来自正态总体 $N(\mu, \sigma^2)$,μ, σ^2 未知,检验假设 $H_0: \mu = 125, H_1: \mu > 125$(取显著性水平 $\alpha = 0.05$).

第 9 章

回归分析与方差分析

§9.1 一元线性回归分析

变量之间的关系一般可分为确定性关系（函数关系）与非确定性关系. 例如, 人的身高与体重的关系, 空气的温度与湿度的关系, 都属于非确定性关系. 这种非确定性关系可以通过研究随机变量之间、随机变量与非随机变量之间的关系来揭示, 而回归分析便是研究变量之间相关关系的一种重要工具.

9.1.1 一元线性回归

举一个简单的例子: 研究一种农作物的产量 Y 与施肥量 x 之间的关系. 为此做几点简单的说明:

第一, Y 与 x 是相关的. 在一定范围内, x 越大, Y 一般也越大, 然而这种关系的确定并非给定 x 就可唯一决定 Y. 但是, 当考虑在给定 x 的条件下求 Y 的均值 $E(Y \mid x)$ 时, 可假定它完全由 x 决定, 即 $E(Y \mid x) = \mu(x)$. 这里 $\mu(x)$ 称为 Y 对 x 的**回归函数**.

第二, x, Y 这两个变量明显具有"原因"和"结果"的关系, 因此可以把它们分别称为**自变量**和**因变量**. 在某些问题中, 这种关系并不明显或根本不存在, 但为了方便, 仍称为自变量与因变量. 其在统计意义上的重要意义是: 不认为自变量 x 是随机的（理论上也可以研究自变量是随机变量的模型, 此种情况不属于本书讨论的范围）, 而认为因变量 Y 是随机的, 因变量 Y 的均值是关于 x 的函数.

第三, 影响 Y 的因素不止 x 一个. 就本例的情况来说, 种子的品种、生长季节的平均气温以及一大批可以控制和难以控制的因素都会影响农作物的产量. 正是这些大量的因素的存在, 使得 x 不能唯一地确定 Y. 在本例中, 我们单选 x 与 Y 的关系来研究, 意味着其他一些重要的可控因素已固定在适当的水平上, 其他不可控因素则作为随机因素来看待, 因此 Y 的值由两部分组成, 即有

$$Y = \mu(x) + \varepsilon,$$

其中 ε 表示一切随机因素对于 Y 影响效果的总和, $\mu(x)$ 表示自变量 x 对于 Y 的平均效应. 在本例中, 可假设 $\mu(x)$ 为一元线性函数.

设 $\mu(x) = \beta_0 + \beta_1 x$, 其中 β_0, β_1 为未知参数. 因此, 可以把 Y 看成由 $\beta_0 + \beta_1 x$ 与随机误差 ε 叠加而成, 即

$$Y = \beta_0 + \beta_1 x + \varepsilon, \tag{9.1.1}$$

通常假定 $\varepsilon \sim N(0, \sigma^2)$.

称式(9.1.1)为**一元线性回归模型**,称 β_0 为**回归常数**,β_1 为**回归系数**. 对于一元线性回归,主要研究以下三个问题:

(1) 对于参数 β_0,β_1,σ^2 的估计;

(2) 对于变量 Y 与 x 的线性假设的检验;

(3) 对于给定的 x 求相应 Y 的预测区间.

9.1.2　参数 β_0,β_1,σ^2 的估计

设通过 n 次独立试验,得到样本 $(x_i,Y_i)(i=1,2,\cdots,n)$. 由式(9.1.1)得

$$\begin{cases} Y_1=\beta_0+\beta_1 x_1+\varepsilon_1,\\ Y_2=\beta_0+\beta_1 x_2+\varepsilon_2,\\ \qquad\cdots\cdots\\ Y_n=\beta_0+\beta_1 x_n+\varepsilon_n, \end{cases} \tag{9.1.2}$$

其中 $\varepsilon_1,\varepsilon_2,\cdots,\varepsilon_n$ 相互独立,且服从正态分布 $N(0,\sigma^2)$.

1. β_0,β_1 的估计

令

$$Q=\sum_{i=1}^{n}(Y_i-\beta_0-\beta_1 x_i)^2, \tag{9.1.3}$$

记使得 Q 达到最小值时的 β_0,β_1 分别为 $\hat{\beta}_0,\hat{\beta}_1$,称之为 β_0,β_1 的**最小二乘估计**. 易知,Q 的最小值存在,故只需令

$$\begin{cases} \dfrac{\partial Q}{\partial \beta_0}=-2\sum_{i=1}^{n}(Y_i-\beta_0-\beta_1 x_i)=0,\\[2mm] \dfrac{\partial Q}{\partial \beta_1}=-2\sum_{i=1}^{n}(Y_i-\beta_0-\beta_1 x_i)x_i=0, \end{cases}$$

化简得

$$\begin{cases} n\beta_0+\beta_1\sum_{i=1}^{n}x_i=\sum_{i=1}^{n}Y_i,\\[2mm] \beta_0\sum_{i=1}^{n}x_i+\beta_1\sum_{i=1}^{n}x_i^2=\sum_{i=1}^{n}x_i Y_i, \end{cases}$$

上式称为**正规方程组**. 解正规方程组,得

$$\begin{cases} \hat{\beta}_1=\dfrac{\displaystyle\sum_{i=1}^{n}(x_i-\overline{x})(Y_i-\overline{Y})}{\displaystyle\sum_{i=1}^{n}(x_i-\overline{x})^2},\\[4mm] \hat{\beta}_0=\overline{Y}-\hat{\beta}_1\overline{x}. \end{cases} \tag{9.1.4}$$

于是,对于给定的 $x,\hat{Y}=\hat{\beta}_0+\hat{\beta}_1 x$ 可作为 $\mu(x)=\beta_0+\beta_1 x$ 的估计. 而 $\hat{Y}=\hat{\beta}_0+\hat{\beta}_1 x$ 称为 Y 对 x 的**回归方程**.

为了方便起见,记

$$L_{xY} = \sum_{i=1}^{n} (x_i - \overline{x})(Y_i - \overline{Y}) = \sum_{i=1}^{n} x_i Y_i - n\overline{x}\,\overline{Y},$$

$$L_{xx} = \sum_{i=1}^{n} (x_i - \overline{x})^2 = \sum_{i=1}^{n} x_i^2 - n\overline{x}^2,$$

$$L_{YY} = \sum_{i=1}^{n} (Y_i - \overline{Y})^2 = \sum_{i=1}^{n} Y_i^2 - n\overline{Y}^2,$$

则式(9.1.4)可写为

$$\begin{cases} \hat{\beta}_1 = \dfrac{L_{xY}}{L_{xx}}, \\[2mm] \hat{\beta}_0 = \overline{Y} - \hat{\beta}_1 \overline{x}. \end{cases}$$

2. σ^2 的估计

由式(9.1.2)可知

$$\varepsilon_i = Y_i - \beta_0 - \beta_1 x_i \sim N(0, \sigma^2) \quad (i = 1, 2, \cdots, n),$$

故很自然地想到,令 $Q_\varepsilon = \sum_{i=1}^{n} (Y_i - \hat{\beta}_0 - \hat{\beta}_1 x_i)^2$. 事实上,$\sigma_\varepsilon^2 = \dfrac{Q_\varepsilon}{n-2}$ 是 σ^2 的无偏估计,这将在后文中加以证明. 这里 Q_ε 称为**残差**(或**剩余**)**平方和**.

3. 估计的性质

〔性质 9.1.1〕 $\hat{\beta}_0 \sim N\Big(\beta_0, \dfrac{\sum_{i=1}^{n} x_i^2}{nL_{xx}} \sigma^2\Big),\ \hat{\beta}_1 \sim N\Big(\beta_1, \dfrac{\sigma^2}{L_{xx}}\Big).$

证　由于相互独立的正态随机变量的线性函数仍服从正态分布,所以只需验证:

$$E(\hat{\beta}_0) = \beta_0, \quad D(\hat{\beta}_0) = \frac{\sum_{i=1}^{n} x_i^2}{nL_{xx}} \sigma^2, \quad E(\hat{\beta}_1) = \beta_1, \quad D(\hat{\beta}_1) = \frac{\sigma^2}{L_{xx}}.$$

事实上,

$$E(\hat{\beta}_1) = \frac{1}{L_{xx}} E(L_{xY}) = \frac{1}{L_{xx}} E\Big[\sum_{i=1}^{n} (x_i - \overline{x})(Y_i - \overline{Y})\Big]$$

$$= \frac{1}{L_{xx}} \sum_{i=1}^{n} (x_i - \overline{x})\big[E(Y_i) - E(\overline{Y})\big] = \frac{\beta_1}{L_{xx}} \sum_{i=1}^{n} (x_i - \overline{x})^2 = \beta_1,$$

$$E(\hat{\beta}_0) = E(\overline{Y}) - \overline{x}E(\hat{\beta}_1) = \beta_0 + \beta_1 \overline{x} - \beta_1 \overline{x} = \beta_0,$$

$$D(\hat{\beta}_1) = \frac{1}{L_{xx}^2} D(L_{xY}) = \frac{1}{L_{xx}^2} D\Big[\sum_{i=1}^{n} (x_i - \overline{x})(Y_i - \overline{Y})\Big]$$

$$= \frac{1}{L_{xx}^2} D\Big[\sum_{i=1}^{n} (x_i - \overline{x})Y_i\Big] = \frac{1}{L_{xx}^2} \sum_{i=1}^{n} (x_i - \overline{x})^2 D(Y_i) = \frac{\sigma^2}{L_{xx}}.$$

由于 $\hat{\beta}_0$ 可以表示成 $\hat{\beta}_0 = \dfrac{1}{nL_{xx}} \sum_{i=1}^{n} [L_{xx} - n(x_i - \overline{x})\overline{x}]Y_i$,故

$$D(\hat{\beta}_0) = \frac{1}{n^2 L_{xx}^2} \sum_{i=1}^{n} [L_{xx} - n(x_i - \overline{x})\overline{x}]^2 \sigma^2 = \frac{\sum_{i=1}^{n} x_i^2}{nL_{xx}} \sigma^2.$$

{性质 9.1.2} $\sigma_\varepsilon^2 = \dfrac{Q_\varepsilon}{n-2}$ 是 σ^2 的无偏估计.

证　$Q_\varepsilon = \displaystyle\sum_{i=1}^{n}(Y_i - \hat{\beta}_0 - \hat{\beta}_1 x_i)^2 = \sum_{i=1}^{n}\left[(Y_i - \overline{Y}) - \hat{\beta}_1(x_i - \overline{x})\right]^2$

$$= \sum_{i=1}^{n}(Y_i - \overline{Y})^2 - \hat{\beta}_1^2 L_{xx}, \tag{9.1.5}$$

而

$$E\left[\sum_{i=1}^{n}(Y_i - \overline{Y})^2\right] = \sum_{i=1}^{n} D(Y_i - \overline{Y}) + \sum_{i=1}^{n}\left[E(Y_i - \overline{Y})\right]^2$$

$$= \sum_{i=1}^{n}\frac{n-1}{n}\sigma^2 + \beta_1^2\sum_{i=1}^{n}(x_i - \overline{x})^2 = (n-1)\sigma^2 + \beta_1^2 L_{xx}, \tag{9.1.6}$$

又 $E(\hat{\beta}_1^2) = D(\hat{\beta}_1) + \left[E(\hat{\beta}_1)\right]^2$,由性质 9.1.1 得

$$E(\hat{\beta}_1^2) = \frac{\sigma^2}{L_{xx}} + \beta_1^2. \tag{9.1.7}$$

将式(9.1.6) 和式(9.1.7) 代入式(9.1.5),即得性质 9.1.2.

事实上,更进一步有以下结论:

(1) $\dfrac{(n-2)\hat{\sigma}_\varepsilon^2}{\sigma^2} = \dfrac{Q_\varepsilon}{\sigma^2} \sim \chi^2(n-2)$;

(2) $\hat{\sigma}_\varepsilon^2$ 与 $\hat{\beta}_1$ 相互独立.

{性质 9.1.3}　β_1 的置信度为 $1-\alpha$ 的置信区间为

$$\left(\hat{\beta}_1 - \frac{\hat{\sigma}_\varepsilon}{\sqrt{L_{xx}}}t_{\frac{\alpha}{2}}(n-2),\ \hat{\beta}_1 + \frac{\hat{\sigma}_\varepsilon}{\sqrt{L_{xx}}}t_{\frac{\alpha}{2}}(n-2)\right).$$

证　由性质 9.1.1 可知,$\sqrt{L_{xx}}\,\dfrac{\hat{\beta}_1 - \beta_1}{\sigma} \sim N(0,1)$,再由性质 9.1.2 的两个结论,可得

$$\sqrt{L_{xx}}\,\frac{\hat{\beta}_1 - \beta_1}{\hat{\sigma}_\varepsilon} \sim t(n-2),$$

因而得到性质 9.1.3 中的 β_1 的置信度为 $1-\alpha$ 的置信区间.

9.1.3　线性假设的检验

在以上的讨论中,我们假定 Y 对 x 的回归函数为 $\mu(x) = \beta_0 + \beta_1 x$,即为线性函数. 在实际问题中,有必要对这一假设进行检验. 若 $\mu(x)$ 呈线性关系,则 β_1 不应为零;否则,Y 与 x 就不存在线性关系. 因此,需要检验假设:

$$H_0: \beta_1 = 0, \quad H_1: \beta_1 \neq 0.$$

由于 $\sqrt{L_{xx}}\,\dfrac{\hat{\beta}_1 - \beta_1}{\hat{\sigma}_\varepsilon} \sim t(n-2)$,因此当 H_0 为真时,有 $\sqrt{L_{xx}}\,\dfrac{\hat{\beta}_1}{\hat{\sigma}_\varepsilon} \sim t(n-2)$,于是拒绝域为

$$\sqrt{L_{xx}}\,\frac{|\hat{\beta}_1|}{\hat{\sigma}_\varepsilon} > t_{\frac{\alpha}{2}}(n-2).$$

9.1.4　预测

回归方程的一个重要应用就是:对于给定的 $x = x_0$,预测对应的 Y 值. 由于 Y 是一个随机变量,因此我们希望知道它的一切统计性质.

当 $x = x_0$ 时，回归值 $\hat{Y}_0 = \hat{\beta}_0 + \hat{\beta}_1 x_0$ 为 $Y_0 = \beta_0 + \beta_1 x_0 + \varepsilon_0 (\varepsilon_0 \sim N(0, \sigma^2))$ 的预测值，下面将给出 $\hat{Y}_0$ 的分布以及 Y_0 的置信度为 $1 - \alpha$ 的预测区间.

由于 $\hat{Y}_0$ 是 $Y_1, Y_2, \cdots, Y_n$ 的线性函数，故 $\hat{Y}_0$ 也服从正态分布. 因此，只要确定 $\hat{Y}_0$ 的均值与方差即可.

因为 $E(\hat{Y}_0) = E(\hat{\beta}_0) + E(\hat{\beta}_1)x_0 = \beta_0 + \beta_1 x_0$，又

$$\hat{Y}_0 = \hat{\beta}_0 + \hat{\beta}_1 x_0 = \overline{Y} + (x_0 - \overline{x})\hat{\beta}_1 = \overline{Y} + \frac{(x_0 - \overline{x})}{L_{xx}} \sum_{i=1}^{n} (x_i - \overline{x}) Y_i$$

$$= \sum_{i=1}^{n} \frac{L_{xx} - n(x_0 - \overline{x})(x_i - \overline{x})}{n L_{xx}} Y_i,$$

故 $D(\hat{Y}_0) = \left[\dfrac{1}{n} + \dfrac{(x_0 - \overline{x})^2}{L_{xx}} \right] \sigma^2$，所以有

$$\hat{Y}_0 \sim N\left(\beta_0 + \beta_1 x_0, \left[\frac{1}{n} + \frac{(x_0 - \overline{x})^2}{L_{xx}} \right] \sigma^2 \right).$$

由 Y_0 与 $Y_1, Y_2, \cdots, Y_n$ 相互独立，则有 Y_0 与 $\hat{Y}_0$ 也相互独立，故

$$\hat{Y}_0 - Y_0 \sim N\left(0, \left[1 + \frac{1}{n} + \frac{(x_0 - \overline{x})^2}{L_{xx}} \right] \sigma^2 \right),$$

即

$$\frac{\hat{Y}_0 - Y_0}{\sigma \sqrt{1 + \dfrac{1}{n} + \dfrac{(x_0 - \overline{x})^2}{L_{xx}}}} \sim N(0, 1).$$

又因为 $\dfrac{(n-2)\hat{\sigma}_\varepsilon^2}{\sigma^2} \sim \chi^2(n-2)$，所以

$$\frac{\hat{Y}_0 - Y_0}{\hat{\sigma}_\varepsilon \sqrt{1 + \dfrac{1}{n} + \dfrac{(x_0 - \overline{x})^2}{L_{xx}}}} \sim t(n-2),$$

得到

$$P\left\{ \frac{|\hat{Y}_0 - Y_0|}{\hat{\sigma}_\varepsilon \sqrt{1 + \dfrac{1}{n} + \dfrac{(x_0 - \overline{x})^2}{L_{xx}}}} < t_{\frac{\alpha}{2}}(n-2) \right\} = 1 - \alpha.$$

称 $\left(\hat{Y}_0 \pm t_{\frac{\alpha}{2}}(n-2) \hat{\sigma}_\varepsilon \sqrt{1 + \dfrac{1}{n} + \dfrac{(x_0 - \overline{x})^2}{L_{xx}}} \right)$ 为 Y_0 的置信度为 $1 - \alpha$ 的预测区间.

例 9.1.1

将一块地等分为 12 份进行种植，得到施肥量（单位：g）x 与产量（单位：kg）Y 有如表 9-1 所示的一组数据，试对 x 与 Y 的关系做回归分析.

表 9-1

试验号	1	2	3	4	5	6	7	8	9	10	11	12
x	1 000	1 500	2 000	2 500	3 000	3 500	4 000	4 500	5 000	5 500	6 000	6 500
y	600	670	700	740	750	800	870	890	920	930	940	920

解　(1) 求回归方程. 经计算得

$$\bar{x} = 3\,750, \quad \bar{y} \approx 810.833, \quad L_{xx} = 3.575 \times 10^7, \quad L_{xy} = 2.237\,5 \times 10^6,$$

故

$$\hat{\beta}_1 = \frac{L_{xy}}{L_{xx}} = 6.258\,8 \times 10^{-2}, \quad \hat{\beta}_0 = \bar{y} - \hat{\beta}_1 \bar{x} \approx 576.128.$$

所以, 回归方程为

$$\hat{Y} = 576.128 + 6.258\,8 \times 10^{-2} x.$$

(2) 线性假设的检验. 求得回归方程后, 很自然地想知道这种线性关系是否合理, 因而需要对其进行检验, 即检验假设(取显著性水平 $\alpha = 0.05$):

$$H_0 : \beta_1 = 0, \quad H_1 : \beta_1 \neq 0.$$

经计算得

$$Q_\varepsilon \approx 9\,856.19, \quad \hat{\sigma}_\varepsilon = \sqrt{\frac{Q_\varepsilon}{n-2}} \approx 31.4, \quad \sqrt{L_{xx}} \approx 5.98 \times 10^3,$$

而 $t_{0.025}(10) = 2.228\,1$, 所以 $\sqrt{L_{xx}} \dfrac{|\hat{\beta}_1|}{\hat{\sigma}_\varepsilon} \approx 11.92 > t_{0.025}(10)$, 故拒绝 H_0, 即认为线性关系成立.

(3) 预测. 取 $x_0 = 5\,800$, 给出产量 Y 的置信度为 0.90 的预测区间. 由于

$$\hat{Y}_0 = \hat{\beta}_0 + \hat{\beta}_1 x_0 = 939.14, \quad t_{0.05}(10) = 1.812\,5,$$

$$t_{0.05}(n-2)\hat{\sigma}_\varepsilon \sqrt{1 + \frac{1}{n} + \frac{(x_0 - \bar{x})^2}{L_{xx}}} \approx 62.37,$$

所以置信度为 0.90 的预测区间为 $(876.77, 1\,001.51)$, 即当施肥量为 5 800 g 时, 产量在 876.77 ～ 1 001.51 kg 之间的可能性为 90%.

习题 9.1

1. 在测算硝酸钠的溶解度试验中, 测得在不同温度(单位: ℃)下溶解于 100 mL 水中的硝酸钠质量(单位: mg) Y 的观察值如表 9-2 所示.

表 9-2

t	0	4	10	15	21	29	36	51	68
y	66.7	71.0	76.3	80.6	85.7	92.9	99.9	113.6	125.1

理论上知道 Y 与 t 满足线性回归模型.

(1) 求 Y 对 t 的回归方程;

(2) 检验回归方程的显著性(取显著性水平 $\alpha = 0.01$);

(3) 求当 $t = 25$ 时, Y 的置信度为 0.95 的预测区间.

2. 已知某种合金的抗拉强度 Y 与钢中含碳量 x 满足线性回归模型, 今实测了 92 组数据, 并算得

$$\bar{x} = 0.125\,5, \quad \bar{y} = 45.798\,9, \quad L_{xx} = 0.301\,8, \quad L_{yy} = 2\,941.033\,9, \quad L_{xy} = 26.509\,7.$$

(1) 求 Y 对 x 的回归方程;

(2) 检验回归方程的显著性(取显著性水平 $\alpha = 0.01$);

(3) 求当 $x = 0.09$ 时, Y 的置信度为 0.95 的预测区间.

§9.2 多元线性回归及非线性回归分析简介

9.2.1 多元线性回归

在实际问题中,常常遇到多元线性回归问题.本节仅介绍其主要结论和方法.

多元线性回归模型为

$$Y = \beta_0 + \beta_1 x_1 + \beta_2 x_2 + \cdots + \beta_k x_k + \varepsilon, \tag{9.2.1}$$

其中 $\varepsilon \sim N(0,\sigma^2)$,$\beta_0,\beta_1,\beta_2,\cdots,\beta_k$ 为未知常数,称 β_0 为回归常数,$\beta_1,\beta_2,\cdots,\beta_k$ 为回归系数.

通过试验得到一组样本容量为 n 的样本 $(Y_i,x_{1i},x_{2i},\cdots,x_{ki})(i=1,2,\cdots,n)$,由式(9.2.1)得

$$Y_i = \beta_0 + \beta_1 x_{1i} + \beta_2 x_{2i} + \cdots + \beta_k x_{ki} + \varepsilon_i, \tag{9.2.2}$$

其中 $\varepsilon_i \sim N(0,\sigma^2)(i=1,2,\cdots,n)$,且相互独立.

对于多元线性回归,主要研究以下三个问题:

(1) 对于参数 $\beta_0,\beta_1,\beta_2,\cdots,\beta_k$ 和 σ^2 的估计;

(2) 回归系数检验,即做各个自变量对于 Y 作用的显著性检验;

(3) 预测.

1. $\beta_0,\beta_1,\beta_2,\cdots,\beta_k$ 的估计

令

$$Q = \sum_{i=1}^{n} [Y_i - (\beta_0 + \beta_1 x_{1i} + \beta_2 x_{2i} + \cdots + \beta_k x_{ki})]^2, \tag{9.2.3}$$

记使得 Q 达到最小值时的 $\hat{\beta}_0,\hat{\beta}_1,\hat{\beta}_2,\cdots,\hat{\beta}_k$ 作为 $\beta_0,\beta_1,\beta_2,\cdots,\beta_k$ 的最小二乘估计.用多元函数求极值的方法求出极小值点,即 $\beta_0,\beta_1,\beta_2,\cdots,\beta_k$ 应满足方程组

$$\frac{\partial Q}{\partial \beta_i} = 0 \quad (i=0,1,2,\cdots,k). \tag{9.2.4}$$

整理得正规方程组

$$\begin{cases} L_{11}\beta_1 + L_{12}\beta_2 + \cdots + L_{1k}\beta_k = L_{1Y}, \\ L_{21}\beta_1 + L_{22}\beta_2 + \cdots + L_{2k}\beta_k = L_{2Y}, \\ \qquad\qquad \cdots\cdots \\ L_{k1}\beta_1 + L_{k2}\beta_2 + \cdots + L_{kk}\beta_k = L_{kY} \end{cases} \tag{9.2.5}$$

及

$$\beta_0 = \overline{Y} - (\beta_1 \overline{x}_1 + \beta_2 \overline{x}_2 + \cdots + \beta_k \overline{x}_k), \tag{9.2.6}$$

其中

$$\overline{Y} = \sum_{i=1}^{n} Y_i, \quad \overline{x}_j - \frac{1}{n}\sum_{i=1}^{n} x_{ji} \quad (j=1,2,\cdots,k),$$

$$L_{ji} = \sum_{l=1}^{n} (x_{il} - \overline{x}_i)(x_{jl} - \overline{x}_j) \quad (i,j=1,2,\cdots,k),$$

$$L_{iY} = \sum_{l=1}^{n} (x_{il} - \overline{x}_i)(Y_l - \overline{Y}) \quad (i=1,2,\cdots,k).$$

若正规方程组有唯一解 $\hat{\beta}_0, \hat{\beta}_1, \hat{\beta}_2, \cdots, \hat{\beta}_k$,即为参数 $\beta_0, \beta_1, \beta_2, \cdots, \beta_k$ 的最小二乘估计,称方程

$$\hat{Y} = \hat{\beta}_0 + \hat{\beta}_1 x_1 + \hat{\beta}_2 x_2 + \cdots + \hat{\beta}_k x_k \tag{9.2.7}$$

为 Y 对 $x_1, x_2, \cdots, x_k$ 的回归方程.

类似于一元线性回归,可以证明 $\hat{\beta}_0, \hat{\beta}_1, \hat{\beta}_2, \cdots, \hat{\beta}_k$ 为参数 $\beta_0, \beta_1, \beta_2, \cdots, \beta_k$ 的无偏估计.

2. σ^2 的估计

记 $\sigma_\varepsilon^2 = \dfrac{Q_\varepsilon}{n-k-1}$,它是 σ^2 的无偏估计,其中

$$Q_\varepsilon = \sum_{i=1}^{n} (Y_i - \hat{Y})^2 \tag{9.2.8}$$

称为残差(或剩余)平方和.

3. 回归系数检验

模型(9.2.1)通常是一种假定,为了考察这种假定是否符合实际,我们还需要对其进行检验. 较为常见的假设为

$$H_0 : \beta_i = 0, \quad H_1 : \beta_i \neq 0 \quad (i = 1, 2, \cdots, n). \tag{9.2.9}$$

可以证明,$T = \dfrac{\hat{\beta}_i - \beta_i}{\hat{\sigma}_\varepsilon \sqrt{C_{ii}}} \sim t(n-k-1)$,其中 C_{ii} 是正规方程组(9.2.5)系数矩阵的逆矩阵的主对角线上的第 i 个元素. 于是,得到假设检验的拒绝域为

$$\left| \frac{\hat{\beta}_i}{\hat{\sigma}_\varepsilon \sqrt{C_{ii}}} \right| > t_{\frac{\alpha}{2}}(n-k-1).$$

应当指出的是,如果自变量 x_i 对于因变量 Y 的线性关系并不显著,那么应在模型(9.2.1)中去掉 x_i 这一项,重新建立模型,这里不做进一步讨论.

4. 预测

设 $x_{10}, x_{20}, \cdots, x_{k0}$ 为给定的一组值,则对应的因变量

$$Y_0 = \beta_0 + \beta_1 x_{10} + \beta_2 x_{20} + \cdots + \beta_k x_{k0} + \varepsilon_0$$

可用回归值

$$\hat{Y}_0 = \hat{\beta}_0 + \hat{\beta}_1 x_{10} + \hat{\beta}_2 x_{20} + \cdots + \hat{\beta}_k x_{k0}$$

作为其预测值. 和一元线性回归类似,也可以考虑其预测区间,此处不再详述.

例 9.2.1

测得橘子的横径(单位:mm)x_1、纵径(单位:mm)x_2 及重量(单位:g)Y 的数据如表 9-3 所示,求 Y 对 x_1, x_2 的线性回归方程.

表 9-3

序号	1	2	3	4	5	6	7	8	9	10	11	12
y	119	110	96	132	80	108	84	140	82	143	63	115
x_1	64	62	59	66	55	60	58	70	54	70	50	64
x_2	58	58	52	58	45	53	46	55	50	51	41	57

解 由题意可知 $n = 12$,经计算得 $\bar{y} = 106, \bar{x}_1 = 61, \bar{x}_2 = 52$. 为了计算简便,对 Y, x_1, x_2 做

中心化处理,令

$$Y' = Y - 106, \quad x_1' = x_1 - 61, \quad x_2' = x_2 - 52.$$

容易验证,中心化处理后不改变 L_{ij}, L_{iY} 的值.

注意到 $\bar{x}_1' = \bar{x}_2' = \bar{y}' = 0$,于是

$$L_{11} = \sum_{l=1}^{12} (x_{1l} - \bar{x}_1)^2 = \sum_{l=1}^{12} (x_{1l}' - \bar{x}_1')^2 = \sum_{l=1}^{12} (x_{1l}')^2 = 426.$$

同理,可得

$$L_{22} = 354, \quad L_{12} = L_{21} = 281, \quad L_{1y} = 1\,720, \quad L_{2y} = 1\,205.$$

由式(9.2.5)可知,参数 β_1, β_2 满足

$$\begin{cases} 426\beta_1 + 281\beta_2 = 1\,720, \\ 281\beta_1 + 354\beta_2 = 1\,205, \end{cases}$$

解得 $\hat{\beta}_1 = 3.762\,0$, $\hat{\beta}_2 \approx 0.417\,7$. 代入式(9.2.6),得 $\hat{\beta}_0 = -145.202\,4$.

于是,Y 对 x_1, x_2 的线性回归方程为

$$\hat{Y} = -145.202\,4 + 3.762\,0 x_1 + 0.417\,7 x_2.$$

9.2.2　非线性回归

下面简要介绍非线性回归问题,它在实际应用中也经常会遇到. 对于某些非线性回归问题,可以将其转化为线性回归问题来处理. 例如,对于多项式回归模型

$$Y = \beta_0 + \beta_1 x + \beta_2 x^2 + \cdots + \beta_k x^k + \varepsilon, \tag{9.2.10}$$

可令 $z_1 = x, z_2 = x^2, \cdots, z_k = x^k$,则多项式回归模型可转化为线性回归模型

$$Y = \beta_0 + \beta_1 z_1 + \beta_2 z_2 + \cdots + \beta_k z_k + \varepsilon.$$

习题 9.2

1. 在平炉炼钢过程中,由于矿石和炉气的氧化作用,铁水的总含碳量在不断降低. 一炉钢在冶炼初期中总去碳量 Y,与所加天然矿石量 x_1、烧结矿石量 x_2 及熔化时间 x_3 有关. 经实测,某号平炉钢的相关数据为 $\bar{y} = 4.582, \bar{x}_1 = 5.286, \bar{x}_2 = 11.796, \bar{x}_3 = 49.204; L_{11} = 662, L_{22} = 1\,753.959, L_{33} = 6\,247.959, L_{21} = L_{12} = -918.143, L_{31} = L_{13} = -388.857, L_{32} = L_{23} = 776.041, L_{1y} = -6.433, L_{2y} = 69.130, L_{3y} = 245.571$,试求 Y 对 x_1, x_2, x_3 的线性回归方程.

2. 已知某种半成品在生产过程中的废品率 Y 与它的某种化学成分 x 有关. 现将试验观察得到的一批数据列出,如表 9-4 所示,试求其多项式回归方程.

表 9-4

x	34	36	37	38	39	39	39	40	40	41	42	43	43	45	47	48
y	1.30	1.00	0.73	0.90	0.81	0.70	0.60	0.50	0.44	0.56	0.30	0.42	0.35	0.40	0.41	0.60

§9.3　单因素方差分析

在实际问题中,试验的结果通常会受到很多因素的影响,而每一因素的改变,或同一因素的不同状态,都可能对其结果产生影响,因此有必要找出影响较大的那些因素加以控制. 方差分析

就是处理这类问题的一种有效方法. 通常将所关心的因素用大写字母 A, B, C 等表示,因素所处的状态称为**水平**,例如,因素 A 有 2 种水平,则记为 A_1, A_2.

本节仅考虑单一因素在不同状态下对于试验结果的影响. 这就是**单因素方差分析**. 而双因素方差分析将在下节介绍.

例 9.3.1

将一块条件相同的试验田分成面积相等的 16 块,种植 4 个品种的水稻,分别记为 $A_1, A_2, A_3,$ A_4,各块种植哪个品种的水稻通过抽签决定,结果如表 9-5 所示. 问:种植这 4 个品种水稻的产量(单位:kg) 有无显著差别?

表 9-5

水稻品种	16 块试验田的产量					重复数 n_i
A_1	64	72	69	75		4
A_2	75	82	74			3
A_3	64	71	67	70		4
A_4	88	92	95	90	100	5

上面的问题可以抽象成如下模型:设种植品种 A_i 的产量(单位:kg) 服从正态分布 $N(\mu_i, \sigma_i^2)$ $(i = 1, 2, 3, 4)$,每一组数据可看成来自其对应总体的样本观察值,要检验假设:

$$H_0: \mu_1 = \mu_2 = \mu_3 = \mu_4, \quad H_1: \mu_1, \mu_2, \mu_3, \mu_4 \text{ 不全相等.}$$

更一般地,设因素 A 有 s 个水平 $A_1, A_2, \cdots, A_s$,在水平 $A_i (i = 1, 2, \cdots, s)$ 下进行了 $n_i (n_i \geqslant 2)$ 次独立试验,得到结果如表 9-6 所示.

表 9-6

水平	样本观察值				样本均值 $\bar{x}_{i\cdot} = \dfrac{1}{n_i} \displaystyle\sum_{j=1}^{n_i} x_{ij}$
A_1	x_{11}	x_{12}	$\cdots$	x_{1n_1}	$\bar{x}_{1\cdot}$
A_2	x_{21}	x_{22}	$\cdots$	x_{2n_2}	$\bar{x}_{2\cdot}$
$\vdots$	$\vdots$	$\vdots$		$\vdots$	$\vdots$
A_s	x_{s1}	x_{s2}	$\cdots$	x_{sn_s}	$\bar{x}_{s\cdot}$
总均值	$\bar{x} = \dfrac{1}{n} \displaystyle\sum_{i=1}^{s} \sum_{j=1}^{n_i} x_{ij}$,其中 $n = \displaystyle\sum_{i=1}^{s} n_i$				

假设各水平 $A_i (i = 1, 2, \cdots, s)$ 下的样本 $x_{i1}, x_{i2}, \cdots, x_{in_i}$ 来自有相同方差 σ^2 的正态总体 $N(\mu_i, \sigma^2)$,μ_i, σ^2 未知,且各水平下样本相互独立.

由于 $x_{ij} \sim N(\mu_i, \sigma^2) (i = 1, 2, \cdots, s; j = 1, 2, \cdots, n_i)$,且相互独立,故 $x_{ij} - \mu_i$ 可看成随机误差,它们是试验中无法控制的各种因素所引起的. 记 $\varepsilon_{ij} = x_{ij} - \mu_i$,则

$$\begin{cases} x_{ij} = \mu_i + \varepsilon_{ij}, \\ \varepsilon_{ij} \sim N(0, \sigma^2), \quad (j = 1, 2, \cdots, n_i; i = 1, 2, \cdots, s), \\ \text{各 } \varepsilon_{ij} \text{ 相互独立} \end{cases}$$

其中 μ_i, σ^2 为未知参数. 这就是单因素方差分析的数学模型.

为了便于讨论,记

$$\mu = \frac{1}{n} \sum_{i=1}^{s} n_i \mu_i \quad (n = \sum_{i=1}^{s} n_i),$$

$$\delta_i = \mu_i - \mu \quad (i = 1, 2, \cdots, s),$$

其中 μ 表示 $\mu_1, \mu_2, \cdots, \mu_s$ 的加权平均，μ 称为**总平均**；δ_i 表示水平 A_i 下的总体平均值与总平均的差异，δ_i 称为水平 A_i 的**效应**. 此时有 $\sum_{i=1}^{s} n_i \delta_i = 0$. 这样，单因素方差分析的数学模型可改写为

$$\begin{cases} x_{ij} = \mu + \delta_i + \varepsilon_{ij}, \\ \sum_{i=1}^{s} n_i \delta_i = 0, \\ \varepsilon_{ij} \sim N(0, \sigma^2), \\ \text{各 } \varepsilon_{ij} \text{ 相互独立} \end{cases} \quad (j = 1, 2, \cdots, n_i; i = 1, 2, \cdots, s).$$

从 δ_i 的定义可以看出，它反映的是水平 A_i 对试验结果的影响，且

$$\delta_1 = \delta_2 = \cdots = \delta_s = 0 \Leftrightarrow \mu_1 = \mu_2 = \cdots = \mu_s.$$

对于上面的单因素方差分析数学模型，我们主要讨论以下三个方面的问题：

(1) 检验假设 $H_0 : \delta_1 = \delta_2 = \cdots = \delta_s = 0, H_1 : \delta_i (i = 1, 2, \cdots, s)$ 不全为零；

(2) μ_i 的区间估计；

(3) δ_i 和 σ^2 的估计.

为此引入平方和

$$S_T = \sum_{i=1}^{s} \sum_{j=1}^{n_i} (x_{ij} - \overline{x})^2,$$

其中 $\overline{x} = \frac{1}{n} \sum_{i=1}^{s} \sum_{j=1}^{n_i} x_{ij}$. S_T 能反映全部试验数据之间的差异，又称为**总变差**. 又

$$(x_{ij} - \overline{x})^2 = (x_{ij} - \overline{x}_{i\cdot} + \overline{x}_{i\cdot} - \overline{x})^2 = (x_{ij} - \overline{x}_{i\cdot})^2 + (\overline{x}_{i\cdot} - \overline{x})^2 + 2(x_{ij} - \overline{x}_{i\cdot})(\overline{x}_{i\cdot} - \overline{x}),$$

而 $\sum_{i=1}^{s} \sum_{j=1}^{n_i} (x_{ij} - \overline{x}_{i\cdot})(\overline{x}_{i\cdot} - \overline{x}) = 0$，所以

$$S_T = \sum_{i=1}^{s} \sum_{j=1}^{n_i} (x_{ij} - \overline{x})^2 = \sum_{i=1}^{s} \sum_{j=1}^{n_i} (x_{ij} - \overline{x}_{i\cdot})^2 + \sum_{i=1}^{s} \sum_{j=1}^{n_i} (\overline{x}_{i\cdot} - \overline{x})^2$$

$$= \sum_{i=1}^{s} \sum_{j=1}^{n_i} (x_{ij} - \overline{x}_{i\cdot})^2 + \sum_{i=1}^{s} n_i (\overline{x}_{i\cdot} - \overline{x})^2.$$

记 $S_E = \sum_{i=1}^{s} \sum_{j=1}^{n_i} (x_{ij} - \overline{x}_{i\cdot})^2, S_A = \sum_{i=1}^{s} n_i (\overline{x}_{i\cdot} - \overline{x})^2$，因此

$$S_T = S_E + S_A.$$

下面分别讨论上述三个问题.

1. 检验假设 $H_0 : \delta_1 = \delta_2 = \cdots = \delta_s = 0, H_1 : \delta_i (i = 1, 2, \cdots, s)$ 不全为零

由于 $\sum_{j=1}^{n_i} (x_{ij} - \overline{x}_{i\cdot})^2$ 是在水平 A_i 下，样本方差的 $n_i - 1$ 倍，它是由随机误差引起的，故 S_E 称为**误差平方和**. 而 S_A 反应的是不同水平下试验结果的差别，称为**效应平方和**. 事实上，S_E, S_A 还可以表示为

$$S_E = \sum_{i=1}^{s} \sum_{j=1}^{n_i} (\varepsilon_{ij} - \bar{\varepsilon}_{i.})^2, \quad S_A = \sum_{i=1}^{s} n_i (\delta_i + \bar{\varepsilon}_{i.} - \bar{\varepsilon})^2,$$

其中 $\bar{\varepsilon} = \dfrac{1}{n} \sum\limits_{i=1}^{s} \sum\limits_{j=1}^{n_i} \varepsilon_{ij}, \bar{\varepsilon}_{i.} = \dfrac{1}{n_i} \sum\limits_{j=1}^{n_i} \varepsilon_{ij} (i = 1, 2, \cdots, s).$

这使得它们的意义更为明显. 若 H_0 为真, 则所有的数据都来自同一个总体, 因而比值 $\dfrac{S_A}{S_E}$ 不会很大; 反之, 若 $\dfrac{S_A}{S_E}$ 很大, 则有理由拒绝 H_0, 故拒绝域应有如下形式:

$$\frac{S_A}{S_E} > k \quad (k \text{ 为待定常数}).$$

为了给出相应统计量的分布, 不加证明地给出以下定理:

定理 9.3.1　若 H_0 为真, 即 $\delta_i = 0 (i = 1, 2, \cdots, s)$, 则对于 S_E, S_A, 有

(1) S_E 与 S_A 相互独立;

(2) $\dfrac{S_A}{\sigma^2} \sim \chi^2(s-1).$

由于 $\dfrac{\sum\limits_{j=1}^{n_i} (x_{ij} - \bar{x}_{i.})^2}{\sigma^2} \sim \chi^2(n_i - 1)(i = 1, 2, \cdots, s)$, 所以

$$\frac{S_E}{\sigma^2} \sim \chi^2(n-s).$$

于是, 由定理 9.3.1 得

$$F = \frac{S_A/(s-1)}{S_E/(n-s)} \sim F(s-1, n-s),$$

所以拒绝域可以改写为

$$F > F_\alpha(s-1, n-s),$$

其中 α 为检验的显著性水平.

2. μ_i 的区间估计

由于 $\bar{x}_{i.} \sim N\left(\mu_i, \dfrac{\sigma^2}{n_i}\right)$, 因此 $\dfrac{\bar{x}_{i.} - \mu_i}{\sigma / \sqrt{n_i}} \sim N(0, 1).$ 又因为 $\dfrac{S_E}{\sigma^2} \sim \chi^2(n-s)$, 于是有

$$\frac{\bar{x}_{i.} - \mu_i}{\sqrt{S_E} / \sqrt{n_i(n-s)}} \sim t(n-s).$$

所以, $\mu_i (i = 1, 2, \cdots, s)$ 的置信度为 $1-\alpha$ 的置信区间为

$$\left[\bar{x}_{i.} \pm \frac{\sqrt{S_E}}{\sqrt{n_i(n-s)}} t_{\frac{\alpha}{2}}(n-s) \right].$$

3. δ_i 及 σ^2 的估计

由于 $E(\bar{x}_{i.}) = \mu_i, E(\bar{x}) = \mu$, 所以 $\hat{\delta}_i = \bar{x}_{i.} - \bar{x}$ 是 δ_i 的无偏估计. 又因为 $\dfrac{S_E}{\sigma^2} \sim \chi^2(n-s)$, 所以 σ^2 的无偏估计为 $\hat{\sigma}^2 = \dfrac{S_E}{n-s}.$

下面解答例 9.3.1.

取显著性水平 $\alpha = 0.05$. 已知 $s = 4, n = 16$, 对于表 9-5 中的数据进行计算, 得 $S_E = 222$, $S_A = 1\,784$, 所以 $F = \dfrac{S_A/(s-1)}{S_E/(n-s)} \approx 32.14$. 而查附表 5, 得 $F_{0.05}(3, 12) = 3.49$, 故应拒绝 H_0, 即认为不同品种的水稻产量是有差别的.

进一步地, 再给出例 9.3.1 中的 δ_i, σ^2 的估计及 μ_i 的置信度为 0.95 的置信区间.

经计算得

$$\hat{\sigma}^2 = \frac{S_E}{n-s} = 18.5, \quad \hat{\delta}_1 = -8, \quad \hat{\delta}_2 = -1, \quad \hat{\delta}_3 = -10, \quad \hat{\delta}_4 = 15.$$

$\mu_i(i = 1, 2, 3, 4)$ 的置信度为 0.95 的置信区间分别为

$$(65.31, 74.69), \quad (71.59, 82.41), \quad (63.31, 72.69), \quad (88.81, 97.19).$$

习题 9.3

1. 对于 6 种不同的农药在相同条件下分别进行杀虫试验, 试验结果如表 9-7 所示, 问: 杀虫率(单位: %)是否因不同的农药而有显著差异(取显著性水平 $\alpha = 0.01$)?

表 9-7

试验号	杀虫率					
	A_1	A_2	A_3	A_4	A_5	A_6
1	87	90	56	55	92	75
2	85	88	62	48	99	72
3	80	87	0	0	95	81
4	0	94	0	0	91	0

2. 从 5 个制造 1.5 V 的 3 号干电池的工厂分别抽取 5 个电池, 测得它们的寿命(单位: h)如表 9-8 所示, 问: 干电池的寿命是否由于工厂的不同而有显著差异(取显著性水平 $\alpha = 0.05$)?

表 9-8

试验号	寿命				
	A_1	A_2	A_3	A_4	A_5
1	24.7	30.8	17.9	23.1	25.2
2	24.3	19.0	30.4	33.0	37.5
3	21.6	18.8	34.9	23.0	31.6
4	19.3	29.7	34.1	26.4	26.8
5	20.3	25.1	15.9	18.1	27.5

§9.4 双因素方差分析

9.4.1 双因素等重复试验的方差分析

设有两个因素 A 和 B, 因素 A 有 r 个水平 $A_1, A_2, \cdots, A_r$, 因素 B 有 s 个水平 $B_1, B_2, \cdots, B_s$, 现在对每一组合水平 (A_i, B_j) 都做 $t(t \geqslant 2)$ 次试验, 称为**等重复试验**.

设 $x_{ijk} \sim N(\mu_{ij}, \sigma^2)(i = 1, 2, \cdots, r; j = 1, 2, \cdots, s; k = 1, 2, \cdots, t)$, 且 x_{ijk} 相互独立, μ_{ij}, σ^2 为未

知参数.

引入记号:

$$\mu = \frac{1}{rs} \sum_{i=1}^{r} \sum_{j=1}^{s} \mu_{ij},$$

$$\mu_{i\cdot} = \frac{1}{s} \sum_{j=1}^{s} \mu_{ij} \quad (i = 1, 2, \cdots, r),$$

$$\mu_{\cdot j} = \frac{1}{r} \sum_{i=1}^{r} \mu_{ij} \quad (j = 1, 2, \cdots, s),$$

$$\alpha_i = \mu_{i\cdot} - \mu \quad (i = 1, 2, \cdots, r),$$

$$\beta_j = \mu_{\cdot j} - \mu \quad (j = 1, 2, \cdots, s),$$

$$\gamma_{ij} = \mu_{ij} - \mu_{i\cdot} - \mu_{\cdot j} + \mu \quad (i = 1, 2, \cdots, r; j = 1, 2, \cdots, s),$$

其中 μ 称为总平均, α_i 称为水平 A_i 的效应, β_j 称为水平 B_j 的效应, γ_{ij} 称为水平 A_i 与水平 B_j 的**交互效应**, 这是由 A_i, B_j 搭配起来联合作用而引起的.

易知

$$\sum_{i=1}^{r} \gamma_{ij} = 0 \quad (j = 1, 2, \cdots, s),$$

$$\sum_{j=1}^{s} \gamma_{ij} = 0 \quad (i = 1, 2, \cdots, r),$$

$$\sum_{i=1}^{r} \alpha_i = 0,$$

$$\sum_{j=1}^{s} \beta_j = 0.$$

由上述记号可知

$$\mu_{ij} = \mu + \alpha_i + \beta_j + \gamma_{ij} \quad (i = 1, 2, \cdots, r; j = 1, 2, \cdots, s)$$

及

$$x_{ijk} = \mu + \alpha_i + \beta_j + \gamma_{ij} + \varepsilon_{ijk},$$

其中 $\varepsilon_{ijk} \sim N(0, \sigma^2) (i = 1, 2, \cdots, r; j = 1, 2, \cdots, s; k = 1, 2, \cdots, t)$, 且各 ε_{ijk} 之间相互独立.

这就是**双因素等重复试验方差分析的数学模型**.

对于以上模型, 我们的目的是要检验以下三个假设:

$$H_{01}: \alpha_1 = \alpha_2 = \cdots = \alpha_r = 0, \quad H_{11}: \alpha_1, \alpha_2, \cdots, \alpha_r \text{ 不全为零};$$

$$H_{02}: \beta_1 = \beta_2 = \cdots = \beta_s = 0, \quad H_{12}: \beta_1, \beta_2, \cdots, \beta_s \text{ 不全为零};$$

$$H_{03}: \gamma_{11} = \gamma_{12} = \cdots = \gamma_{rs} = 0, \quad H_{13}: \gamma_{11}, \gamma_{12}, \cdots, \gamma_{rs} \text{ 不全为零}.$$

记

$$\overline{x} = \frac{1}{rst} \sum_{i=1}^{r} \sum_{j=1}^{s} \sum_{k=1}^{t} x_{ijk},$$

$$\overline{x}_{ij\cdot} = \frac{1}{t} \sum_{k=1}^{t} x_{ijk} \quad (i = 1, 2, \cdots, r; j = 1, 2, \cdots, s),$$

$$\overline{x}_{i\cdot\cdot} = \frac{1}{st} \sum_{j=1}^{s} \sum_{k=1}^{t} x_{ijk} \quad (i = 1, 2, \cdots, r),$$

$$\overline{x}_{\cdot j\cdot} = \frac{1}{rt} \sum_{i=1}^{r} \sum_{k=1}^{t} x_{ijk} \quad (j = 1, 2, \cdots, s).$$

令

$$S_T = \sum_{i=1}^{r} \sum_{j=1}^{s} \sum_{k=1}^{t} (x_{ijk} - \overline{x})^2,$$

不难验证,

$$S_T = S_E + S_A + S_B + S_{A \times B},$$

其中

$$S_E = \sum_{i=1}^{r} \sum_{j=1}^{s} \sum_{k=1}^{t} (x_{ijk} - \overline{x}_{ij.})^2,$$

$$S_A = st \sum_{i=1}^{r} (\overline{x}_{i..} - \overline{x})^2,$$

$$S_B = rt \sum_{j=1}^{s} (\overline{x}_{.j.} - \overline{x})^2,$$

$$S_{A \times B} = t \sum_{i=1}^{r} \sum_{j=1}^{s} (\overline{x}_{ij.} - \overline{x}_{i..} - \overline{x}_{.j.} + \overline{x})^2.$$

S_E 称为**误差平方和**,S_A,S_B 分别称为因素 A,B 的**效应平方和**,$S_{A \times B}$ 称为 A,B 的**交互效应平方和**.

可以证明:

(1) 当假设 $H_{01} : \alpha_1 = \alpha_2 = \cdots = \alpha_r = 0$ 为真时,

$$F_A = \frac{S_A/(r-1)}{S_E/rs(t-1)} \sim F(r-1, rs(t-1));$$

(2) 当假设 $H_{02} : \beta_1 = \beta_2 = \cdots = \beta_s = 0$ 为真时,

$$F_B = \frac{S_B/(s-1)}{S_E/rs(t-1)} \sim F(s-1, rs(t-1));$$

(3) 当假设 $H_{03} : \gamma_{11} = \gamma_{12} = \cdots = \gamma_{rs} = 0$ 为真时,

$$F_{A \times B} = \frac{S_{A \times B}/(r-1)(s-1)}{S_E/rs(t-1)} \sim F((r-1)(s-1), rs(t-1)).$$

由此得出,在检验的显著性水平 α 下,三个假设检验的拒绝域分别为

$$F_A > F_\alpha(r-1, rs(t-1));$$
$$F_B > F_\alpha(s-1, rs(t-1));$$
$$F_{A \times B} > F_\alpha((r-1)(s-1), rs(t-1)).$$

例 9.4.1

一火箭使用 4 种燃料、3 种推进器做射程试验,每种组合各发射 2 次,得结果如表 9-9 所示. 问:当显著性水平 $\alpha = 0.05$ 时,不同燃料、不同推进器下的射程是否有显著差异?交互作用是否显著?

表 9-9

推进器	燃料		
	B_1	B_2	B_3
A_1	58.2,52.6	56.2,42.1	65.3,60.8
A_2	49.1,42.8	54.1,50.5	51.6,48.4
A_3	60.1,58.3	70.9,73.2	39.2,40.7
A_4	75.8,71.5	58.2,51.0	48.7,41.4

解　对于表 9-9 中的数据进行计算,得

$$S_A = 261.675, \quad S_B = 370.98, \quad S_{A \times B} = 1\,768.69, \quad S_E = 236.95,$$

故

$$F_A = \frac{S_A/(r-1)}{S_E/rs(t-1)} = 4.42, \quad F_B = \frac{S_B/(s-1)}{S_E/rs(t-1)} = 9.39, \quad F_{A \times B} = \frac{S_{A \times B}/(r-1)(s-1)}{S_E/rs(t-1)} = 14.9.$$

查附表 5 得

$$F_{0.05}(3,12) = 3.49 < F_A, \quad F_{0.05}(2,12) = 3.89 < F_B, \quad F_{0.05}(6,12) = 3.00 < F_{A \times B},$$

所以认为燃料和推进器这两个因素对射程都有显著影响,并且它们的交互作用也是显著的.

9.4.2　双因素无重复试验的方差分析

在 9.4.1 节中考虑了两种因素的交互作用,在每一组合水平上都做了 $t(\geqslant 2)$ 次试验. 如果对于某一个实际问题,已经知道因素之间不存在交互作用,或者交互作用对于试验的结果影响很小,那么可以不考虑它们的交互作用,在每一组合水平上只做一次试验.

方法同前,建立如下模型:

$$\begin{cases} x_{ij} = \mu + \alpha_i + \beta_j + \varepsilon_{ij}, \\ \sum\limits_{i=1}^{r} \alpha_i = 0, \sum\limits_{j=1}^{s} \beta_j = 0, \qquad (i = 1,2,\cdots,r; j = 1,2,\cdots,s). \\ \varepsilon_{ij} \sim N(0,\sigma^2), \\ \text{各 } \varepsilon_{ij} \text{ 相互独立} \end{cases}$$

要检验以下两个假设:

$$H_{01}:\alpha_1 = \alpha_2 = \cdots = \alpha_r = 0, \quad H_{11}:\alpha_1,\alpha_2,\cdots,\alpha_r \text{ 不全为零};$$
$$H_{02}:\beta_1 = \beta_2 = \cdots = \beta_s = 0, \quad H_{12}:\beta_1,\beta_2,\cdots,\beta_s \text{ 不全为零}.$$

记

$$S_E = \sum_{i=1}^{r} \sum_{j=1}^{s} (x_{ij} - \overline{x}_{i\cdot} - \overline{x}_{\cdot j} + \overline{x})^2,$$

$$S_A = s \sum_{i=1}^{r} (\overline{x}_{i\cdot} - \overline{x})^2,$$

$$S_B = r \sum_{j=1}^{s} (\overline{x}_{\cdot j} - \overline{x})^2,$$

其中

$$\overline{x}_{i\cdot} = \frac{1}{s} \sum_{j=1}^{s} x_{ij} \quad (i = 1,2,\cdots,r),$$

$$\overline{x}_{\cdot j} = \frac{1}{r} \sum_{i=1}^{r} x_{ij} \quad (j = 1,2,\cdots,s),$$

$$\overline{x} = \frac{1}{rs} \sum_{i=1}^{r} \sum_{j=1}^{s} x_{ij}.$$

可以证明:

(1) 当假设 $H_{01}:\alpha_1 = \alpha_2 = \cdots = \alpha_r = 0$ 为真时,

$$F_A = \frac{S_A/(r-1)}{S_E/(r-1)(s-1)} \sim F(r-1,(r-1)(s-1));$$

(2) 当假设 $H_{02}: \beta_1 = \beta_2 = \cdots = \beta_s = 0$ 为真时,

$$F_B = \frac{S_B/(s-1)}{S_E/(r-1)(s-1)} \sim F(s-1,(r-1)(s-1)).$$

由此得出,在检验的显著性水平 α 下,两个假设检验的拒绝域分别为

$$F_A > F_\alpha(r-1,(r-1)(s-1));$$
$$F_B > F_\alpha(s-1,(r-1)(s-1)).$$

习题 9.4

在某种橡胶的配方中,考虑了 3 种不同的促进剂、4 种不同份量的氧化锌,各种配方试验一次,测得伸长率 300% 的定伸强度(单位:mpa)如表 9-10 所示.问:不同的促进剂、不同份量的氧化锌分别对橡胶定伸强度有无显著影响?

表 9-10

促进剂	氧化锌			
	B_1	B_2	B_3	B_4
A_1	32	35	35.5	38.5
A_2	33.5	36.5	38	39.5
A_3	36	37.5	39.5	43

习 题 9

1. 在钢的含碳量(单位:%)x 对电阻(单位:Ω)Y 的效应研究中,得到如表 9-11 所示的数据.

表 9-11

含碳量 x	0.1	0.3	0.4	0.55	0.7	0.8	0.95
电阻 y	15	18	19	21	22.6	23.8	26

设对于给定的 x,Y 为正态变量,且方差与 x 无关.

(1) 求回归方程;

(2) 检验回归方程的显著性;

(3) 若 x 与 Y 呈线性关系,求 β_1 的置信度为 0.95 的置信区间;

(4) 求当 $x = 0.50$ 时,Y 的置信度为 0.95 的预测区间.

2. 表 9-12 所示的数据是退火温度(单位:℃)x 对黄铜延性 Y 效应的试验结果,其中 Y 是以延长度(单位:%)计算的,并且对于给定的 x,Y 为正态变量,其方差与 x 无关.求 Y 对 x 的回归方程.

表 9-12

x	300	400	500	600	700	800
y	40	50	55	60	67	70

3. 如表 9-13 所示,列出了 18 个 5~18 岁儿童的体重(单位:kg)和体积(单位:dm³),设对于给定的 x,Y 为正态变量,且方差与 x 无关.

(1) 求回归方程;

(2) 求当 $x = 14$ 时,Y 的置信度为 0.95 的预测区间.

表 9 – 13

x	17.1	10.5	13.8	15.7	11.9	10.4	15.0	16.0	17.8
y	16.7	10.4	13.5	15.7	11.6	10.2	14.5	15.8	17.6
x	15.8	15.1	12.1	18.4	17.1	16.7	16.5	15.1	15.1
y	15.2	14.8	11.9	18.3	16.7	16.6	15.9	15.1	14.5

4. 如表 9 – 14 所示,列出了 5 种常用抗生素注入牛的体内时,抗生素与血浆蛋白质结合的百分比,试在显著性水平 $\alpha = 0.05$ 下,检验这些百分比的均值有无显著差异(设总体服从正态分布,且方差相等)?

表 9 – 14

青霉素	四环素	链霉素	红霉素	氯霉素
26.6	27.3	5.8	21.6	29.2
24.3	32.6	6.2	17.4	32.8
28.5	30.8	11.0	18.3	25.0
32.0	34.8	8.3	19.0	24.2

5. 某年级有三个班,进行了一次数学考试,现从中随机抽取一些学生,记录成绩(单位:分)如下:

一班:73, 89, 82, 43, 80, 73, 66, 60, 45, 93, 36, 77;

二班:88, 78, 48, 91, 51, 85, 74, 56, 77, 31, 78, 62, 76, 96, 80;

三班:68, 79, 56, 91, 71, 71, 87, 41, 59, 68, 53, 79, 15.

试在显著性水平 $\alpha = 0.05$ 下,检验各班的平均分数有无显著差异(设总体服从正态分布,且方差相等)?

6. 如表 9 – 15 所示,给出某种化工过程在 3 种浓度(单位:%)、4 种温度(单位:℃)水平下得率(单位:%)的数据. 假设在每一组合水平上得率服从正态分布,且方差相等,试在显著性水平 $\alpha = 0.05$ 下,检验在不同浓度下得率有无显著差异?在不同温度下得率有无显著差异?交互作用的效应是否显著?

表 9 – 15

浓度	温度			
	10	24	38	52
2	14,10	11,11	13,9	10,12
4	9,7	10,8	7,11	6,10
6	5,11	13,14	12,13	14,10

第10章

随机过程的基本概念

本章主要讨论在理论与实际中研究随机现象的一个重要工具 —— 随机过程,简要介绍随机过程的定义及分类、有限维分布、数字特征等.

§10.1 随机过程的定义及分类

本书的前 5 章讨论了一维随机变量及多维随机变量(或称为多维随机向量)的统计规律性,而在中心极限定理中所涉及的无穷多个随机变量又是相互独立的. 但在许多自然现象和工程技术中所遇到的随机现象却是一族无穷多个、相互关联的随机变量. 为了揭示这种随机现象的整个变化过程的统计规律,我们引入一种理论 —— 随机过程.下面用实例进行说明.

例 10.1.1

在某电话局正常工作时,用 $X(t)$ 表示在时刻 t 前该电话局接到的呼叫次数. 若固定时刻 t,则 $X(t)$ 是一个随机变量. 但是 t 表示时间,故 t 又是一个可变的参数,是一个连续的变量. 因此,$X(t)$ 是一族依赖于时间参数 t 的随机变量. 我们将$\{X(t), t \in T\}$ 视为一个随机过程.

例 10.1.2

英国植物学家布朗(Brown)观察到,漂浮在液面上的微小粒子,由于受液体分子的碰撞而做随机运动,称之为**布朗运动**. 如果用$\{X(t), Y(t)\}$表示时刻 t 微小粒子在液面上的坐标位置,那么当 t 固定时,$\{X(t), Y(t)\}$ 是一二维随机变量. 因为 t 又是一个可变的连续的参数,所以$\{X(t), Y(t)\}$ 又表示一族依赖于时间参数 t 的二维随机变量. 我们将$\{X(t), Y(t), t \in T\}$ 视为一个二维随机过程.

例 10.1.3

在通信设备中,某一个电阻由于自由电子的随机运动,致使电阻两端的电压随机起伏地变化着,称之为**热噪声电压**. 若用 $X(t)$ 表示时刻 t 电阻两端的电压,则当 t 固定时,$X(t)$ 是一个随机变量;当 t 连续变化时,$X(t)$ 又是一族依赖于 t 的随机变量. 我们将$\{X(t), t \in T\}$ 视为一个随机过程(见图 10 - 1).

从上述几个例子可以看出,每一种随机现象都是用一族随机变量来描述的,并且这一族随机变量具有两个特点:一是当 t 固定时,$X(t)$ 是一个随机变量;二是当参数 t 变化时,有一族随机变量$\{X(t)\}$. 于是,可以给出随机过程的定义.

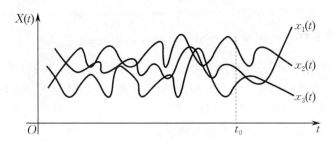

图 10-1

定义 10.1.1　设 E 是随机试验,$U = \{e\}$ 是它的样本空间,T 是一个参数集. 若对于每一个 $t \in T, X(e,t)$ 是一随机变量,则称随机变量族 $\{X(e,t), t \in T\}$ 是一**随机过程**.

按照上述定义,随机过程可以看成两个变量 e 和 t 的函数: $X(e,t), e \in U, t \in T$.

$X(e,t)$ 的含义是:

(1) 对于一个特定的试验结果 $e_i \in U, X(e_i,t)$ 就是对应于 e_i 的一个函数,也称 $X(e_i,t)$ 为随机过程的**样本函数**,或称为随机过程的**一次实现**,简记为 $x(t)$.

(2) 对于每一个固定的参数 $t_j \in T, X(e,t_j)$ 是一个定义在 U 上的随机变量. 有时将 $X(e,t_j)$ 称为随机过程(或系统) 在 $t = t_j$ 时的**状态**. 将 $X(e,t_j) = x$ 说成是当 $t = t_j$ 时,随机过程(或系统) 处于状态 x. 对于一切 $e \in U, t \in T, X(e,t)$ 所取的一切值的集合 I,称为随机过程的**状态空间**.

为了简便,今后将随机过程 $\{X(e,t), t \in T\}$ 中的记号 e 略去,用 $\{X(t), t \in T\}, \{X_t, t \in T\}$ 或 $X(t)$ 表示随机过程.

参数集 T 一般表示时间参数,如果 T 是离散的,那么随机过程就是一个序列,通常称为**时间序列**. 有时参数集 T 也可以用其他量表示,如序号、距离等.

按时间和状态是否离散分类,随机过程 $\{X(t), t \in T\}$ 有如下四类:

(1) T 离散、I 离散的随机过程;

(2) T 离散、I 连续的随机过程;

(3) T 连续、I 离散的随机过程;

(4) T 连续、I 连续的随机过程.

随机过程 $\{X(t), t \in T\}$ 还可以按过程的概率结构分类. 这里仅介绍在无线电技术、自动控制、计算机科学与通信技术等领域中常用的一些随机过程.

10.1.1　独立增量过程

设 $\{X(t), t \in T\}$ 为一个随机过程. 若对于任意正整数 n 及 $t_i \in T(i = 1,2,\cdots,n), t_1 < t_2 < \cdots < t_n$,随机增量

$$X(t_2) - X(t_1), \quad X(t_3) - X(t_2), \quad \cdots, \quad X(t_n) - X(t_{n-1})$$

相互独立,则称 $\{X(t), t \in T\}$ 为**独立增量过程**.

例如,设某电话总机在时间区间 $[0,t]$ 内接到的呼叫次数为 $X(t)$,则 $\{X(t), t \in T\}$ 是一个独立增量过程,因为在不相重叠的时间区间内接到的呼叫次数可以认为是相互独立的.

10.1.2　正态随机过程

设随机过程 $\{X(t), t \in T\}$ 对于任意正整数 n 及 $t_i \in T(i = 1,2,\cdots,n)$,随机变量 $X(t_1)$, $X(t_2), \cdots, X(t_n)$ 的联合分布函数为 n 维正态分布,则称 $\{X(t), t \in T\}$ 为**正态随机过程**.

10.1.3　维纳过程

设随机过程$\{X(t),t \geqslant 0\}$满足下列条件：

(1) $\{X(t),t \geqslant 0\}$是平稳的独立增量过程，即对于任意$t_1,t_2(0 \leqslant t_1 < t_2)$及$h > 0$, $X(t_2+h)-X(t_1+h)$与$X(t_2)-X(t_1)$有相同分布函数；

(2) 对于任意$t \geqslant 0$, $X(t)$具有正态分布函数；

(3) 对于任意$t \geqslant 0$, $E[X(t)] = 0$；

(4) $P\{X(0) = 0\} = 1$，

则称$\{X(t),t \geqslant 0\}$为**维纳**(Wiener)**过程**.

维纳过程可以作为质点的布朗运动和电子技术中理论的数学模型，并且在通信和自动控制理论中经常用到.

10.1.4　泊松过程

设$\{N(t),t \geqslant 0\}$是一个计数过程，即$N(t)$表示事件在区间$[0,t]$内发生的次数. 若$N(t)$满足：

(1) $N(0) = 0$；

(2) $\{N(t),t \geqslant 0\}$是独立增量过程；

(3) 保序性，即

$$P\{N(t) = 0\} = 1-\lambda t + o(t),$$
$$P\{N(t) = 1\} = \lambda t + o(t),$$
$$P\{N(t) \geqslant 2\} = o(t);$$

(4) 增量平稳性，即

$$P\{N(t+h)-N(t) = n\} = P\{N(h) = n\} \quad (t > 0),$$

则称$\{N(t),t \geqslant 0\}$为**泊松过程**，λ称为**强度**或**发生率**.

泊松过程在计算机科学、通信系统、交通系统以及生产管理等一切服务系统中有着广泛的应用.

除上述随机过程外，还有一些其他的随机过程，此处不再一一介绍. 但是在理论和实践中应用比较多的还有两类随机过程 —— 马尔可夫(Markov)过程和平稳随机过程，将在第11章和第12章分别予以介绍.

§10.2　随机过程的有限维分布

由于随机过程是由一族随机变量构成的，而一个随机变量的统计特性完全可由随机变量的分布函数描述，因此随机过程的统计特性也完全可以由它的分布函数描述. 为此，给出以下随机过程分布函数的定义.

10.2.1　一维分布函数及其概率密度

定义 10.2.1　设$\{X(t),t \in T\}$是一个随机过程. 对于每一个固定的$t \in T$, $X(t)$是一个随机变量，它的分布函数记为

$$F(x,t) = P\{X(t) \leqslant x\} \quad (x \in \mathbf{R}, t \in T),$$

称 $F(x,t)$ 为随机过程 $\{X(t), t \in T\}$ 的**一维分布函数**,而 $\{F(x,t), t \in T\}$ 称为**一维分布函数族**.

如果存在二元非负可积函数 $f(x,t)$,使得

$$F(x,t) = \int_{-\infty}^{x} f(u,t) \mathrm{d}u$$

成立,则称 $f(x,t)$ 为随机过程 $\{X(t), t \in T\}$ 的**一维概率密度**.

10.2.2　n 维分布函数及其概率密度

一个一维分布函数只是描述了随机过程在个别时刻的统计特性,而一维分布函数族也只是描述了随机过程在各个个别时刻的统计特性. 为了描述随机过程在不同时刻状态之间的统计联系,还需引入 n 维分布函数.

定义 10.2.2　设 $\{X(t), t \in T\}$ 是一个随机过程. 对于任意 $n(n = 2, 3, \cdots)$ 个不同时刻 t_1, $t_2, \cdots, t_n \in T$,有 n 维随机变量 $(X(t_1), X(t_2), \cdots, X(t_n))$,它的分布函数记为

$$F(x_1, x_2, \cdots, x_n; t_1, t_2, \cdots, t_n) = P\{X(t_1) \leqslant x_1, X(t_2) \leqslant x_2, \cdots, X(t_n) \leqslant x_n\}$$
$$(x_i \in \mathbf{R}, t_i \in T, i = 1, 2, \cdots, n),$$

称 $F(x_1, x_2, \cdots, x_n; t_1, t_2, \cdots, t_n)$ 为随机过程 $\{X(t), t \in T\}$ 的 **n 维分布函数**.

对于固定的 n,我们称 $\{F(x_1, x_2, \cdots, x_n; t_1, t_2, \cdots, t_n), t_i \in T (i = 1, 2, \cdots, n)\}$ 为随机过程 $\{X(t), t \in T\}$ 的 **n 维分布函数族**.

如果存在非负可积函数 $f(u_1, u_2, \cdots, u_n; t_1, t_2, \cdots, t_n)$,使得

$$F(x_1, x_2, \cdots, x_n; t_1, t_2, \cdots, t_n) = \int_{-\infty}^{x_1} \int_{-\infty}^{x_2} \cdots \int_{-\infty}^{x_n} f(u_1, u_2, \cdots, u_n; t_1, t_2, \cdots, t_n) \mathrm{d}u_1 \mathrm{d}u_2 \cdots \mathrm{d}u_n$$

成立,则称 $f(u_1, u_2, \cdots, u_n; t_1, t_2, \cdots, t_n)$ 为随机过程 $\{X(t), t \in T\}$ 的 **n 维概率密度**.

10.2.3　有限维分布函数族

定义 10.2.3　随机过程 $\{X(t), t \in T\}$ 的一维、二维 $\cdots n$ 维分布函数的全体 $\{F(x_1, x_2, \cdots, x_n; t_1, t_2, \cdots, t_n), x_i \in \mathbf{R}, t_i \in T, n = 1, 2, \cdots\}$ 称为随机过程 $\{X(t), t \in T\}$ 的**有限维分布函数族**.

由上述定义可知,随机过程 $\{X(t), t \in T\}$ 的有限维分布函数族不仅刻画了每一时刻 $t_1 \in T$ 随机过程 $\{X(t), t \in T\}$ 的状态 $X(t_1)$ 的分布规律,而且也刻画了任意时刻 $t_1, t_2, \cdots, t_n \in T$ 随机过程 $\{X(t), t \in T\}$ 的状态 $X(t_1), X(t_2), \cdots, X(t_n)$ 之间的关系. 因此,一个随机过程的统计特性可由其有限维分布函数族表达出来.

例 10.2.1

求随机过程 $X(t) = X\sin \bar{\omega} t (t \in \mathbf{R})$ 的一维概率密度,其中 $X \sim N(0, 1)$,$\bar{\omega}$ 为常数.

解　因为对于任意时刻 t_1,$X(t_1)$ 是随机变量 X 的线性函数,且 $X \sim N(0, 1)$,所以 $X(t_1)$ 也是服从正态分布的随机变量. 于是

$$E[X(t_1)] = E(X\sin \bar{\omega} t_1) = \sin \bar{\omega} t_1 E(X) = 0,$$
$$D[X(t_1)] = D(X\sin \bar{\omega} t_1) = \sin^2 \bar{\omega} t_1 D(X) = \sin^2 \bar{\omega} t_1,$$

因此 $X(t_1) \sim N(0, \sin^2 \bar{\omega} t_1)$,从而 $X(t)$ 的一维概率密度为

$$f(x,t) = \frac{1}{\sqrt{2\pi} |\sin \bar{\omega} t|} \exp\left(-\frac{x^2}{2\sin^2 \bar{\omega} t}\right).$$

10.2.4 联合分布函数

在实际问题中,常常需要研究多个随机过程,即要研究两个或两个以上随机过程之间的统计特性.为此,我们引入两个随机过程 $X(t)$ 与 $Y(t)$ 的联合分布函数的概念.

定义 10.2.4 设有两个随机过程 $X(t)$ 与 $Y(t)$.对于任意 $t_1,t_2,\cdots,t_n \in T,t_1',t_2',\cdots,t_m' \in T$,将 $n+m$ 维随机变量 $(X(t_1),X(t_2),\cdots,X(t_n),Y(t_1'),Y(t_2'),\cdots,Y(t_m'))$ 的分布函数

$$F_{XY}(x_1,x_2,\cdots,x_n,y_1,y_2,\cdots,y_m;t_1,t_2,\cdots,t_n,t_1',t_2',\cdots,t_m')$$
$$= P\{X(t_1) \leqslant x_1,\cdots,X(t_n) \leqslant x_n,Y(t_1') \leqslant y_1,\cdots,Y(t_m') \leqslant y_m\}$$

称为随机过程 $X(t)$ 和 $Y(t)$ 的 $n+m$ **维联合分布函数**,相应的 $n+m$ **维联合概率密度**记为

$$f_{XY}(x_1,x_2,\cdots,x_n,y_1,y_2,\cdots,y_m;t_1,t_2,\cdots,t_n,t_1',t_2',\cdots,t_m').$$

定义 10.2.5 设有两个随机过程 $X(t)$ 和 $Y(t)$.若对于任意 $t_1,t_2,\cdots,t_n \in T,t_1',t_2',\cdots,t_m' \in T,n+m$ 维联合分布函数满足

$$F_{XY}(x_1,x_2,\cdots,x_n,y_1,y_2,\cdots,y_m;t_1,t_2,\cdots,t_n,t_1',t_2',\cdots,t_m')$$
$$= F_X(x_1,x_2,\cdots,x_n;t_1,t_2,\cdots,t_n)F_Y(y_1,y_2,\cdots,y_m;t_1',t_2',\cdots,t_m'),$$

或者 $n+m$ 维联合概率密度满足

$$f_{XY}(x_1,x_2,\cdots,x_n,y_1,y_2,\cdots,y_m;t_1,t_2,\cdots,t_n,t_1',t_2',\cdots,t_m')$$
$$= f_X(x_1,x_2,\cdots,x_n;t_1,t_2,\cdots,t_n)f_Y(y_1,y_2,\cdots,y_m;t_1',t_2',\cdots,t_m'),$$

则称随机过程 $X(t)$ 和 $Y(t)$ **相互独立**.

习题 10.2

1. 设随机过程 $X(t) = X+Yt(t \geqslant 0)$,其中 X,Y 相互独立且同分布,$X \sim N(0,1)$,试求 $X(t)$ 的一维和二维概率分布.

2. 设随机过程 $X(t) = X\cos t(-\infty < t < +\infty)$,其中 X 的分布律如表 10-1 所示.求:

(1) 一维分布函数 $F\left(x;\frac{\pi}{4}\right),F\left(x;\frac{\pi}{2}\right)$;

(2) 二维分布函数 $F\left(x_1,x_2;0,\frac{\pi}{3}\right)$.

表 10-1

X	1	2	3
p_k	$\frac{1}{3}$	$\frac{1}{3}$	$\frac{1}{3}$

§10.3 随机过程的数字特征

随机过程的有限维分布函数族虽然能很好地刻画随机过程的统计特性,但是在实际中,根据观察只能得到随机过程的部分信息(样本),用它来确定随机过程的有限维分布函数族是十分困难的,甚至是不可能的.因而像引入随机变量的数字特征那样,有必要引入随机过程的基本的数字特征 —— 均值函数和相关函数等,便于理论和实际上的应用.

10.3.1　均值函数与方差函数

定义 10.3.1　设有随机过程 $\{X(t), t \in T\}$. 记
$$m(t) = E[X(t)] \quad (t \in T),$$
称 $m(t)$ 为随机过程 $\{X(t), t \in T\}$ 的**均值函数**.

均值函数 $m(t)$ 是随机过程的所有样本函数在时刻 t 的函数的平均值,这种平均值也称为**集平均**或**统计平均**. $m(t)$ 表示了随机过程 $\{X(t), t \in T\}$ 在各个时刻的摆动中心,如图 10 - 2 所示.

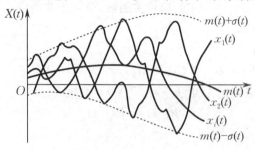

图 10 - 2

定义 10.3.2　设有随机过程 $\{X(t), t \in T\}$. 记
$$D(t) = D[X(t)] \quad (t \in T),$$
称 $D(t)$ 为随机过程 $\{X(t), t \in T\}$ 的**方差函数**,称 $\sigma(t) = \sqrt{D(t)}$ 为随机过程 $\{X(t), t \in T\}$ 的**均方差函数**.

方差函数 $D(t)[$ 或 $\sigma(t)]$ 表示了随机过程 $\{X(t), t \in T\}$ 在各个时刻 t 对于均值函数 $m(t)$ 的偏离程度,如图 10 - 2 所示.

下面给出均值函数与方差函数的计算公式.

(1) 若随机过程 $\{X(t), t \in T\}$ 的状态空间 I 是离散的,且 $P_i(t) = P\{X(t) = x_i\}$ 是 $X(t)$ 的概率分布,则
$$m(t) = E[X(t)] = \sum_i x_i P_i(t),$$
$$D(t) = D[X(t)] = \sum_i [x_i - m(t)]^2 P_i(t).$$

(2) 若随机过程 $\{X(t), t \in T\}$ 的状态空间 I 是连续的,且 $f(x, t)$ 是 $X(t)$ 的概率密度,则
$$m(t) = E[X(t)] = \int_{-\infty}^{+\infty} x f(x, t) \mathrm{d}x,$$
$$D(t) = D[X(t)] = \int_{-\infty}^{+\infty} [x - m(t)]^2 f(x, t) \mathrm{d}x.$$

(3) $D(t) = D[X(t)] = E[X^2(t)] - m^2(t)$.

10.3.2　自协方差函数与自相关函数

随机过程的均值函数与方差函数仅仅是描述随机过程在各个孤立时刻状态的重要数字特征,它们还不能描述两个不同时刻状态之间的关系. 为了刻画随机过程在任意两个不同时刻的状态之间的联系,需要引入自协方差函数与自相关函数的概念.

定义 10.3.3　设随机过程 $\{X(t), t \in T\}$ 在任意两个不同时刻 $t_1, t_2 \in T$ 的状态 $X(t_1)$ 和

$X(t_2)$ 的二阶混合中心矩为
$$C_{XX}(t_1, t_2) = \text{cov}[X(t_1), X(t_2)] = E\{[X(t_1) - m(t_1)][X(t_2) - m(t_2)]\},$$
称 $C_{XX}(t_1, t_2)$ 为随机过程 $\{X(t), t \in T\}$ 的**自协方差函数**,简称**协方差函数**.

由协方差函数的定义可知,当 $t_1 = t_2 = t \in T$ 时,显然有 $D(t) = C_{XX}(t, t)$.

定义 10.3.4 设随机过程 $\{X(t), t \in T\}$ 在任意两个不同时刻 $t_1, t_2 \in T$ 的状态 $X(t_1)$ 和 $X(t_2)$ 的二阶原点矩为
$$R(t_1, t_2) = E[X(t_1)X(t_2)],$$
称 $R(t_1, t_2)$ 为随机过程 $\{X(t), t \in T\}$ 的**自相关函数**,简称**相关函数**.

由相关函数的定义可知:

(1) 当 $m(t) = 0$ 时,有
$$R(t_1, t_2) = C_{XX}(t_1, t_2) = E[X(t_1)X(t_2)].$$

(2) 若 $X(t)$ 的二阶原点矩记为 $\Psi_X^2(t) = E[X^2(t)]$,则有
$$\Psi_X^2(t) = R(t, t).$$

(3) 由协方差函数的定义可知,
$$C_{XX}(t_1, t_2) = R(t_1, t_2) - m(t_1)m(t_2).$$
特别地,当 $t_1 = t_2 = t$ 时,上式变为
$$D(t) = C_{XX}(t, t) = R(t, t) - m^2(t).$$

例 10.3.1

设 $g(t)$ 为如图 $10-3$ 所示的周期为 L 的矩形波,Y 为服从两点分布的随机变量,其分布律为

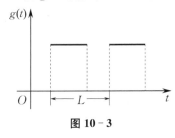
图 10-3

$P\{Y = 1\} = P\{Y = -1\} = \dfrac{1}{2}$. 对于任意 $t \in \mathbf{R}$,定义随机过程 $X(t) = Yg(t)$,试求随机过程 $\{X(t), t \in \mathbf{R}\}$ 的均值函数 $m(t)$、方差函数 $D(t)$、协方差函数 $C_{XX}(t_1, t_2)$ 和相关函数 $R(t_1, t_2)$.

解 由于
$$E(Y) = (-1) \times \frac{1}{2} + 1 \times \frac{1}{2} = 0,$$
$$E(Y^2) = (-1)^2 \times \frac{1}{2} + 1^2 \times \frac{1}{2} = 1,$$

由定义得
$$m(t) = E[X(t)] = E[Yg(t)] = g(t)E(Y) = 0,$$
$$D(t) = E[X^2(t)] - m^2(t) = E\{[Yg(t)]^2\} - 0 = g^2(t)E(Y^2) = g^2(t),$$
$$C_{XX}(t_1, t_2) = E[X(t_1)X(t_2)] - m(t_1)m(t_2) = E[Yg(t_1)Yg(t_2)]$$
$$= g(t_1)g(t_2)E(Y^2) = g(t_1)g(t_2),$$
$$R(t_1, t_2) = E[X(t_1)X(t_2)] = E[Yg(t_1)Yg(t_2)]$$
$$= g(t_1)g(t_2)E(Y^2) = g(t_1)g(t_2).$$

例 10.3.2

设随机变量 $\theta \sim U[0, 2\pi]$,定义随机过程
$$X(t) = a\cos(\omega t + \theta) \quad (t \in \mathbf{R}),$$
其中 a 和 ω 是常数. 此随机过程通常称为**随机相位正弦波**. 试求其均值函数 $m(t)$、方差函数 $D(t)$、

协方差函数 $C_{XX}(t_1,t_2)$ 和相关函数 $R(t_1,t_2)$.

　　解　因随机变量 θ 服从均匀分布,故其概率密度为

$$f(\theta)=\begin{cases}\dfrac{1}{2\pi}, & 0\leqslant\theta\leqslant 2\pi,\\[2mm]0, & \text{其他}.\end{cases}$$

于是

$$m(t)=E[a\cos(\omega t+\theta)]=\int_0^{2\pi}a\cos(\omega t+\theta)\frac{1}{2\pi}\mathrm{d}\theta=0,$$

$$\begin{aligned}C_{XX}(t_1,t_2)&=E[X(t_1)X(t_2)]-m(t_1)m(t_2)=E[a^2\cos(\omega t_1+\theta)\cos(\omega t_2+\theta)]\\&=\int_0^{2\pi}a^2\cos(\omega t_1+\theta)\cos(\omega t_2+\theta)\frac{1}{2\pi}\mathrm{d}\theta\\&=\frac{a^2}{2}\cos[\omega(t_2-t_1)],\end{aligned}$$

$$R(t_1,t_2)=E[X(t_1)X(t_2)]=\frac{a^2}{2}\cos[\omega(t_2-t_1)],$$

$$D(t)=R(t,t)-m^2(t)=\frac{a^2}{2}.$$

例 10.3.3

　　给定随机过程 $X(t)=A\cos\omega t+B\sin\omega t$,其中 ω 是常数,A 与 B 是两个相互独立的正态随机变量,且 $E(A)=E(B)=0$,$E(A^2)=E(B^2)=\sigma^2$,试求 $X(t)$ 的均值函数和相关函数.

　　解　由于 $X(t)=A\cos\omega t+B\sin\omega t$,且 A 与 B 相互独立,故
$$E(AB)=E(A)E(B)=0.$$

　　当取定 t 时,$X(t)$ 为随机变量,于是
$$\begin{aligned}E[X(t)]&=E(A\cos\omega t)+E(B\sin\omega t)\\&=\cos\omega tE(A)+\sin\omega tE(B)=0,\end{aligned}$$
$$\begin{aligned}R(t_1,t_2)&=E[X(t_1)X(t_2)]\\&=E[(A\cos\omega t_1+B\sin\omega t_1)(A\cos\omega t_2+B\cos\omega t_2)]\\&=E(A^2\cos\omega t_1\cos\omega t_2+AB\cos\omega t_1\sin\omega t_2+BA\sin\omega t_1\cos\omega t_2+B^2\sin\omega t_1\sin\omega t_2)\\&=\cos\omega t_1\cos\omega t_2E(A^2)+\cos\omega t_1\sin\omega t_2E(AB)\\&\quad+\sin\omega t_1\cos\omega t_2E(AB)+\sin\omega t_1\sin\omega t_2E(B^2)\\&=\sigma^2\cos\omega t_1\cos\omega t_2+\sigma^2\sin\omega t_1\sin\omega t_2\\&=\sigma^2\cos\omega(t_1-t_2).\end{aligned}$$

10.3.3　互协方差函数与互相关函数

　　均值函数 $m(t)$、方差函数 $D(t)$、协方差函数 $C_{XX}(t_1,t_2)$ 以及相关函数 $R(t_1,t_2)$ 只是反映了一个随机过程 $\{X(t),t\in T\}$ 的数字特征. 而描述两个随机过程 $\{X(t),t\in T\}$ 与 $\{Y(t),t\in T\}$ 之间的相关程度的数字特征还有互协方差函数与互相关函数. 为此,我们引入以下定义:

　　定义 10.3.5　设有两个随机过程 $\{X(t),t\in T\}$ 与 $\{Y(t),t\in T\}$. 对于任意两个不同时刻 $t_1,t_2\in T$,状态 $X(t_1),Y(t_2)$ 的二阶混合中心矩和二阶原点矩分别记为
$$C_{XY}(t_1,t_2)=\text{cov}[X(t_1),Y(t_2)]=E\{[X(t_1)-m_X(t_1)][Y(t_2)-m_Y(t_2)]\},$$

$$R_{XY}(t_1,t_2) = E[X(t_1)Y(t_2)],$$

称 $C_{XY}(t_1,t_2)$ 为随机过程 $\{X(t),t \in T\}$ 与 $\{Y(t),t \in T\}$ 的**互协方差函数**,称 $R_{XY}(t_1,t_2)$ 为随机过程 $\{X(t),t \in T\}$ 与 $\{Y(t),t \in T\}$ 的**互相关函数**.

由定义 10.3.5 可知

$$C_{XY}(t_1,t_2) = R_{XY}(t_1,t_2) - m_X(t_1)m_Y(t_2).$$

定义 10.3.6　　设有随机过程 $\{X(t),t \in T\}$ 与 $\{Y(t),t \in T\}$. 若对于任意 $t_1,t_2 \in T$,有

$$C_{XY}(t_1,t_2) = 0,$$

则称随机过程 $\{X(t),t \in T\}$ 与 $\{Y(t),t \in T\}$ 是**不相关**的.

由 §4.4 的内容可推断,如果两个随机过程是相互独立的,且它们的二阶矩存在,则它们必不相关. 反之,从不相关一般并不能推断出它们是相互独立的.

习题 10.3

1. 设随机过程 $X(t)$ 共有两条样本曲线 $X(e_1,t) = \cos t, X(e_2,t) = -\cos t$,且 $P(e_1) = \dfrac{2}{3}, P(e_2) = \dfrac{1}{3}$,试求 $X(t)$ 的均值函数和相关函数.

2. 设随机过程 $X(t) = X\cos(\omega t + Y)(-\infty < t < +\infty)$,其中 ω 为正常数,X 与 Y 是相互独立的随机变量,$X \sim U(0,1), Y \sim U(0,2\pi)$,试求 $X(t)$ 的均值函数和相关函数.

习 题 10

1. 利用抛掷一枚硬币的试验定义一个随机过程

$$X(t) = \begin{cases} \cos \pi t, & \text{出现正面 } H, \\ 2t, & \text{出现反面 } T. \end{cases}$$

假设出现正面 H 与出现反面 T 的概率都是 $\dfrac{1}{2}$,试确定 $X(t)$ 的一维分布函数 $F\left(x;\dfrac{1}{2}\right)$,$F(x;1)$ 以及二维分布函数 $F\left(x_1,x_2;\dfrac{1}{2},1\right)$.

2. 已知随机过程 $\{X(t),t \in T\}$ 的均值函数 $m_X(t)$ 与协方差函数 $C_{XX}(t_1,t_2)$,$\varphi(t)$ 为普通函数,试求随机过程

$$Y(t) = X(t) + \varphi(t)$$

的均值函数和协方差函数.

3. 已知随机过程 $\{X(t),t \in T\}$ 的相关函数 $R(t_1,t_2)$,求下列随机过程的相关函数:

(1) $Y(t) = (t+1)X(t)$;

(2) $Z(t) = CX(t)$　(C 为常数).

4. 给定一随机过程 $\{X(t),t \in T\}$ 和常数 a,试用 $X(t)$ 的相关函数表示随机过程

$$Y(t) = X(t+a) - X(t)　(t \in T)$$

的相关函数.

5. 设随机过程 $Z(t) = X + Yt$. 若已知二维随机变量 (X,Y) 的协方差矩阵为

$$\begin{bmatrix} \sigma_1^2 & \rho \\ \rho & \sigma_2^2 \end{bmatrix}.$$

试求 $Z(t)$ 的协方差函数.

6. 设 $X(t) = A + Bt(-\infty < t < +\infty)$,式中 A 与 B 是相互独立的,且都是服从正态分布 $N(0,\sigma^2)$ 的随机变量. 试说明 $X(t)$ 是一正态随机过程,并求出它的相关函数.

第 11 章

马尔可夫过程

本章将研究一类满足无后效性的随机过程 —— 马尔可夫过程. 所谓**无后效性**, 是指一个随机过程$\{X(t), t \in T\}$, 如果给定了当前时刻t的状态$X(t)$, 未来时刻$s(s > t)$的状态$X(s)$不受过去时刻$u(u < t)$的状态$X(u)$的影响. 无后效性也称为马尔可夫性.

通常马尔可夫过程按照时间和状态分类进行研究, 第一类是时间和状态都是离散的马尔可夫过程, 又称为马尔可夫链; 第二类是时间连续、状态离散的马尔可夫过程; 第三类是时间和状态都是连续的马尔可夫过程. 本章只涉及第一类马尔可夫过程.

§11.1　马尔可夫链

若随机过程$\{X(t), t \in T\}$的参数集T为非负整数集, 即$T = \{0, 1, 2, \cdots\}$, 状态空间I为有限集或可列无限集, 此种随机过程可记为$\{X(n), n = 0, 1, 2, \cdots\}$或$\{X_n, n \geqslant 0\}$. 下面考虑$\{X_n, n \geqslant 0\}$的状态空间$I$为整数集(或其子集合)的情形.

11.1.1　马尔可夫链的概念

定义 11.1.1　设有随机过程$\{X_n, n \geqslant 0\}$. 若对于任意$n \geqslant 0$及任意一列状态$i_0, i_1, \cdots, i_{n-1}, i, j$, 满足马尔可夫性, 即

$$P\{X_{n+1} = j \mid X_0 = i_0, X_1 = i_1, \cdots, X_{n-1} = i_{n-1}, X_n = i\} = P\{X_{n+1} = j \mid X_n = i\}, \quad (11.1.1)$$

则称随机过程$\{X_n, n \geqslant 0\}$为**马尔可夫链**, 简称**马氏链**.

马尔可夫链的主要特性就是马尔可夫性. 如果将参数集合$T = \{0, 1, 2, \cdots\}$视为时间参数集合, 时刻n表示"现在", 时刻$n+1$表示"将来", 时刻$0, 1, \cdots, n-1$表示"过去", 那么式(11.1.1)表明, 在"现在"$X_n = i$已知的条件下, $\{X_n\}$"将来"的情况与"过去"的情况是无关的. 或者说, $\{X_n\}$的"将来"只是通过"现在"与"过去"发生联系, 一旦"现在"已知, "将来"和"过去"就无关系了.

11.1.2　一步转移概率

定义 11.1.2　设$\{X_n, n \geqslant 0\}$是马尔可夫链. 记条件概率

$$p_{ij}(n) = P\{X_{n+1} = j \mid X_n = i\},$$

称$p_{ij}(n)$为马尔可夫链$\{X_n, n \geqslant 0\}$在时刻n的**一步转移概率**.

$p_{ij}(n)$的含义是: 马尔可夫链$\{X_n, n \geqslant 0\}$在已知时刻n所处的状态$X_n = i$的条件下, 到下一

步时刻 $n+1$ 的状态 $X_{n+1} = j$ 的条件概率.

由于马尔可夫链 $\{X_n, n \geqslant 0\}$ 的状态空间 I 是整数集(或其子集合),从状态 i 出发,经过一步转移后,必然到达状态空间 I 中一个状态且只能到达一个状态,因此一步转移概率 $p_{ij}(n)$ 应满足以下条件:

(1) $p_{ij}(n) \geqslant 0 \quad (i, j \in I)$;

(2) $\sum\limits_{j \in I} p_{ij}(n) = 1 \quad (i \in I)$.

如果马尔可夫链 $\{X_n, n \geqslant 0\}$ 的一步转移概率 $p_{ij}(n)$ 与 n 无关,即无论在任何时刻 n 从状态 i 经过一步转移到达状态 j 的概率都相等,记为

$$P\{X_{n+1} = j \mid X_n = i\} = p_{ij},$$

则称其为**齐次马尔可夫链**.

本书主要研究齐次马尔可夫链,它的主要特征是马尔可夫性和时齐性.

11.1.3 一步转移概率矩阵

根据理论和实践的需要,我们引入一步转移概率矩阵的概念.

定义 11.1.3 设马尔可夫链 $\{X_n, n \geqslant 0\}$ 的状态空间 I 是整数集,$p_{ij}(n)$ 为时刻 n 的一步转移概率,矩阵

$$\boldsymbol{P}^{(1)}(n) = (p_{ij}(n))$$

称为马尔可夫链 $\{X_n, n \geqslant 0\}$ 在时刻 n 的**一步转移概率矩阵**.

一步转移概率矩阵 $\boldsymbol{P}^{(1)}(n)$ 的含义是:从矩阵 $\boldsymbol{P}^{(1)}(n)$ 可以更清楚地看到马尔可夫链 $\{X_n, n \geqslant 0\}$ 在时刻 n 时各个状态所发生的变化信息,从而更好地掌握马尔可夫链 $\{X_n, n \geqslant 0\}$ 的特征及其规律.

当马尔可夫链 $\{X_n, n \geqslant 0\}$ 的状态空间 I 为非负整数集,即 $I = \{0, 1, 2, \cdots\}$ 时,其一步转移概率矩阵为

$$\boldsymbol{P}^{(1)}(n) = \begin{pmatrix} p_{00}(n) & p_{01}(n) & \cdots \\ p_{10}(n) & p_{11}(n) & \cdots \\ \vdots & \vdots & \\ p_{m0}(n) & p_{m1}(n) & \cdots \\ \vdots & \vdots & \end{pmatrix}.$$

如果马尔可夫链 $\{X_n, n \geqslant 0\}$ 是齐次的,那么其一步转移概率矩阵为

$$\boldsymbol{P}^{(1)}(n) = \boldsymbol{P} = \begin{pmatrix} p_{00} & p_{01} & \cdots \\ p_{10} & p_{11} & \cdots \\ \vdots & \vdots & \\ p_{m0} & p_{m1} & \cdots \\ \vdots & \vdots & \end{pmatrix}.$$

例 11.1.1

考虑伯努利概型中的试验,每次试验有两种状态:

$$A_0 = A(\text{成功}), \quad A_1 = \overline{A}(\text{失败}),$$

因此随机试验序列 $\{X_n, n \geqslant 0\}$ 在任何时刻 n 只有两种状态:$X_n = A_0$ 或 $X_n = A_1$. 因为事件 A_0 与

A_1 是相互独立的,且 $P(A_0) = p, P(A_1) = q(p+q = 1, 0 < p < 1)$,所以在第 n 次试验出现 A_i $(i = 0, 1)$ 的条件下,第 $n+1$ 次试验出现 $A_j(j = 0, 1)$ 的条件概率为

$$p_{ij} = P\{X_{n+1} = A_j \mid X_n = A_i\}.$$

故一步转移概率为

$$p_{00} = p_{10} = p, \quad p_{01} = p_{11} = q.$$

这说明一步转移概率与 n 无关,因此伯努利试验的随机序列 $\{X_n, n \geq 0\}$ 构成一个齐次马尔可夫链,其一步转移概率矩阵为

$$\boldsymbol{P}^{(1)}(n) = \boldsymbol{P} = \begin{bmatrix} p & q \\ p & q \end{bmatrix}. \tag{11.1.2}$$

下列一些现象均与例 11.1.1 类似.

(1) 抛掷一枚硬币,出现正面、反面的概率均为 $\frac{1}{2}$,第 n 次试验记为 X_n. 若"$X_n = 0$"表示事件"出现正面","$X_n = 1$"表示事件"出现反面",则 $\{X_n, n \geq 0\}$ 是一个齐次马尔可夫链,其一步转移概率矩阵如式(11.1.2)所示,其中 $p = q = \frac{1}{2}$.

(2) 在产品质量检查时,出现次品的概率为 p,出现正品的概率为 $q(p+q = 1, 0 < p < 1)$,第 n 次试验记为 X_n. 若"$X_n = 0$"表示事件"出现次品","$X_n = 1$"表示事件"出现正品",则 $\{X_n, n \geq 0\}$ 是一个齐次马尔可夫链,其一步转移概率矩阵如式(11.1.2)所示.

(3) 在数字传输的串联系统(见图 11-1)中只传输数字 0 和 1,设每一级的传真率(输出与输入数字相同的概率称为系统的传真率)为 $p(0 < p < 1)$,误码率为 $q = 1 - p$,并设一个单位时间传输一级,X_0 是第一级的输入,X_n 是第 $n(n \geq 1)$ 级的输出,用"$X_n = 0$"表示事件"数字为 0","$X_n = 1$"表示事件"数字为 1",则 $\{X_n, n \geq 0\}$ 是一个齐次马尔可夫链,其一步转移概率如式(11.1.2)所示.

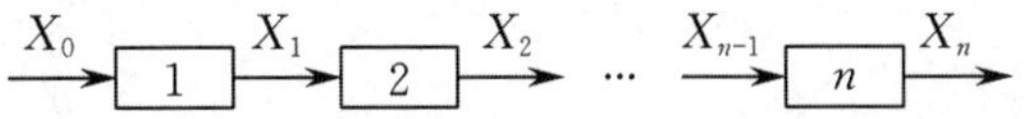

图 11-1

例 11.1.2

直线上的随机游动. 考虑在直线上做随机游动的质点. 设某时刻质点位于 i,在下一步质点以概率 p 向右移动一格到 $i+1$,以概率 $q = 1 - p$ 向左移动一格到 $i-1$. 若令 X_n 表示时刻 n 质点的位置,则 $\{X_n, n \geq 0\}$ 是一个随机过程,且当 $X_n = i$ 时,X_{n+1} 的行为只与 $X_n = i$ 有关,而与质点在时刻 n 以前如何到达状态 i 完全无关. 故 $\{X_n, n \geq 0\}$ 是一个马尔可夫链,而且还是齐次的. 下面就不同的状态空间 I 分别进行讨论,并求出一步转移概率.

(1) 无限制随机游动. 此时状态空间 I 为整数集,即 $I = \{\cdots, -2, -1, 0, 1, 2, \cdots\}$,其质点运动状况如图 11-2 所示,一步转移概率为

$$p_{ij} = P\{X_{n+1} = j \mid X_n = i\} = \begin{cases} p, & j = i+1, \\ q, & j = i-1, \\ 0, & \text{其他}. \end{cases}$$

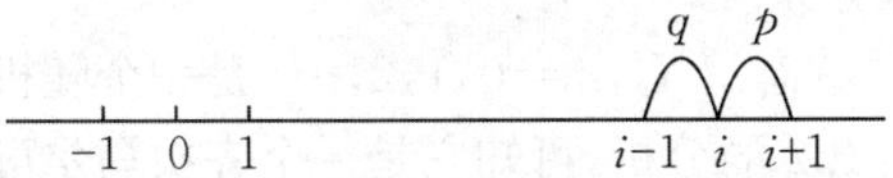

图 11-2

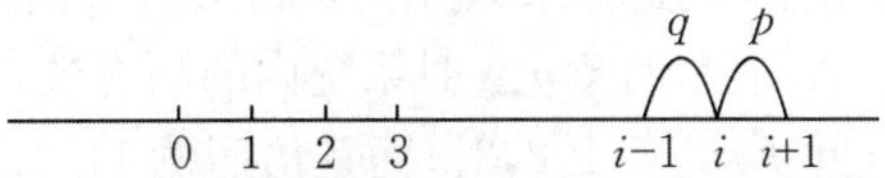

图 11-3

(2) 带一个吸收壁的随机游动. 当随机游动的状态空间 I 为非负整数集,即 $I = \{0, 1, 2, \cdots\}$

时,其质点运动状况如图 11-3 所示,而且一旦当 $X_n = 0$ 以后,X_{n+1} 也就停留在这个状态上,此状态称为**吸收状态**. 此时,$\{X_n, n \geqslant 0\}$ 是一个齐次马尔可夫链,其一步转移概率为

$$p_{ij} = P\{X_{n+1} = j \mid X_n = i\} = \begin{cases} p, & j = i+1 \quad (i \geqslant 1), \\ q, & j = i-1 \quad (i \geqslant 1), \\ 1, & j = i = 0, \\ 0, & \text{其他}. \end{cases}$$

一步转移概率矩阵为

$$\boldsymbol{P} = \begin{pmatrix} 1 & 0 & 0 & 0 & \cdots \\ q & 0 & p & 0 & \cdots \\ 0 & q & 0 & p & \cdots \\ \vdots & \vdots & \vdots & \vdots & \end{pmatrix}.$$

(3) 带有一个反射壁的随机游动. 当随机游动的状态空间 $I = \{0, 1, 2, \cdots\}$,且 0 不再是吸收状态,而是具有"反射"功能的状态(见图 11-4)时,质点一旦进入 0 状态后,下一步它以概率 p 向右移动一格,以概率 q 停留在 0 状态上. 后一种情况解释为:试想在 0 状态的左边有一反射壁,每次质点自 0 向左移动时,均被反射回状态 0. 当质点在其他状态时,与前述游动情形一样. 因此,称这种随机游动为带有一个反射壁的随机游动,它是一个齐次马尔可夫链,其一步转移概率为

$$p_{ij} = P\{X_{n+1} = j \mid X_n = i\} = \begin{cases} p, & j = i+1 \quad (i \geqslant 0), \\ q, & j = i-1 \quad (i \geqslant 1), \\ q, & j = i = 0, \\ 0, & \text{其他}. \end{cases}$$

一步转移概率矩阵为

$$\boldsymbol{P} = \begin{pmatrix} q & p & 0 & 0 & \cdots \\ q & 0 & p & 0 & \cdots \\ 0 & q & 0 & p & \cdots \\ \vdots & \vdots & \vdots & \vdots & \end{pmatrix}.$$

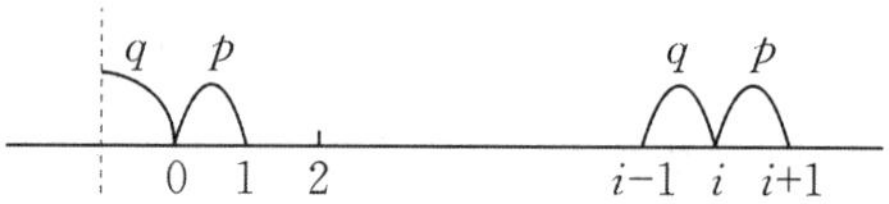

图 11-4

例 11.1.3

排队模型. 设服务系统由一个服务员和只可以容纳两个人的等候室组成. 服务规则是:先到先服务,后来者需在等候室依次排队. 假定一个需要服务的顾客到达系统时发现系统内已有 3 个顾客(一个正在接受服务,两个在等候室排队),则该顾客离去. 设时间间隔 Δt 内将有一个顾客进入系统的概率为 q,有一原来被服务的顾客离开系统(服务完毕)的概率为 p. 又设当 Δt 充分小时,在这时间间隔内多于一个顾客进入或离开系统实际上是不可能的. 再设有无顾客来到与服务是否完毕是相互独立的. 现用马尔可夫链来描述这个服务系统.

设 X_n 表示时刻 $n\Delta t$ 时系统内的顾客数,即系统的状态. $\{X_n, n = 0, 1, 2, \cdots\}$ 是一个随机过程,状态空间 $I = \{0, 1, 2, 3\}$,而且仿照例 11.1.1、例 11.1.2 的分析,可知它是一个齐次马尔可夫链. 下面来计算此马尔可夫链的一步转移概率.

p_{00} 表示在系统内没有顾客的条件下,经 Δt 后仍没有顾客的概率(此处是条件概率,以下同),

$p_{00} = 1 - q.$

p_{01} 表示在系统内没有顾客的条件下,经 Δt 后有一顾客进入系统的概率,$p_{01} = q.$

p_{10} 表示系统内恰有一顾客正在接受服务的条件下,经 Δt 后系统内无人的概率,它等于在 Δt 间隔内顾客因服务完毕而离去,且无人进入系统的概率,$p_{10} = p(1-q).$

p_{11} 表示系统内恰有一顾客的条件下,在 Δt 间隔内,此顾客因服务完毕而离去,而另一顾客进入系统,或者正在接受服务的顾客将继续要求服务,且无人进入系统的概率,$p_{11} = pq + (1-p)(1-q).$

p_{12} 表示系统内恰有一顾客的条件下,在 Δt 间隔内,正在接受服务的顾客继续要求服务,且另一个顾客进入系统的概率,$p_{12} = q(1-p).$

p_{13} 表示系统内恰有一顾客的条件下,在 Δt 间隔内,正在接受服务的顾客继续要求服务,且有两个顾客进入系统的概率. 由假设,后者实际上是不可能发生的,$p_{13} = 0.$

类似地,有

$$p_{21} = p_{32} = p(1-q), \quad p_{22} = pq + (1-p)(1-q), \quad p_{23} = q(1-p), \quad p_{ij} = 0 \quad (\mid i-j \mid \geqslant 2).$$

p_{33} 表示系统内恰有三位顾客的条件下,在 Δt 间隔内,一人因服务完毕而离去且另一人进入系统,或者无人离开系统的概率,$p_{33} = pq + (1-p).$

于是,该马尔可夫链的一步转移概率矩阵为

$$\boldsymbol{P} = \begin{pmatrix} 1-q & q & 0 & 0 \\ p(1-q) & pq+(1-p)(1-q) & q(1-p) & 0 \\ 0 & p(1-q) & pq+(1-p)(1-q) & q(1-p) \\ 0 & 0 & p(1-q) & pq+(1-p) \end{pmatrix}.$$

在实际问题中,一步转移概率通常可通过统计试验确定. 下面看一实例.

例 11.1.4

某计算机机房的一台计算机经常出故障,研究者每隔 15 min 观察一次计算机的运行状态,收集了 24 h 的数据(共做 97 次观察). 用 1 表示正常状态,用 0 表示不正常状态,所得的数据序列如下:

1110010011111100111101111110011111111110001101101
11101101101011110111101111011111100110111111100111.

设 X_n 为第 $n(n = 1,2,\cdots,97)$ 个时段的计算机状态,可以认为它是一个齐次马尔可夫链,状态空间 $I = \{0,1\}.$ 96 次状态转移的情况是:

$0 \rightarrow 0,8$ 次;　$0 \rightarrow 1,18$ 次;　$1 \rightarrow 0,18$ 次;　$1 \rightarrow 1,52$ 次.

因此,一步转移概率可用频率近似地表示为

$$p_{00} = P\{X_{n+1} = 0 \mid X_n = 0\} \approx \frac{8}{8+18} = \frac{4}{13},$$

$$p_{01} = P\{X_{n+1} = 1 \mid X_n = 0\} \approx \frac{18}{8+18} = \frac{9}{13},$$

$$p_{10} = P\{X_{n+1} = 0 \mid X_n = 1\} \approx \frac{18}{18+52} = \frac{9}{35},$$

$$p_{11} = P\{X_{n+1} = 1 \mid X_n = 1\} \approx \frac{52}{18+52} = \frac{26}{35}.$$

例 11.1.5

一个地层剖面包含砂岩 A、粉砂岩 B 和页岩 C 这三种岩性（状态），共有 12 层，11 个转移，从底到顶为 BCACBCABABCA. 试写出它的一步转移概率矩阵.

解 因为该地层剖面有三个状态，故

$$P = \begin{pmatrix} p_{11} & p_{12} & p_{13} \\ p_{21} & p_{22} & p_{23} \\ p_{31} & p_{32} & p_{33} \end{pmatrix},$$

其中 $p_{ij} = \dfrac{\text{从状态 } i \text{ 转移到状态 } j \text{ 的次数}}{\text{状态 } i \text{ 出现的次数}}(i,j=1,2,3)$. 列出转移频数表，如表 11-1 所示.

表 11-1

由	到			状态出现的次数
	A(1)	B(2)	C(3)	
A(1)	0	2	1	3
B(2)	1	0	3	4
C(3)	3	1	0	4

因此，一步转移概率矩阵为

$$P = \begin{pmatrix} \frac{0}{3} & \frac{2}{3} & \frac{1}{3} \\ \frac{1}{4} & \frac{0}{4} & \frac{3}{4} \\ \frac{3}{4} & \frac{1}{4} & \frac{0}{4} \end{pmatrix} = \begin{pmatrix} 0 & \frac{2}{3} & \frac{1}{3} \\ \frac{1}{4} & 0 & \frac{3}{4} \\ \frac{3}{4} & \frac{1}{4} & 0 \end{pmatrix}.$$

习题 11.1

1. 将一颗骰子扔多次，记 X_n 为第 n 次扔出的点数.

(1) 问：X_n 是否为马尔可夫链？若是，写出其一步转移概率矩阵；

(2) 又记 Y_n 为前 n 次扔出的点数和，问：Y_n 是否为马尔可夫链？若是，写出其一步转移概率矩阵.

2. 将适当的数字填在矩阵 P 的空白处，使得 P 矩阵为一步转移概率矩阵.

$$P = \begin{pmatrix} & \frac{1}{5} & \frac{2}{5} & \frac{1}{5} \\ \frac{1}{6} & & \frac{1}{6} & \frac{2}{6} \\ & & & 1 \\ \frac{1}{4} & \frac{3}{4} & & \end{pmatrix}.$$

3. 一质点在区间 $[0,4]$ 中的 $0,1,2,3,4$ 上做随机游动，游动的规则是：在 0 点以概率 1 向右移动一个单位，在 4 处以概率 1 向左移动一个单位，在 $1,2,3$ 上各以概率 $\frac{1}{3}$ 向左、向右移动一个单位或留在原处. 试求一步转移概率矩阵.

4. 设岩性这个随机变量只能取砂岩（用 E_1 代表）、灰岩（用 E_2 代表）两种状态，对于某地层剖面观测记录的一次实现为

$$E_1E_1E_1E_2E_1E_1E_1E_2E_2E_1E_1E_1E_2E_1E_1E_1.$$

试写出它的一步转移概率矩阵.

§11.2　马尔可夫链的性质及多步转移概率

11.2.1　马尔可夫链的性质

{性质 11.2.1}　　设马尔可夫链 $\{X_n, n \geqslant 0\}$ 的状态空间为 I,则

$$P\{X_0 = i_0, X_1 = i_1, \cdots, X_n = i_n\} = P\{X_0 = i_0\} P\{X_1 = i_1 \mid X_0 = i_0\} \cdots P\{X_n = i_n \mid X_{n-1} = i_{n-1}\}.$$

证　　由乘法公式有

$$P\{X_0 = i_0, X_1 = i_1, \cdots, X_n = i_n\}$$
$$= P\{X_0 = i_0\} P\{X_1 = i_1 \mid X_0 = i_0\} P\{X_2 = i_2 \mid X_1 = i_1, X_0 = i_0\}$$
$$\cdots P\{X_n = i_n \mid X_{n-1} = i_{n-1}, \cdots X_1 = i_1, X_0 = i_0\},$$

则由马尔可夫性有

$$P\{X_0 = i_0, X_1 = i_1, \cdots, X_n = i_n\}$$
$$= P\{X_0 = i_0\} P\{X_1 = i_1 \mid X_0 = i_0\} \cdots P\{X_n = i_n \mid X_{n-1} = i_{n-1}\}.$$

若将

$$p_i(0) = P\{X_0 = i\} \quad (i \in I)$$

称为马尔可夫链 $\{X_n, n \geqslant 0\}$ 的**初始分布**,则性质 11.2.1 可表示为

$$P\{X_0 = i_0, X_1 = i_1, \cdots, X_n = i_n\} = p_i(0) p_{i_0 i_1} p_{i_1 i_2} \cdots p_{i_{n-1} i_n}.$$

这就表明,$X_0, X_1, \cdots, X_n$ 的联合分布可由初始分布及一步转移概率决定.

可以证明:若一个随机序列 $\{X_n, n \geqslant 0\}$ 对于任意时刻 n,性质 11.2.1 成立,则此随机序列是马尔可夫链.

{性质 11.2.2}　　设马尔可夫链 $\{X_n, n \geqslant 0\}$ 的状态空间为 I,则

$$P\{X_n = i_n \mid X_{n+1} = i_{n+1}, \cdots, X_{n+k} = i_{n+k}\} = P\{X_n = i_n \mid X_{n+1} = i_{n+1}\}.$$

证　　由条件概率公式及性质 11.2.1 可知

$$P\{X_n = i_n \mid X_{n+1} = i_{n+1}, \cdots, X_{n+k} = i_{n+k}\}$$
$$= \frac{P\{X_n = i_n, X_{n+1} = i_{n+1}, \cdots, X_{n+k} = i_{n+k}\}}{P\{X_{n+1} = i_{n+1}, \cdots, X_{n+k} = i_{n+k}\}}$$
$$= \frac{P\{X_n = i_n\} P\{X_{n+1} = i_{n+1} \mid X_n = i_n\} \cdots P\{X_{n+k} = i_{n+k} \mid X_{n+k-1} = i_{n+k-1}\}}{P\{X_{n+1} = i_{n+1}\} P\{X_{n+2} = i_{n+2} \mid X_{n+1} = i_{n+1}\} \cdots P\{X_{n+k} = i_{n+k} \mid X_{n+k-1} = i_{n+k-1}\}}$$
$$= \frac{P\{X_n = i_n\} P\{X_{n+1} = i_{n+1} \mid X_n = i_n\}}{P\{X_{n+1} = i_{n+1}\}}$$
$$= \frac{P\{X_n = i_n, X_{n+1} = i_{n+1}\}}{P\{X_{n+1} = i_{n+1}\}}$$
$$= P\{X_n = i_n \mid X_{n+1} = i_{n+1}\}.$$

此性质表明,如果将一个马尔可夫链的参数集 T 按相反方向排列,那么所排成的序列也是一个马尔可夫链.

{性质 11.2.3}　　设马尔可夫链 $\{X_n, n \geqslant 0\}$ 的状态空间为 I,则对于任意的 $0 \leqslant s \leqslant r < n$,

在已知 $X_r = i_r$ 的条件下,有

$$P\{X_n = i_n, X_s = i_s \mid X_r = i_r\} = P\{X_n = i_n \mid X_r = i_r\}P\{X_s = i_s \mid X_r = i_r\}.$$

利用条件概率公式及性质 11.2.1,读者可自行证明此性质.

此性质表明,若将 $X_r = i_r$ 视为"现在",则在已知"现在"的情形下,"过去"与"将来"是相互独立的.

{性质 11.2.4}　设马尔可夫链 $\{X_n, n \geqslant 0\}$ 的状态空间为 I,则

$$P\{X_{n+1} = i_{n+1}, \cdots, X_{n+k} = i_{n+k} \mid X_n = i_n, \cdots, X_0 = i_0\} = P\{X_{n+1} = i_{n+1}, \cdots, X_{n+k} = i_{n+k} \mid X_n = i_n\}.$$

由条件概率公式及性质 11.2.1,读者可自行证明此性质.

此性质表明,若已知"现在",则"过去"同时对"将来"各时刻的状态都不产生影响. 特别地,有

$$P\{X_{n+k} = i_{n+k} \mid X_n = i_n, \cdots, X_0 = i_0\} = P\{X_{n+k} = i_{n+k} \mid X_n = i_n\}.$$

11.2.2　k 步转移概率及 k 步转移概率矩阵

前面已对马尔可夫链的一步转移概率进行了研究,并且由性质 11.2.1 可知,马尔可夫链的有限维概率分布可由它的初始分布及一步转移概率所决定. 但是,在马尔可夫链的研究中,还需要研究"从已知状态 i 出发,经过 k 步转移后,系统处于状态 j"的概率. 为此,我们引入 k 步转移概率与 k 步转移概率矩阵.

定义 11.2.1　设马尔可夫链 $\{X_n, n \geqslant 0\}$ 的状态空间为 I,系统在时刻 n 从状态 i 出发,经过 k 步转移后处于状态 j 的概率为

$$p_{ij}^{(k)}(n) = P\{X_{n+k} = j \mid X_n = i\} \quad (i, j \in I),$$

称其为 k 步转移概率.

由定义 11.2.1 可知,k 步转移概率 $p_{ij}^{(k)}(n)$ 满足:

$$p_{ij}^{(k)}(n) \geqslant 0, \quad \sum_j p_{ij}^{(k)}(n) = 1 \quad (i, j \in I).$$

如果马尔可夫链 $\{X_n, n \geqslant 0\}$ 是齐次的,那么 k 步转移概率 $p_{ij}^{(k)}(n)$ 与 n 无关,可记为 $p_{ij}^{(k)}$.

我们规定

$$p_{ij}^{(0)}(n) = \delta_{ij} = \begin{cases} 1, & i = j, \\ 0, & i \neq j, \end{cases} \quad p_{ij}^{(1)}(n) = p_{ij}(n).$$

对于 k 步转移概率,有如下的查普曼-科尔莫戈罗夫(Chapman-Kolmogorov)方程(简称 C-K 方程).

定理 11.2.1　设马尔可夫链 $\{X_n, n \geqslant 0\}$ 的状态空间为 I,则

$$p_{ij}^{(k+l)}(n) = \sum_{s \in I} p_{is}^{(k)}(n) p_{sj}^{(l)}(n+k) \quad (i, j \in I).$$

证　由条件概率公式及马尔可夫性有

$$\begin{aligned}
p_{ij}^{(k+l)}(n) &= P\{X_{n+k+l} = j \mid X_n = i\} \\
&= P\{X_{n+k+l} = j, \bigcup_{s \in I}\{X_{n+k} = s\} \mid X_n = i\} \\
&= \sum_{s \in I} P\{X_{n+k+l} = j, X_{n+k} = s \mid X_n = i\} \\
&= \sum_{s \in I} P\{X_{n+k} = s \mid X_n = i\}P\{X_{n+k+l} = j \mid X_{n+k} = s, X_n = i\} \\
&= \sum_{s \in I} P\{X_{n+k} = s \mid X_n = i\}P\{X_{n+k+l} = j \mid X_{n+k} = s\}
\end{aligned}$$

$$= \sum_{s \in I} p_{is}^{(k)}(n) p_{sj}^{(l)}(n+k).$$

如果马尔可夫链 $\{X_n, n \geq 0\}$ 是齐次的,那么 C-K 方程可写为

$$p_{ij}^{(k+l)} = \sum_{s \in I} p_{is}^{(k)} p_{sj}^{(l)}.$$

由 C-K 方程可以得到用一步转移概率表示多步转移概率的表达式(假设马尔可夫链是齐次的):

$$p_{ij}^{(2)} = \sum_{s \in I} p_{is} p_{sj},$$

$$p_{ij}^{(3)} = \sum_{s_1 \in I} p_{is_1} p_{s_1 j}^{(2)} = \sum_{s_1 \in I} \sum_{s_2 \in I} p_{is_1} p_{s_1 s_2} p_{s_2 j},$$

$$\cdots\cdots$$

$$p_{ij}^{(k+1)} = \sum_{s_1 \in I} \sum_{s_2 \in I} \cdots \sum_{s_k \in I} p_{is_1} p_{s_1 s_2} \cdots p_{s_k j}.$$

定义 11.2.2　　设马尔可夫链 $\{X_n, n \geq 0\}$ 的状态空间为 I, k 步转移概率为 $p_{ij}^{(k)}(n)$, 矩阵 $\boldsymbol{P}^{(k)}(n) = (p_{ij}^{(k)}(n))$ 称为 **k 步转移概率矩阵**.

在上述定义下, C-K 方程可表示为

$$\boldsymbol{P}^{(k+l)}(n) = \boldsymbol{P}^{(k)}(n) \boldsymbol{P}^{(l)}(n+k).$$

若再记

$$\boldsymbol{P}(n) = \boldsymbol{P}^{(1)}(n),$$

则

$$\boldsymbol{P}^{(k)}(n) = \boldsymbol{P}(n) \boldsymbol{P}(n+1) \cdots \boldsymbol{P}(n+k-1).$$

若马尔可夫链 $\{X_n, n \geq 0\}$ 是齐次的,则 k 步转移概率矩阵为

$$\boldsymbol{P}^{(k)} = \boldsymbol{P}^k.$$

也就是说,对于齐次马尔可夫链而言, k 步转移概率矩阵是一步转移概率矩阵的 k 次方.

例 11.2.1

在例 11.1.4 中,若计算机在某一时段(15 min)的状态为 0,问:从本时段起此计算机能连续正常工作 1 h(4 个时段) 的概率为多少?

解　由题意可知,前一时段的状态为 0. 也就是说,初始分布 $p_0(0) = P\{X_0 = 0\} = 1$. 于是,计算机能连续正常工作 4 个时段的概率为

$$P\{X_0 = 0, X_1 = 1, X_2 = 1, X_3 = 1, X_4 = 1\} = p_0(0) p_{01}(1) p_{11}(2) p_{11}(3) p_{11}(4)$$

$$= 1 \times \frac{9}{13} \times \frac{26}{35} \times \frac{26}{35} \times \frac{26}{35} \approx 0.284.$$

式中数据见例 11.1.4.

例 11.2.2

在伯努利概型试验中,试验序列 $\{X_n, n \geq 0\}$ 是一个齐次马尔可夫链, $P\{X_n = 0\} = p$, $P\{X_n = 1\} = 1 - p = q$, 试求 k 步转移概率矩阵.

解　一步转移概率矩阵为

$$\boldsymbol{P} = \begin{bmatrix} p & q \\ p & q \end{bmatrix},$$

则 k 步转移概率矩阵为

$$\boldsymbol{P}^{(k)} = \boldsymbol{P}^k = \begin{pmatrix} p & q \\ p & q \end{pmatrix}^k = \begin{pmatrix} p & q \\ p & q \end{pmatrix}.$$

例 11.2.3

考虑一个通信系统,它通过几个阶段传送数字 0 和 1,设在每一阶段被下一阶段接收的数字仍与这阶段相同的转移概率为 0.75,且记第 n 阶段接收的数字为 X_n,那么有

$$P\{X_{n+1} = 0 \mid X_n = 0\} = 0.75,$$
$$P\{X_{n+1} = 1 \mid X_n = 0\} = 1 - 0.75 = 0.25,$$
$$P\{X_{n+1} = 1 \mid X_n = 1\} = 0.75,$$
$$P\{X_{n+1} = 0 \mid X_n = 1\} = 1 - 0.75 = 0.25.$$

试求进入第一阶段的数字是 0,到第 5 阶段接收到的数字也是 0 的概率.

解 由题意可知,$\{X_n, n \geqslant 0\}$ 是一个齐次马尔可夫链,状态空间 $I = \{0,1\}$,需要求的是四步转移概率 $p_{00}^{(4)}$. 由题设可知,一步转移概率矩阵为

$$\boldsymbol{P} = \begin{pmatrix} p_{00} & p_{01} \\ p_{10} & p_{11} \end{pmatrix} = \begin{pmatrix} 0.75 & 0.25 \\ 0.25 & 0.75 \end{pmatrix},$$

四步转移矩阵为

$$\boldsymbol{P}^{(4)} = \boldsymbol{P}^4 = \begin{pmatrix} 0.75 & 0.25 \\ 0.25 & 0.75 \end{pmatrix}^4 = \begin{pmatrix} 0.531\,25 & 0.468\,75 \\ 0.468\,75 & 0.531\,25 \end{pmatrix},$$

故得

$$p_{00}^{(4)} = 0.531\,25.$$

这个结果说明,通过 4 个阶段的传送,数字 0 仍被接收的概率为 0.531 25.

习题 11.2

1. 设齐次马尔可夫链 $\{X_n, n \geqslant 0\}$ 的一步转移概率矩阵为

$$\boldsymbol{P} = \begin{pmatrix} \dfrac{1}{2} & \dfrac{1}{3} & \dfrac{1}{6} \\[2mm] \dfrac{1}{2} & \dfrac{1}{3} & \dfrac{1}{6} \\[2mm] \dfrac{1}{2} & \dfrac{1}{3} & \dfrac{1}{6} \end{pmatrix}.$$

试问:$\{X_n, n \geqslant 0\}$ 所处的状态有多少个?并求二步转移概率矩阵.

2. 独立重复抛掷一枚硬币,每次出现正面的概率为 $p(0 < p < 1)$,出现反面的概率为 $q = 1 - p$. 设 X_n 是前 n 次抛掷中出现正面的总次数$(n \geqslant 1)$,试证:$\{X_n, n \geqslant 0\}$ 是一个马尔可夫链,并求出状态空间 I 及一步、二步转移概率矩阵.

§11.3   平稳分布与遍历性

一个具有马尔可夫性的系统,质点从任意状态 i 开始运动,经过 k 步转移到状态 j,转移概率为 $p_{ij}^{(k)}(n)$. 如果 k 充分大(或无穷大),那么状态 j 称为**极限状态**. 本节讨论这种极限状态,为此引入以下几个概念.

11.3.1　绝对分布

定义 11.3.1　设马尔可夫链 $\{X_n, n \geqslant 0\}$ 的状态空间为 I，其概率分布

$$p_j(n) = P\{X_n = j\} \quad (j \in I, n \geqslant 0)$$

称为**绝对分布**.

绝对分布除具有一般概率分布的两个性质 $p_j(n) \geqslant 0$ 及 $\sum_{j \in I} p_j(n) = 1$ 外，还有以下主要性质：

$$p_j(n+k) = \sum_{i \in I} p_i(n) p_{ij}^{(k)}(n) \quad (j \in I; n, k \geqslant 0).$$

事实上，有

$$p_j(n+k) = P\{X_{n+k} = j\} = \sum_{i \in I} P\{X_{n+k} = j, X_n = i\}$$
$$= \sum_{i \in I} P\{X_n = i\} P\{X_{n+k} = j \mid X_n = i\}$$
$$= \sum_{i \in I} p_i(n) p_{ij}^{(k)}(n).$$

若令 $n = 0$，且马尔可夫链 $\{X_n, n \geqslant 0\}$ 是齐次的，则上述性质变为

$$p_j(k) = \sum_{i \in I} p_i(0) p_{ij}^{(k)}.$$

若记向量 $\boldsymbol{P}(k) = (p_0(k), p_1(k), \cdots, p_j(k), \cdots)$，$\boldsymbol{p}(0) = (p_0(0), p_1(0), \cdots, p_j(0), \cdots)$，则由以上性质可将向量 $\boldsymbol{P}(k)$ 写为

$$\boldsymbol{P}(k) = \boldsymbol{p}(0) \boldsymbol{P}^{(k)}.$$

11.3.2　平稳分布

定义 11.3.2　设马尔可夫链 $\{X_n, n \geqslant 0\}$ 的状态空间为 I. 如果一个概率分布 $\{\pi(j), j \in I\}$（$\pi(j) \geqslant 0$ 及 $\sum_{j \in I} \pi(j) = 1$）满足

$$\pi(j) = \sum_{i \in I} \pi(i) p_{ij},$$

则称 $\{\pi(j), j \in I\}$ 为马尔可夫链 $\{X_n, n \geqslant 0\}$ 的**平稳分布**.

我们指出，如果齐次马尔可夫链 $\{X_n, n \geqslant 0\}$ 的初始分布 $p_j(0)$ 是平稳分布，那么马尔可夫链 $\{X_n, n \geqslant 0\}$ 在任一时刻处于状态 j 的概率都相等，即

$$p_j(n) = p_j(0) \quad (j \in I, n \geqslant 1).$$

事实上，在初始分布 $p_j(0) = P\{X_0 = j\}$ 为平稳分布的假设下，有 $p_j(0) = \sum_{i \in I} p_i(0) p_{ij}$，从而得

$$p_j(n) = \sum_{i \in I} p_i(0) p_{ij}^{(n)} = \sum_{i \in I} \sum_{s \in I} p_s(0) p_{si} p_{ij}^{(n)}$$
$$= \sum_{s \in I} p_s(0) \sum_{i \in I} p_{si} p_{ij}^{(n)} = \sum_{s \in I} p_s(0) p_{sj}^{(n+1)} = p_j(n+1).$$

11.3.3　遍历性

定义 11.3.3　设齐次马尔可夫链 $\{X_n, n \geqslant 0\}$ 的状态空间为 I. 若对于任意 $i, j \in I$，存在不依赖于 i 的常数 $\pi(j)$，使得

$$\lim_{k \to \infty} p_{ij}^{(k)} = \pi(j),$$

则称此马尔可夫链具有**遍历性**,其中 $p_{ij}^{(k)}$ 是马尔可夫链 $\{X_n, n \geq 0\}$ 的 k 步转移概率.

马尔可夫链的遍历性表明,系统不论从哪一个状态 i 出发,当转移的步数 k 充分大时,转移到状态 j 的概率都近似等于 $\pi(j)$. $\pi(j)$ 也称为马尔可夫链的**极限分布**.

定理 11.3.1   设齐次马尔可夫链 $\{X_n, n \geq 0\}$ 的**状态空间** I 为非负有限集,即 $I = \{0, 1, 2, \cdots, s\}$. 如果存在正整数 k_0,使得对于一切 $i, j \in I$,都有

$$p_{ij}^{(k_0)} > 0,$$

则此马尔可夫链 $\{X_n, n \geq 0\}$ 是遍历的,且 $\pi(j)(j = 0, 1, 2, \cdots, s)$ 是方程组

$$\pi(j) = \sum_{i=0}^{s} \pi(i) p_{ij} \quad (j = 0, 1, 2, \cdots, s)$$

满足条件

$$\pi(j) \geq 0 \quad (j = 0, 1, 2, \cdots, s), \quad \sum_{j=0}^{s} \pi(j) = 1$$

的唯一解.

对于定理 11.3.1 做如下说明:

(1) 设齐次马尔可夫链 $\{X_n, n \geq 0\}$. 如果对于任意 $i, j \in I$,有正整数 k_0,使得 $p_{ij}^{(k_0)} > 0$,即从状态 i 经 k_0 步到达状态 j 的概率大于零,那么此马尔可夫链是遍历的,即当 k_0 充分大时,从状态 i 到达状态 j 的概率近似为 $\pi(j)$.

(2) $\pi(j)$ 就是马尔可夫链 $\{X_n, n \geq 0\}$ 的平稳分布,并且给出了求平稳分布的方法.

例 11.3.1

设建筑物受到地震的损害程度为齐次马尔可夫链. 按损害程度分为 5 种状态:无损害(称为处于状态 1),轻微损害(称为处于状态 2),中等损害(称为处于状态 3),严重损害(称为处于状态 4),全部倒塌(称为处于状态 5). 设其一步转移概率矩阵为

$$\boldsymbol{P} = \begin{pmatrix} 0.8 & 0.2 & 0 & 0 & 0 \\ 0 & 0.5 & 0.4 & 0.1 & 0 \\ 0 & 0 & 0.4 & 0.5 & 0.1 \\ 0 & 0 & 0 & 0.2 & 0.8 \\ 0 & 0 & 0 & 0 & 1 \end{pmatrix},$$

又设初始分布 $p_1(0) = 1$, $p_2(0) = p_3(0) = p_4(0) = p_5(0) = 0$,试求接连发生两次地震时该建筑物出现各种状态的概率.

解   按题意需求出

$$\boldsymbol{P}(2) = (p_1(2), p_2(2), p_3(2), p_4(2), p_5(2)).$$

由于马尔可夫链是齐次的,所以有

$$\boldsymbol{P}(2) = (1, 0, 0, 0, 0) \begin{pmatrix} 0.8 & 0.2 & 0 & 0 & 0 \\ 0 & 0.5 & 0.4 & 0.1 & 0 \\ 0 & 0 & 0.4 & 0.5 & 0.1 \\ 0 & 0 & 0 & 0.2 & 0.8 \\ 0 & 0 & 0 & 0 & 1 \end{pmatrix}^2$$

$$= (0.64, 0.26, 0.08, 0.02, 0),$$

即接连发生两次地震时该建筑物出现各种状态的概率分别为

$$p_1(2) = 0.64, \quad p_2(2) = 0.26, \quad p_3(2) = 0.08, \quad p_4(2) = 0.02, \quad p_5(2) = 0.$$

结果表明,在经过两次地震后,该建筑物无损害的概率为 0.64,建筑物完全倒塌的概率为 0. 也就是说,发生倒塌几乎不可能.

例 11.3.2

设马尔可夫链 $\{X_n, n \geqslant 0\}$ 为具有两个反射壁的随机游动,状态空间 $I = \{1, 2, 3\}$,其一步转移概率矩阵为

$$\boldsymbol{P} = \begin{pmatrix} q & p & 0 \\ q & 0 & p \\ 0 & q & p \end{pmatrix} \quad (p, q > 0, p + q = 1).$$

试证:此链具有遍历性,并求出平稳分布.

解　容易验证,

$$\boldsymbol{P}^{(2)} = \begin{pmatrix} q & p & 0 \\ q & 0 & p \\ 0 & q & p \end{pmatrix}^2 = \begin{pmatrix} q & pq & p^2 \\ q^2 & 2pq & p^2 \\ q^2 & pq & p \end{pmatrix},$$

所以当 $k_0 = 2$ 时,对于一切 $i, j \in I, p_{ij}^{(2)} > 0$. 因此,该马尔可夫链具有遍历性.

下面求平稳分布 $\pi(1), \pi(2), \pi(3)$.

由于

$$\begin{cases} \pi(1) = \pi(1)q + \pi(2)q, \\ \pi(2) = \pi(1)p + \pi(3)q, \\ \pi(3) = \pi(2)p + \pi(3)p, \\ 1 = \pi(1) + \pi(2) + \pi(3), \end{cases}$$

解得

$$\begin{cases} \pi(2) = \dfrac{p}{q}\pi(1), \\ \pi(3) = \left(\dfrac{p}{q}\right)^2 \pi(1), \\ \pi(1)\left[1 + \dfrac{p}{q} + \left(\dfrac{p}{q}\right)^2\right] = 1. \end{cases}$$

当 $p = q = 0.5$ 时,可得 $\pi(1) = \pi(2) = \pi(3) = \dfrac{1}{3}$,此为马尔可夫链的平稳分布. 这表明,在极限情况下到达各种状态是等可能的.

当 $p \neq q$ 时,得到

$$\pi(i) = \frac{1}{1 + \dfrac{p}{q} + \left(\dfrac{p}{q}\right)^2}\left(\frac{p}{q}\right)^{i-1} \quad (i = 1, 2, 3).$$

由此看到,如果 $p > q$,那么 $\pi(i)$ 随 i 的增加而增加;如果 $p < q$,那么 $\pi(i)$ 随 i 的增加而减少.

以上三个结果与直观观察这个随机游动是一致的,即向左、右游动的转移概率规则直接影响它的平稳分布.

例 11.3.3

考虑一个独立重复试验序列,它的每次试验有 s 个可能结果,第 n 次试验发生第 i 个结果的概率为

$$p_i = P\{X_n = i\} \quad (i = 1, 2, \cdots, s; n \geqslant 1),$$

显然 $\{X_n, n \geqslant 1\}$ 是一个有限状态的马尔可夫链.试证:此链具有遍历性,并求其平稳分布.

解 由于是独立重复试验,所以系统从状态 i 转移到状态 j 是相互独立的,因此有

$$p_{ij} = p_j \quad (i, j = 1, 2, \cdots, s),$$

所以此马尔可夫链的一步转移概率矩阵为

$$\boldsymbol{P} = \begin{pmatrix} p_1 & p_2 & \cdots & p_s \\ p_1 & p_2 & \cdots & p_s \\ \vdots & \vdots & & \vdots \\ p_1 & p_2 & \cdots & p_s \end{pmatrix}.$$

容易验证,对于任意正整数 n,有

$$\boldsymbol{P}^{(n)} = \boldsymbol{P}^n = \boldsymbol{P},$$

于是 $p_{ij}^{(n)} = p_j > 0$,满足定理 11.3.1 的条件,故此马尔可夫链具有遍历性.再由

$$\begin{cases} \pi(1) = p_1(\pi(1) + \pi(2) + \cdots + \pi(s)), \\ \pi(2) = p_2(\pi(1) + \pi(2) + \cdots + \pi(s)), \\ \qquad \cdots\cdots \\ \pi(s) = p_s(\pi(1) + \pi(2) + \cdots + \pi(s)), \\ \pi(1) + \pi(2) + \cdots + \pi(s) = 1, \end{cases}$$

解得

$$\pi(1) = p_1, \quad \pi(2) = p_2, \quad \cdots, \quad \pi(s) = p_s.$$

由这个结果看出,独立试验序列是马尔可夫链的特例,而伯努利试验序列($s = 2$)则是马尔可夫链的最简单特例.

习题 11.3

1.设马尔可夫链 $\{X_n, n \geqslant 0\}$ 的一步转移概率矩阵为

$$\boldsymbol{P} = \begin{pmatrix} 0 & \dfrac{1}{2} & \dfrac{1}{2} \\ \dfrac{1}{2} & 0 & \dfrac{1}{2} \\ \dfrac{1}{2} & \dfrac{1}{2} & 0 \end{pmatrix}.$$

试问:此链是否具有遍历性?若有,求出其平稳分布.

2.设齐次马尔可夫链的一步转移概率矩阵为

$$\boldsymbol{P} = \begin{pmatrix} q & p & 0 \\ q & 0 & p \\ 0 & q & p \end{pmatrix} \quad (p = 1 - q, 0 < p < 1).$$

试证:此链具有遍历性,并求其平稳分布.

习　题　11

1. 从数 $1,2,\cdots,N$ 中任取一数,记为 X_1,再从 $1,2,\cdots,X_1$ 中任取一数,记为 X_2,如此继续,从 $1,2,\cdots,X_{n-1}$ 中任取一数,记为 X_n. 证明:$\{X_n,n\geqslant 1\}$ 构成一齐次马尔可夫链,并写出它的状态空间和一步转移概率矩阵.

2. 设 $X_0=1,X_1,X_2,\cdots,X_n,\cdots$ 是相互独立,并以概率 $p(0<p<1)$ 取值1,以概率 $q=1-p$ 取值0的随机变量序列. 令 $S_n=\sum_{k=0}^{n}X_k$,试证:$\{S_n,n\geqslant 0\}$ 构成一个马尔可夫链,并写出它的状态空间和一步转移概率矩阵.

3. 设水库的蓄水情况分为空库、半满和蓄满三个状态,分别记为 $1,2,3$,在不同季节,水库的蓄水状态可能转变. 设它为齐次马尔可夫链,其一步转移概率矩阵为

$$\boldsymbol{P}=\begin{pmatrix} 0.4 & 0.5 & 0.1 \\ 0.3 & 0.3 & 0.4 \\ 0.1 & 0.7 & 0.2 \end{pmatrix},$$

初始分布为

$$\boldsymbol{p}(0)=(0.1,0.1,0.8).$$

试求经过两个季节水库处于不同蓄水状态的概率 $\boldsymbol{P}(2)$,并指出经过两个季节水库蓄满的概率.

4. 一个开关有开和关两个状态,分别记为 $1,0$. 设

$$X_n=\begin{cases} 1, & \text{在时刻 } n \text{ 开关处于开状态 } 1, \\ 0, & \text{在时刻 } n \text{ 开关处于关状态 } 0, \end{cases}$$

又设当开关现在开着时,经过单位时间后为开或关的概率都是 $\dfrac{1}{2}$;当开关现在关着时,经过单位时间后,它仍然关着的概率为 $\dfrac{1}{3}$,开着的概率为 $\dfrac{2}{3}$.

(1) 试写出马尔可夫链 $\{X_n,n\geqslant 0\}$ 的一步转移概率矩阵;

(2) 设开始时开关处于开状态 1,求经过两步转移开关仍处于开状态 1 的概率.

5. 在一计算系统中,每一循环具有误差的概率取决于先前一个循环是否有误差. 以0表示有误差状态,1表示无误差状态. 设状态的一步转移概率矩阵为

$$\boldsymbol{P}=\begin{pmatrix} 0.75 & 0.25 \\ 0.5 & 0.5 \end{pmatrix},$$

试说明相应的齐次马尔可夫链是遍历的,并求其平稳分布:(1) 用定义解;(2) 利用定理 11.3.1 解.

6. 设马尔可夫链具有状态空间 $I=\{1,2,3\}$,初始分布为

$$p_1(0)=\frac{1}{4}, \quad p_2(0)=\frac{1}{2}, \quad p_3(0)=\frac{1}{4},$$

其一步转移概率矩阵为

$$\boldsymbol{P}=\begin{pmatrix} \dfrac{1}{4} & \dfrac{3}{4} & 0 \\[2mm] \dfrac{1}{3} & \dfrac{1}{3} & \dfrac{1}{3} \\[2mm] 0 & \dfrac{1}{4} & \dfrac{3}{4} \end{pmatrix}.$$

(1) 计算 $P\{X_0=1,X_1=2,X_2=2\}$;

(2) 试证:$P\{X_1=2,X_2=2\mid X_0=1\}=p_{12}(n)p_{22}(n)$;

(3) 计算 $p_{12}^{(2)}(n)$.

第 12 章

平稳随机过程

本章研究另一类重要的随机过程——平稳随机过程.平稳随机过程$\{X(t), t \in T\}$是以其概率性质在时间平移下不变为主要特征,这一思想抓住了没有固定时间(空间)起点的物理系统中的最自然的现象.因此,平稳随机过程的理论在自动控制、通信理论、信息处理、天文学、生物学、生态学和经济学等领域中都有广泛的应用.

本章主要讨论平稳随机过程的相关函数的性质、各态历经性、功率谱密度及其性质.

§12.1 平稳随机过程的概念

在一些自然现象和工程技术领域中,有一类随机过程,不仅现在的状态,而且过去的状态都不对它的未来状态产生影响.它的特点是:过程的统计特性不随时间的推移而产生变化.这就是**平稳随机过程**,简称**平稳过程**.

平稳随机过程的参数集 T 一般为$(-\infty, +\infty)$,$[0, +\infty)$,$\{0, \pm1, \pm2, \cdots\}$ 或 $\{0, 1, 2, \cdots\}$.当 T 为离散集合时,平稳随机过程称为**平稳随机序列**或**平稳时间序列**.

平稳随机过程又有严平稳过程(狭义平稳过程)与宽平稳过程(广义平稳过程)之分.为此,有如下定义:

定义 12.1.1 设随机过程$\{X(t), t \in T\}$.如果对于任意正整数 $n, t_1, t_2, \cdots, t_n \in T$ 和任意实数 τ,当 $t_1 + \tau, t_2 + \tau, \cdots, t_n + \tau \in T$ 时,有分布函数

$$F(x_1, x_2, \cdots, x_n; t_1, t_2, \cdots, t_n) = F(x_1, x_2, \cdots, x_n; t_1 + \tau, t_2 + \tau, \cdots, t_n + \tau),$$

那么称随机过程$\{X(t), t \in T\}$是**严平稳过程**(或**狭义平稳过程**).

严平稳过程的主要特征是:过程的有限维分布不随时间的推移而变化.因此,在实际问题中,如果能判断产生随机现象的一切主要条件不随时间的推移而改变,就认为这类过程是平稳的.例如,恒温下的热噪声电压过程,即在测量某电子元件热噪声电压的统计特性时,由于过程具有位移性质,在任何时间测试都能得到相同的结果,因此这个过程是平稳的.又如,强震阶段的地震波幅、照明电网中电压的波动过程以及各种噪声和干扰等,在工程上都认为是平稳的.

严平稳过程$\{X(t), t \in T\}$具有以下特点:

(1) 对于一维分布函数 $F(x, t) = F(x, t + \tau)$,令 $\tau = -t$,则 $F(x, t) = F(x, 0)$.这表明一维分布函数与 t 无关.

(2) 对于二维分布函数 $F(x_1, x_2; t_1, t_2) = F(x_1, x_2; t_1 + \tau, t_2 + \tau)$,令 $\tau = -t_2$,则 $F(x_1, x_2; t_1, t_2) = F(x_1, x_2; t_1 - t_2, 0)$.这表明二维分布函数仅与时间差 $t_1 - t_2$ 有关,而与时间起点无关.

(3) 如果二阶矩存在,那么均值函数 $m(t)$ 与方差函数 $D(t)$ 均为常数,即 $m(t) = m, D(t) = \sigma^2$.

(4) 相关函数仅是时间差 $\tau = t_1 - t_2$ 的函数,即 $R(t_1, t_2) = R(\tau)$. 事实上,由于 $(X(t_1), X(t_2))$ 与 $(X(t_1 - t_2), X(0))$ 分布相同,故

$$R(t_1, t_2) = E[X(t_1)X(t_2)] = E[X(t_1 - t_2)X(0)] = R(\tau).$$

对于严平稳过程,要求它的所有有限维分布都与起点无关,这是一个很严格的条件,在实践中很难予以验证. 而利用随机过程 $\{X(t), t \in T\}$ 的一阶矩和二阶矩,不仅在理论上而且在实践中可以解决许多重要问题. 因此,有必要引入一种宽平稳过程(或广义平稳过程).

定义 12.1.2　　设随机过程 $\{X(t), t \in T\}$. 如果对于任意的 $t \in T$,有

(1) 二阶矩 $E[X^2(t)]$ 存在;

(2) 均值函数 $m(t) = m$ 为常数,$D(t) = \sigma^2$;

(3) 相关函数 $R(t_1, t_2)$ 仅与 $\tau = t_1 - t_2$ 有关,即 $R(t_1, t_2) = R(\tau)$ 为 τ 的一元函数,

那么称随机过程 $\{X(t), t \in T\}$ 为**宽平稳过程**(或**广义平稳过程**).

在一般情况下,严平稳过程与宽平稳过程没有必然的联系,即严平稳过程由于不一定有二阶矩,故不一定是宽平稳过程;反之,宽平稳过程由于有限维分布可能不满足

$$F(x_1, x_2, \cdots, x_n; t_1, t_2, \cdots, t_n) = F(x_1, x_2, \cdots, x_n; t_1 + \tau, t_2 + \tau, \cdots, t_n + \tau),$$

因此不一定是严平稳过程. 但是,对于正态过程 $\{X(t), t \in T\}$,它的严平稳过程与宽平稳过程是等价的.

今后,我们所讲的平稳过程,除特别指明外,总是指宽平稳过程. 下面是平稳过程的一些例子.

例 12.1.1

设 $\{X(t), t \in T\}$ 是相互独立且同分布的随机变量序列,其中 $T = \{0, 1, 2, \cdots\}$,$X(t) \sim N(0, \sigma^2)(t \in T)$. 试讨论随机过程 $\{X(t), t \in T\}$ 的平稳性.

解　因为对于任意的 $t \in T, X(t) \sim N(0, \sigma^2)$,所以

$$m(t) = E[X(t)] = 0, \quad D(t) = \sigma^2, \quad E[X^2(t)] = \sigma^2.$$

而相关函数

$$R(t, t+\tau) = E[X(t)X(t+\tau)] = \begin{cases} \sigma^2, & \tau = 0, \\ 0, & \tau \neq 0 \end{cases}$$

为时间差 τ 的一元函数,所以 $\{X(t), t \in T\}$ 是一个平稳过程.

例 12.1.2

随机相位周期过程. 设 $g(t)$ 是一个周期为 T 的连续函数,即 $g(t) = g(t+T)$,U 是在区间 $[0, T]$ 上服从均匀分布的随机变量. 定义

$$X(t) = g(t+U) \quad (t \in (-\infty, +\infty)),$$

称之为**随机相位周期过程**. 试讨论它的平稳性.

解　由题设可知,随机变量 U 的概率密度为

$$f(u) = \begin{cases} \dfrac{1}{T}, & 0 < u < T, \\ 0, & \text{其他}. \end{cases}$$

于是,$X(t)$ 的均值函数为

$$m(t) = E[X(t)] = E[g(t+U)] = \int_0^T g(t+u)\,\frac{1}{T}\mathrm{d}u$$

$$\xlongequal{y=t+u} \frac{1}{T}\int_t^{t+\tau} g(y)\mathrm{d}y = \frac{1}{T}\int_0^T g(y)\mathrm{d}y = 常数 \quad (因\ g(y)\ 的周期性).$$

而 $X(t)$ 的相关函数

$$\begin{aligned} R(t,t+\tau) &= E[X(t)X(t+\tau)] = E[g(t+U)g(t+\tau+U)] \\ &= \int_0^T g(t+u)g(t+\tau+u)\,\frac{1}{T}\mathrm{d}u \\ &\xlongequal{y=t+u} \frac{1}{T}\int_t^{t+\tau} g(y)g(\tau+y)\mathrm{d}y \\ &= \frac{1}{T}\int_0^T g(y)g(\tau+y)\mathrm{d}y = R(\tau) \end{aligned}$$

为 τ 的一元函数，故随机相位周期过程 $X(t)$ 是一个平稳过程.

例 12.1.3

随机电报信号. 在电报信号传输中，信号由不同的电流符号给出，电流的发送又有一个任意的持续时间. 若电路中的电流 $X(t)$ 的变化如图 12-1 所示，则这种电流构成一个随机过程$\{X(t), t \geqslant 0\}$. 它具有如下特征：

(1) $X(t)$ 只取 I_1 或 $-I_1$，即状态空间 $I = \{I_1, -I_1\}$；

(2) $P\{X(t) = I_1\} = P\{X(t) = -I_1\} = \dfrac{1}{2}$；

(3) 电流正、负符号变换的时间是随机的，在任一时间区间 $(t, t+\tau)$ 内，电流取值变号的次数 $N(t, t+\tau)$ 服从泊松分布，即

$$P\{N(t,t+\tau) = k\} = \frac{(\lambda|\tau|)^k}{k!}\mathrm{e}^{-\lambda|\tau|} \quad (k = 0,1,2,\cdots;\lambda > 0),$$

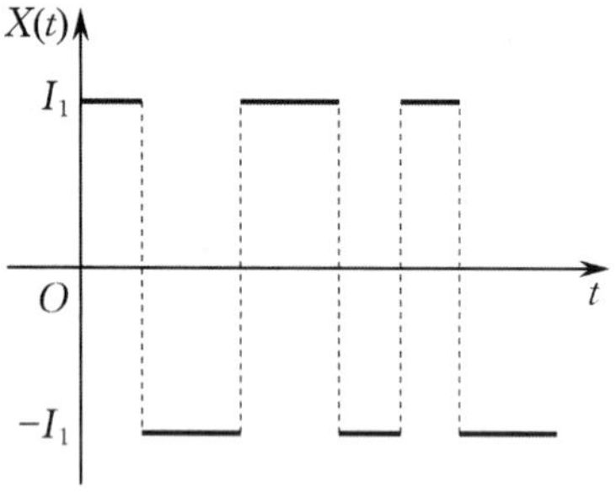

图 12-1

其中 λ 是单位时间内变号次数的均值. 试讨论随机过程 $X(t)$ 的平稳性.

解　$X(t)$ 的均值函数为

$$m(t) = E[X(t)] = \frac{1}{2}I_1 + \frac{1}{2}(-I_1) = 0,$$

即常数. $X(t)$ 的相关函数为

$$R(t,t+\tau) = E[X(t)X(t+\tau)].$$

因为当 $N(t,t+\tau) = k$ 为偶数时，$X(t)$ 与 $X(t+\tau)$ 取同号；当 $N(t,t+\tau) = k$ 为奇数时，$X(t)$ 与 $X(t+\tau)$ 取异号，所以

$$X(t)X(t+\tau) = \begin{cases} I_1^2, & k\ 为偶数, \\ -I_1^2, & k\ 为奇数. \end{cases}$$

由于

$$P\{X(t)X(t+\tau) = I_1^2\} = P\{k=0\} + P\{k=2\} + P\{k=4\} + \cdots,$$
$$P\{X(t)X(t+\tau) = -I_1^2\} = P\{k=1\} + P\{k=3\} + \cdots,$$

因此

$$R(t,t+\tau) = E[X(t)X(t+\tau)]$$
$$= I_1^2 P\{X(t)X(t+\tau) = I_1^2\} + (-I_1^2)P\{X(t)X(t+\tau) = -I_1^2\}$$
$$= I_1^2 \sum_{k=0}^{\infty} P\{N = 2k\} + (-I_1^2)\sum_{k=0}^{\infty} P\{N = 2k+1\}$$
$$= I_1^2 \sum_{k=0}^{\infty} \frac{(\lambda|\tau|)^k}{k!} e^{-\lambda|\tau|} P\{N = 2k\}$$
$$= I_1^2 e^{-\lambda|\tau|} e^{-\lambda|\tau|} = I_1^2 e^{-2\lambda|\tau|},$$

即相关函数 $R(t,t+\tau)$ 仅依赖于 τ,故随机过程 $X(t)$ 是一个平稳过程.

习题 12.1

1. 设 $X(t) = \sin\theta t$,随机变量 $\theta \sim U[0,2\pi]$.试讨论随机序列 $\{X(n), n = 0, \pm 1, \pm 2, \cdots\}$ 的平稳性.

2. 设 $\{X(t), -\infty < t < +\infty\}$ 是一个零均值的平稳过程,而且不恒等于一个随机变量,问:$\{X(t) + X(0), -\infty < t < +\infty\}$ 是不是一个平稳过程?

§12.2 相关函数的性质

一个平稳过程主要是通过均值函数和相关函数来刻画的,而其均值函数又是常数.因此,深入讨论相关函数的性质就更有意义.以下主要讨论平稳过程的(自)相关函数与互相关函数的性质.

12.2.1 平稳过程(自)相关函数的性质

设平稳过程 $\{X(t), t \in T\}$ 的相关函数为
$$R(t,t+\tau) = E[X(t)X(t+\tau)] = R(\tau).$$
它具有以下性质:

{性质 12.2.1} $R(0) \geqslant 0$.

证 $R(0) = R(t,t) = E[X^2(t)] \geqslant 0$.

{性质 12.2.2} $|R(\tau)| \leqslant R(0)$.

证 由柯西-施瓦茨不等式可知
$$|R(\tau)|^2 = \{E[X(t)X(t+\tau)]\}^2 \leqslant E[X^2(t)]E[X^2(t+\tau)] = R^2(0),$$
所以 $|R(\tau)| \leqslant R(0)$.

{性质 12.2.3} $R(-\tau) = R(\tau)$.

证 $R(\tau) = E[X(t)X(t+\tau)] = E[X(t+\tau-\tau)X(t+\tau)] = R(-\tau)$.

{性质 12.2.4} $R(\tau)$ 是非负定的,即对于任意的 n 个实数 $t_1, t_2, \cdots, t_n \in T$ 及任意实值函数 $g(t)$,都有
$$\sum_{i=1}^{n}\sum_{j=1}^{n}R(t_i-t_j)g(t_i)g(t_j) \geqslant 0.$$

证 $\sum_{i=1}^{n}\sum_{j=1}^{n}R(t_i-t_j)g(t_i)g(t_j) = \sum_{i=1}^{n}\sum_{j=1}^{n}E[X(t_i)X(t_j)]g(t_i)g(t_j)$

$$= E\Big[\sum_{i=1}^{n} \sum_{j=1}^{n} X(t_i) X(t_j) g(t_i) g(t_j) \Big]$$

$$= E\Big[\sum_{i=1}^{n} X(t_i) g(t_i) \sum_{j=1}^{n} X(t_j) g(t_j) \Big]$$

$$= E\Big\{ \Big[\sum_{i=1}^{n} X(t_i) g(t_i) \Big]^2 \Big\} \geqslant 0.$$

性质12.2.5   若平稳过程 $X(t)$ 满足条件 $P\{X(t+T_0) = X(t)\} = 1$,则称它为周期是 T_0 的周期平稳过程. 周期平稳过程的相关函数仍为周期函数,且与周期平稳过程有相同的周期.

证   设平稳过程 $X(t)$ 的周期为 T,即 $X(t+T) = X(t)$,则有

$$R(\tau+T) = E[X(t)X(t+\tau+T)] = E[X(t)X(t+\tau)] = R(\tau).$$

12.2.2   平稳过程互相关函数的性质

设有两个平稳过程 $\{X(t), t \in T\}$ 和 $\{Y(t), t \in T\}$. 若互相关函数 $R_{XY}(t, t+\tau) = E[X(t)X(t+\tau)]$ 与 t 无关,则称 $X(t)$ 和 $Y(t)$ 是**平稳相关**的. 此时,

$$R_{XY}(\tau) = R_{XY}(t, t+\tau) = E[X(t)Y(t+\tau)].$$

平稳过程互相关函数 $R_{XY}(\tau)$ 具有如下性质:

(1) $R_{XY}(0) = R_{YX}(0)$.

证 $R_{XY}(0) = E[X(t)Y(t)] = E[Y(t)X(t)] = R_{YX}(0)$.

(2) $R_{XY}(\tau) = R_{YX}(-\tau)$.

证 $R_{XY}(\tau) = E[X(t)Y(t+\tau)] = E[X(t+\tau-\tau)Y(t+\tau)] = R_{YX}(-\tau)$.

(3) $|R_{XY}(\tau)|^2 \leqslant R_X(0)R_Y(0)$.

证   由柯西-施瓦茨不等式可知

$$|R_{XY}(\tau)|^2 = |E[X(t)Y(t+\tau)]|^2 \leqslant E\{|[X(t)]|^2\} E\{|[Y(t+\tau)]|^2\} = R_X(0)R_Y(0).$$

(4) $2|R_{XY}(\tau)| \leqslant R_X(0) + R_Y(0)$.

证   由性质(3) 显然得到上述结论.

(5) 若 $\{X(t), t \in T\}$ 和 $\{Y(t), t \in T\}$ 是平稳过程,则

$$\{Z(t) = X(t) + Y(t), t \in T\}$$

也是平稳过程,且

$$R_Z(\tau) = R_X(\tau) + R_Y(\tau) + R_{XY}(\tau) + R_{YX}(\tau).$$

若 $X(t)$ 与 $Y(t)$ **正交**(对于任意的 $t_1, t_2 \in T$,有 $E[X(t_1)Y(t_2)] = 0$),则

$$R_Z(\tau) = R_X(\tau) + R_Y(\tau).$$

证 $R_Z(\tau) = E[Z(t)Z(t+\tau)]$

$$= E\{[X(t) + Y(t)][X(t+\tau) + Y(t+\tau)]\}$$

$$= R_X(\tau) + R_Y(\tau) + R_{XY}(\tau) + R_{YX}(\tau).$$

若 $X(t)$ 与 $Y(t)$ 正交,则 $R_{XY}(\tau) = R_{YX}(\tau) = 0$,所以

$$R_Z(\tau) = R_X(\tau) + R_Y(\tau).$$

(6) 若 $\{X(t), t \in T\}$ 和 $\{Y(t), t \in T\}$ 都是平稳过程,且 $X(t)$ 与 $Y(t)$ 是相互独立的,则 $\{W(t) = X(t)Y(t), t \in T\}$ 是平稳过程,且

$$R_W(\tau) = R_X(\tau)R_Y(\tau).$$

证 $R_W(\tau) = E[W(t)W(t+\tau)] = E[X(t)Y(t)X(t+\tau)Y(t+\tau)]$

$$= E[X(t)X(t+\tau)]E[Y(t)Y(t+\tau)] = R_X(\tau)R_Y(\tau).$$

例 12.2.1

设有两个随机过程

$$\{X(t) = U\cos\omega t + V\sin\omega t, -\infty < t < +\infty\},$$
$$\{Y(t) = -U\sin\omega t + V\cos\omega t, -\infty < t < +\infty\},$$

其中 U,V 是均值都等于零、方差都等于 σ^2 的不相关随机变量. 试讨论它们的平稳性, 并求相关函数与互相关函数.

解　因 $E(U) = E(V) = 0, D(U) = D(V) = \sigma^2$, 故

$$m_X(t) = E[X(t)] = E(U\cos\omega t + V\sin\omega t) = 0,$$
$$m_Y(t) = E[Y(t)] = E(-U\sin\omega t + V\cos\omega t) = 0.$$

由于 U,V 是不相关的, 所以 $E(UV) = 0$. 于是

$$\begin{aligned}
R_X(\tau) &= E[X(t)X(t+\tau)]\\
&= E\{(U\cos\omega t + V\sin\omega t)[U\cos\omega(t+\tau) + V\sin\omega(t+\tau)]\}\\
&= E(U^2)\cos\omega t\cos\omega(t+\tau) + E(V^2)\sin\omega t\sin\omega(t+\tau)\\
&= \sigma^2\cos\omega\tau,\\
R_Y(\tau) &= E[Y(t)Y(t+\tau)]\\
&= E\{(-U\sin\omega t + V\cos\omega t)[-U\sin\omega(t+\tau) + V\cos\omega(t+\tau)]\}\\
&= E(U^2)\sin\omega t\sin\omega(t+\tau) + E(V^2)\cos\omega t\cos\omega(t+\tau)\\
&= \sigma^2\cos\omega\tau,
\end{aligned}$$

因此 $\{X(t), -\infty < t < +\infty\}$ 与 $\{Y(t), -\infty < t < +\infty\}$ 都是平稳过程. 互相关函数为

$$\begin{aligned}
R_{XY}(\tau) &= R_{XY}(t, t+\tau) = E[X(t)Y(t+\tau)]\\
&= E\{(U\cos\omega t + V\sin\omega t)[-U\sin\omega(t+\tau) + V\cos\omega(t+\tau)]\}\\
&= -E(U^2)\cos\omega t\sin\omega(t+\tau) + E(V^2)\sin\omega t\cos\omega(t+\tau)\\
&= \sigma^2\sin\omega\tau.
\end{aligned}$$

习题 12.2

1. 设 $\{X(t), -\infty < t < +\infty\}$ 是平稳过程, 证明:

(1) 若 $X(t)$ 可导, 则 $E[X(t)X'(t)] = 0$;

(2) 若 $X(t)$ 可导, 则 $X'(t)$ 是平稳过程, 且其相关函数为

$$R_{X'}(\tau) = -\frac{\mathrm{d}^2 R_X(\tau)}{\mathrm{d}\tau^2}.$$

2. 设平稳过程 $\{X(t), -\infty < t < +\infty\}$ 和 $\{Y(t), -\infty < t < +\infty\}$ 是平稳相关的, 且满足方程 $Y'(t) + 2Y(t) = X(t)$, 证明: $m_Y(t) = \dfrac{1}{2}m_X(t)$.

3. 设平稳过程 $\{X(t), -\infty < t < +\infty\}$, 有 $m_X(t) = 1, R_X(\tau) = 1 + \mathrm{e}^{-2|\tau|}$, 试求随机变量 $Y = \int_0^1 X(t)\mathrm{d}t$ 的数学期望和方差.

§12.3　平稳随机过程的各态历经性

在实践中, 确定随机过程 $\{X(t), t \in T\}$ 的统计特性是十分重要的, 如均值函数 $m(t)$、方差函

数 $D(t)$ 和相关函数 $R(\tau)$. 对于一个平稳过程来说, 只需确定 $m(t), R(\tau)$ 就可以了 ($D(t) = R(0)$ $- m^2(t)$). 例如, 为了估计 $m(t) = m$ 及 $R(\tau)$, 以 $X_i(t)$ 记第 i 次观察中时刻 t 的值 ($i = 1, 2, \cdots, n$), 由大数定律可知, 必须对 $X(t)$ 做大量的观察, 即当 n 很大时, 可用 $\hat{m}_n = \dfrac{1}{n} \sum\limits_{k=1}^{n} x_k(t)$ 来估计 m, 用 $\hat{R}_n(\tau) = \dfrac{1}{n} \sum\limits_{k=1}^{n} x_k(t) x_k(t+\tau)$ 来估计 $x_k(t+\tau)$. 但是对一个随机过程做大量的观察一般说来是很难做到的. 根据平稳过程的统计特性与时间起始无关的特点, 在一定条件下, 其统计平均值 (如均值函数 $m(t)$、相关函数 $R(\tau)$ 等) 可以用一个样本函数在整个时间数轴上的平均来代替. 这一结论就是有名的平稳随机过程各态历经性定理. 为了论述这一定理, 首先引入以下概念:

定义 12.3.1　　设随机过程 $\{X(t), -\infty < t < +\infty\}$ 的二阶矩存在, 随机变量 X 的二阶矩也存在. 如果

$$\lim_{t \to \infty} E\big[(X(t) - X)^2\big] = 0, \tag{12.3.1}$$

那么称 $X(t)$ **均方收敛于** X, 记为

$$\mathrm{l.\,i.\,m.}\ X(t) = X. \tag{12.3.2}$$

注: 本章出现的涉及随机过程的极限和积分都应在均方意义下理解. 但我们约定仍以记号 "lim" 替代 "l. i. m.".

类似于均方收敛的概念, 还可以引入均方连续、均方可微、均方可积等概念, 在此不一一列举.

定义 12.3.2　　设平稳过程 $\{X(t), -\infty < t < +\infty\}$. 若

$$\langle X(t) \rangle = \lim_{t \to \infty} \frac{1}{2T} \int_{-T}^{T} X(t) \mathrm{d}t = m(t), \tag{12.3.3}$$

则称 $\{X(t), -\infty < t < +\infty\}$ 的**均值具有各态历经性**. 若

$$\langle X(t)X(t+\tau) \rangle = \lim_{T \to \infty} \frac{1}{2T} \int_{-T}^{T} X(t)X(t+\tau) \mathrm{d}t = R(\tau), \tag{12.3.4}$$

则称 $\{X(t), -\infty < t < +\infty\}$ 的**相关函数具有各态历经性**.

如果平稳过程 $X(t+\tau)$ 的均值和相关函数都具有各态历经性, 那么称此**平稳过程具有各态历经性**.

定义 12.3.2 中的 $\langle X(t) \rangle$ 和 $\langle X(t)X(t+\tau) \rangle$ 分别称为平稳过程的**时间均值和时间相关函数**. $\langle X(t) \rangle = m(t)$ 表明时间均值等于均值 (集平均值); $\langle X(t)X(t+\tau) \rangle = R(\tau)$ 表明时间相关函数等于相关函数 (集平均值).

各态历经性又称为**遍历性**. 随机过程的各态历经性说明, 这个随机过程的几乎所有样本函数都相同地历经了状态空间 I 中各个状态. 所以, 只要研究随机过程的一个样本函数, 就可以得到随机过程的全部信息.

例 12.3.1 ══════════════════════════════════

试讨论随机相位正弦波过程

$$X(t) = a\cos(\omega t + \theta) \quad (-\infty < t < +\infty)$$

的各态历经性, 其中 a, ω 为常数, 随机变量 $\theta \sim U[0, 2\pi]$.

解　　在例 10.3.2 中已求得

$$m(t) = E[X(t)] = 0, \quad R(t) = \frac{a^2}{2} \cos \omega \tau \quad (\tau = t_2 - t_1).$$

我们将均方极限按普通极限进行计算,得到

$$\langle X(t) \rangle = \lim_{T \to \infty} \frac{1}{2T} \int_{-T}^{T} X(t) \mathrm{d}t = \lim_{T \to \infty} \frac{1}{2T} \int_{-T}^{T} a\cos(\omega t + \theta) \mathrm{d}t$$

$$= \lim_{T \to \infty} \frac{a\cos\theta\sin\omega T}{\omega T} = 0,$$

$$\langle X(t)X(t+\tau) \rangle = \lim_{T \to \infty} \frac{1}{2T} \int_{-T}^{T} X(t)X(t+\tau) \mathrm{d}t$$

$$= \lim_{T \to \infty} \frac{1}{2T} \int_{-T}^{T} a^2\cos(\omega t + \theta)\cos[\omega(t+\tau) + \theta] \mathrm{d}t$$

$$= \lim_{T \to \infty} \frac{1}{2T} \int_{-T}^{T} \frac{a^2}{2}[\cos(2\omega t + \omega\tau + 2\theta) + \cos\omega\tau] \mathrm{d}t$$

$$= \frac{a^2}{2}\cos\omega\tau,$$

即

$$\langle X(t) \rangle = m(t) = 0, \quad \langle X(t)X(t+\tau) \rangle = R(\tau) = \frac{a^2}{2}\cos\omega\tau.$$

所以,随机相位正弦波过程是各态历经的.

下面将论述无论是在理论上还是在实践上都占有重要地位的平稳过程的各态历经性定理.

定理 12.3.1(均值各态历经性定理)　平稳过程 $\{X(t), -\infty < t < +\infty\}$ 的均值具有各态历经性的充要条件是

$$\lim_{T \to \infty} \frac{1}{T} \int_{0}^{2T} \left(1 - \frac{\tau}{2T}\right)(R_X(\tau) - m_X^2) \mathrm{d}\tau = 0,$$

其中 $R_X(\tau)$ 为平稳过程的相关函数,m_X 为平稳过程的均值函数.

例 12.3.2

已知随机电报信号 $X(t)$,有 $E[X(t)] = 0, R_X(\tau) = \mathrm{e}^{-\alpha|\tau|}$,问:$X(t)$ 是否具有均值各态历经性?

解　因为

$$\lim_{T \to \infty} \frac{1}{T} \int_{0}^{2T} \left(1 - \frac{\tau}{2T}\right)(R_X(\tau) - m_X^2)\mathrm{d}\tau = \lim_{T \to \infty} \frac{1}{T} \int_{0}^{2T} \left(1 - \frac{\tau}{2T}\right)(\mathrm{e}^{-\alpha|\tau|} - 0)\mathrm{d}\tau$$

$$= \lim_{T \to \infty} \frac{1}{T} \int_{0}^{2T} \left(1 - \frac{\tau}{2T}\right)\mathrm{e}^{-\alpha|\tau|}\mathrm{d}\tau$$

$$= \lim_{T \to \infty} \frac{1}{T} \left(\frac{1}{\alpha T} - \frac{1 - \mathrm{e}^{-2\alpha T}}{2\alpha^2 - T^2}\right) = 0,$$

所以 $X(t)$ 是均值各态历经的.

定理 12.3.2(相关函数各态历经性定理)　平稳过程 $\{X(t), -\infty < t < +\infty\}$ 的相关函数具有各态历经性的充要条件是

$$\lim_{T \to \infty} \frac{1}{T} \int_{0}^{2T} \left(1 - \frac{\tau_1}{2T}\right)(B(\tau_1) - R_X^2(\tau))\mathrm{d}\tau_1 = 0,$$

其中 $B(\tau_1) = E[X(t+\tau+\tau_1)X(t+\tau)X(t+\tau_1)X(t)]$.

在实际应用中,通常只考虑定义在 $0 \leqslant t < +\infty$ 上的平稳过程,此时上面的所有时间平均都是以 $0 \leqslant t < +\infty$ 上的时间平均来代替.因此,相应的各态历经性定理又可表述为下列形式:

定理 12.3.3(均值各态历经性定理)　平稳过程 $\{X(t), 0 \leqslant t < +\infty\}$ 的均值具有各态历经性的充要条件是

$$\lim_{T\to\infty}\frac{1}{T}\int_0^T\left(1-\frac{\tau}{T}\right)(R_X(\tau)-m_X^2)\mathrm{d}\tau=0.$$

定理 12.3.4（相关函数各态历经性定理） 平稳过程$\{X(t),0\leqslant t<+\infty\}$的相关函数具有各态历经性的充要条件是

$$\lim_{T\to\infty}\frac{1}{T}\int_0^T\left(1-\frac{\tau_1}{T}\right)(B(\tau_1)-R_X^2(\tau))\mathrm{d}\tau_1=0.$$

平稳过程$X(t)$和$Y(t)$的互相关函数具有联合各态历经性的定义及充要条件,都与相关函数的相应定理类似,只要将其中相应的相关函数改为互相关函数即可.

在实际应用中,若试验值$x(t)$只在时间区间$[0,T]$中给出,则可利用下述近似式对于均值和相关函数进行估计:

$$m\approx\hat{m}=\frac{1}{T}\int_0^T x(t)\mathrm{d}t,$$

$$R(\tau)\approx\hat{R}(\tau)=\frac{1}{T-\tau}\int_0^{T-\tau}x(t)x(t+\tau)\mathrm{d}t\quad(0\leqslant\tau<T).$$

由于计算机在科学计算方面的优越性,因此可以用数值方法计算估计值$\hat{m}$和$\hat{R}(\tau)$,方法如下:N等分时间区间$[0,T]$,时间间隔$\Delta t=\dfrac{T}{N}$,然后在时刻$t_k=\dfrac{k-1}{2}\Delta t(k=1,2,\cdots,N)$对$x(t)$取样,得到$N$个函数值$x_k=x(t_k)(k=1,2,\cdots,N)$,即有

$$\hat{m}=\frac{1}{T}\sum_{k=1}^N x_k\Delta t=\frac{1}{N}\sum_{k=1}^N x_k,$$

$$\hat{R}(\tau_r)=\frac{1}{T-t_r}\sum_{k=1}^{N-r}x_k x_{k+r}\Delta t=\frac{1}{N-r}\sum_{k=1}^{N-r}x_k x_{k+r},$$

其中$\tau_r=r\Delta t(r=0,1,2,\cdots,m;m<N)$.

各态历经性定理的条件是比较宽的,一般工程中所遇到的平稳过程都能满足.但是,要检验它们是否成立是十分困难的.因此,在实际应用中,通常先假设所遇到的平稳过程具有各态历经性,然后根据试验来检验这个假设是否合理.

习题 12.3

1.随机过程$X(t)=X\cos(\omega t+Y)(-\infty<t<+\infty)$,其中$X$与$Y$是相互独立的随机变量,且$Y\sim U(0,2\pi)$,讨论$X(t)$的各态历经性.

2.随机过程$X(t)=X\sin t+Y\cos t(-\infty<t<+\infty)$,其中$X$与$Y$是相互独立的随机变量,且$E(X)^2=E(Y)^2$,讨论$X(t)$的各态历经性.

§12.4 平稳随机过程的功率谱密度

§12.2已经讨论了平稳过程的相关函数,相关与谱分析是信号分析和信号处理中的两个重要手段."相关"主要是在时间域内研究信号间的关系,而"谱"是在频率域内分析信号的某些特征随频率的分布状况.相关函数和功率谱是一对傅里叶(Fourier)变换,在进行信号处理时具有重要的意义.

12.4.1　功率谱密度

先讨论确定性时间函数 $f(t)(-\infty < t < +\infty)$. 假设 $f(t)$ 满足狄利克雷(Dirichlet) 条件,且绝对可积,即

$$\int_{-\infty}^{+\infty} |f(t)|\, dt < +\infty,$$

则有如下的傅里叶变换对:

$$F(\omega) = \int_{-\infty}^{+\infty} f(t) e^{-i\omega t}\, dt, \quad f(t) = \frac{1}{2\pi} \int_{-\infty}^{+\infty} F(\omega) e^{i\omega t}\, d\omega,$$

且有帕塞瓦尔(Parseval) 等式

$$\int_{-\infty}^{+\infty} f^2(t)\, dt = \frac{1}{2\pi} \int_{-\infty}^{+\infty} |F(\omega)|^2\, d\omega.$$

等式左边的积分表示 $f(t)$ 在区间 $(-\infty, +\infty)$ 上的总能量,而右边的被积函数 $|F(\omega)|^2$ 相应地称为 $f(t)$ 的**能量谱密度**. 因此,帕塞瓦尔等式可以视为 $f(t)$ 的总能量的谱表示式.

在实际应用中,有很多的时间函数 $f(t)$ 的总能量是无限的,且 $f(t)$ 不满足绝对可积的条件,如 $\sin t$. 为此,我们考虑研究 $f(t)$ 在区间 $(-\infty, +\infty)$ 上的平均功率,即

$$\lim_{T \to +\infty} \frac{1}{2T} \int_{-T}^{T} f^2(t)\, dt.$$

在以下的讨论中,我们都假定这个平均功率是存在的.

令

$$f_T(t) = \begin{cases} f(t), & |t| \leqslant T, \\ 0, & |t| > T, \end{cases}$$

则有傅里叶变换对

$$F(\omega, T) = \int_{-\infty}^{+\infty} f_T(t) e^{-i\omega t}\, dt,$$

$$f_T(t) = \frac{1}{2\pi} \int_{-\infty}^{+\infty} F(\omega, T) e^{i\omega t}\, d\omega,$$

并有帕塞瓦尔等式

$$\int_{-\infty}^{+\infty} f_T^2(t)\, dt = \frac{1}{2\pi} \int_{-\infty}^{+\infty} |F(\omega, T)|^2\, d\omega.$$

将上式两边除以 $2T$,并利用 $f_T(t)$ 的表达式,得

$$\frac{1}{2T} \int_{-\infty}^{+\infty} f^2(t)\, dt = \frac{1}{4\pi T} \int_{-\infty}^{+\infty} |F(\omega, T)|^2\, d\omega.$$

令 $T \to +\infty$,从而得到 $f(t)$ 在区间 $(-\infty, +\infty)$ 上的平均功率为

$$\lim_{T \to +\infty} \frac{1}{2T} \int_{-T}^{T} f^2(t)\, dt = \frac{1}{2\pi} \int_{-\infty}^{+\infty} \lim_{T \to +\infty} \frac{1}{2T} |F(\omega, T)|^2\, d\omega.$$

相应于能量谱密度,我们把上式右边的被积表达式称为 $f(t)$ 的**平均功率谱密度**,简称**功率谱密度**,记为

$$S(\omega) = \lim_{T \to +\infty} \frac{1}{2T} |F(\omega, T)|^2.$$

下面讨论平稳过程 $\{X(t), -\infty < t < +\infty\}$ 的平均功率和功率谱密度. 为此,将 $X(t)$ 的傅里叶变换式及帕塞瓦尔等式写成

$$F(\omega,T) = \int_{-T}^{T} X(t)e^{-i\omega t}\,dt,$$

$$\frac{1}{2T}\int_{-T}^{T} X^2(t)\,dt = \frac{1}{4\pi T}\int_{-\infty}^{+\infty} |F(\omega,T)|^2\,d\omega.$$

因为上述的积分都是随机的,所以有其意义的应该是它们的平均值. 对上式两边取均值和极限,有

$$\lim_{T\to+\infty} E\left[\frac{1}{2T}\int_{-T}^{T} X^2(t)\,dt\right] = \frac{1}{2\pi}\lim_{T\to+\infty}\frac{1}{2T}\int_{-\infty}^{+\infty} E\left[|F(\omega,T)|^2\right]\,d\omega.$$

交换运算次序$\left(\text{可以证明,当}\int_{-\infty}^{+\infty} |R(\tau)|\,d\tau < +\infty \text{ 时,各种运算次序均可交换}\right)$,得

$$\lim_{T\to+\infty}\frac{1}{2T}\int_{-T}^{T} E[X^2(t)]\,dt = \frac{1}{2\pi}\int_{-\infty}^{+\infty}\lim_{T\to+\infty}\frac{1}{2T}E\left[|F(\omega,T)|^2\right]\,d\omega.$$

由 $R(0) = R(t,t) = E[X^2(t)]$ 得

$$R(0) = \frac{1}{2\pi}\int_{-\infty}^{+\infty}\lim_{T\to+\infty}\frac{1}{2T}E\left[|F(\omega,T)|^2\right]\,d\omega.$$

定义 12.4.1　　设平稳过程 $\{X(t), -\infty < t < +\infty\}$,称

$$\lim_{T\to+\infty} E\left[\frac{1}{2T}\int_{-T}^{T} X^2(t)\,dt\right]$$

为平稳过程 $X(t)$ 的**平均功率**,称

$$S(\omega) = \lim_{T\to+\infty}\frac{1}{2T}E\left[|F(\omega,T)|^2\right]$$

为平稳过程 $X(t)$ 的**功率谱密度**.

由上述分析及功率谱密度的定义可知:

(1) 平稳过程 $X(t)$ 的平均功率值

$$\lim_{T\to+\infty} E\left[\frac{1}{2T}\int_{-T}^{T} X^2(t)\,dt\right] = R(0);$$

(2) $R(0) = R(t,t) = \dfrac{1}{2\pi}\displaystyle\int_{-\infty}^{+\infty} S(\omega)\,d\omega.$ 此式也称为平稳过程 $X(t)$ 的**平均功率的谱展式**.

12.4.2　功率谱密度的性质

性质 12.4.1　　$\overline{S(\omega)} = S(\omega) \geqslant 0, S(-\omega) = S(\omega).$

证　　由 $F(\omega,T) = \displaystyle\int_{-T}^{T} X(t)e^{-i\omega t}\,dt$ 可知

$$|F(\omega,T)|^2 = F(\omega,T)\overline{F(\omega,T)} = F(\omega,T)F(-\omega,T)$$

是 ω 的实非负偶函数,故其均值的极限

$$S(\omega) = \lim_{T\to+\infty}\frac{1}{2T}E\left[|F(\omega,T)|^2\right]$$

也是实非负偶函数.

性质 12.4.2(维纳-辛钦(Wiener-Khinchin) 公式)　　若 $\displaystyle\int_{-\infty}^{+\infty} |R(\tau)|\,d\tau < +\infty$,则平稳过程 $X(t)$ 的相关函数 $R(\tau)$ 和功率谱密度 $S(\omega)$ 之间存在傅里叶变换,即

$$S(\omega) = \int_{-\infty}^{+\infty} R(\tau) \mathrm{e}^{-\mathrm{i}\omega\tau} \,\mathrm{d}\tau,$$

$$R(\tau) = \frac{1}{2\pi} \int_{-\infty}^{+\infty} S(\omega) \mathrm{e}^{\mathrm{i}\omega\tau} \,\mathrm{d}\omega \quad (-\infty < \tau < +\infty).$$

证　因为 $F(\omega, T) = \int_{-T}^{T} X(t) \mathrm{e}^{-\mathrm{i}\omega t} \,\mathrm{d}t$,所以

$$S(\omega) = \lim_{T \to +\infty} \frac{1}{2T} E\big[\, |F(\omega, T)|^2 \,\big]$$

$$= \lim_{T \to +\infty} \frac{1}{2T} E\Big[\int_{-T}^{T} X(t_1) \mathrm{e}^{-\mathrm{i}\omega t_1} \,\mathrm{d}t_1 \int_{-T}^{T} X(t_2) \mathrm{e}^{\mathrm{i}\omega t_2} \,\mathrm{d}t_2\Big]$$

$$= \lim_{T \to +\infty} \frac{1}{2T} \int_{-T}^{T}\!\!\int_{-T}^{T} E\big[X(t_1)X(t_2)\big] \mathrm{e}^{-\mathrm{i}\omega(t_1-t_2)} \,\mathrm{d}t_1 \,\mathrm{d}t_2$$

$$= \lim_{T \to +\infty} \frac{1}{2T} \int_{-T}^{T}\!\!\int_{-T}^{T} R(t_1 - t_2) \mathrm{e}^{-\mathrm{i}\omega(t_1-t_2)} \,\mathrm{d}t_1 \,\mathrm{d}t_2.$$

上面是交换了积分与均值的运算次序的. 做变量替换 $\tau = t_1 - t_2, r = t_1 - t_2$,可以得到

$$S(\omega) = \lim_{T \to +\infty} \int_{-2T}^{2T} \Big(1 - \frac{|\tau|}{2T}\Big) R(\tau) \mathrm{e}^{-\mathrm{i}\omega\tau} \,\mathrm{d}\tau = \lim_{T \to +\infty} \int_{-\infty}^{+\infty} R_T(\tau) \mathrm{e}^{-\mathrm{i}\omega\tau} \,\mathrm{d}\tau,$$

其中

$$R_T(\tau) = \begin{cases} \Big(1 - \dfrac{|\tau|}{2T}\Big) R(\tau), & |\tau| \leqslant 2T, \\ 0, & |\tau| > 2T. \end{cases}$$

由于当 $T \to +\infty$ 时,$R_T(\tau) \to R(\tau)$,因此由条件 $\int_{-\infty}^{+\infty} |R(\tau)| \,\mathrm{d}\tau < +\infty$ 可知,极限与积分可交换,即

$$S(\omega) = \int_{-\infty}^{+\infty} \lim_{T \to +\infty} R_T(\tau) \mathrm{e}^{-\mathrm{i}\omega\tau} \,\mathrm{d}\tau = \int_{-\infty}^{+\infty} R(\tau) \mathrm{e}^{-\mathrm{i}\omega\tau} \,\mathrm{d}\tau.$$

由傅里叶变换可知,$R(\tau)$ 是 $S(\omega)$ 的逆变换,故有

$$S(\omega) = \int_{-\infty}^{+\infty} R(\tau) \mathrm{e}^{-\mathrm{i}\omega\tau} \,\mathrm{d}\tau,$$

$$R(\tau) = \frac{1}{2\pi} \int_{-\infty}^{+\infty} S(\omega) \mathrm{e}^{\mathrm{i}\omega\tau} \,\mathrm{d}\omega.$$

由于 $R(\tau)$ 与 $S(\omega)$ 都是偶函数,因此维纳-辛钦公式还有如下的形式:

$$S(\omega) = 2 \int_{0}^{+\infty} R(\tau) \cos \omega\tau \,\mathrm{d}\tau,$$

$$R(\tau) = \frac{1}{\pi} \int_{0}^{+\infty} S(\omega) \cos \omega\tau \,\mathrm{d}\omega.$$

对于平稳过程 $\{X(n), n \geqslant 0\}$,设存在相关函数 $R(\tau)(\tau = 0, \pm 1, \pm 2, \cdots)$,且 $\sum |R(\tau)| < +\infty$,则维纳-辛钦公式为

$$S(\omega) = \sum_{\tau=-\infty}^{+\infty} R(\tau) \mathrm{e}^{-\mathrm{i}\omega\tau},$$

$$R(\tau) = \frac{1}{2\pi} \int_{-\infty}^{+\infty} S(\omega) \mathrm{e}^{\mathrm{i}\omega\tau} \,\mathrm{d}\omega.$$

最常见的功率谱密度是有理谱密度,即 $S(\omega)$ 为两个 ω 的多项式 $P(\omega)$ 与 $Q(\omega)$ 的比,即

$$S(\omega) = \frac{P(\omega)}{Q(\omega)}.$$

例 12.4.1

已知功率谱密度为

$$S(\omega) = \frac{\omega^2 + 2}{\omega^4 + 5\omega^2 + 4},$$

试求平稳过程 $\{X(t), -\infty < t < +\infty\}$ 的相关函数.

解　$R(\tau) = \dfrac{1}{2\pi} \displaystyle\int_{-\infty}^{+\infty} \dfrac{\omega^2 + 2}{\omega^4 + 5\omega^2 + 4} e^{i\omega\tau} d\omega.$

由复变函数中的留数定理可计算结果为

$$R(\tau) = \frac{1}{2\pi} 2\pi i \sum_k \mathrm{Res}\left(\frac{\omega^2 + 2}{\omega^4 + 5\omega^2 + 4}, z_k\right) = \frac{1}{6}(e^{-|\tau|} + e^{-2|\tau|}).$$

例 12.4.2

已知平稳过程 $\{X(t), -\infty < t < +\infty\}$ 的相关函数为

$$R(\tau) = Ae^{-\alpha|\tau|}(1 + \alpha|\tau|) \quad (A, \alpha > 0 \text{ 为常数}, -\infty < \tau < +\infty),$$

试求功率谱密度 $S(\omega)$.

解　$S(\omega) = \displaystyle\int_{-\infty}^{+\infty} R(\tau) e^{-i\omega\tau} d\tau = \int_{-\infty}^{+\infty} Ae^{-\alpha|\tau| - i\omega\tau}(1 + \alpha|\tau|) d\tau$

$$= A\int_{-\infty}^{+\infty} e^{-\alpha|\tau| - i\omega\tau} d\tau + A\int_{-\infty}^{+\infty} e^{-\alpha|\tau| - i\omega\tau} \alpha|\tau| d\tau$$

$$= \frac{2A\alpha}{\alpha^2 + \omega^2} - 2A\alpha \frac{\alpha^2 + \omega^2 - 2\alpha^2}{(\alpha^2 + \omega^2)^2} = \frac{4A\alpha^3}{(\alpha^2 + \omega^2)^2}.$$

例 12.4.3

一个均值为零、功率谱密度为非零常数的平稳过程称为**白噪声**过程，简称**白噪声**. 试求白噪声的相关函数.

解　设白噪声的功率谱密度 $S(\omega) = S_0$ (S_0 为非零常数)，则

$$R(\tau) = \frac{1}{2\pi}\int_{-\infty}^{+\infty} S(\omega) e^{i\omega\tau} d\omega = \frac{1}{2\pi}\int_{-\infty}^{+\infty} S_0 e^{i\omega\tau} d\omega = \frac{S_0}{2\pi}\int_{-\infty}^{+\infty} e^{i\omega\tau} d\omega = S_0\delta(\tau),$$

其中 $\delta(\tau)$ 是 δ 函数.

白噪声只是一种理想化的模型，因为它的平均功率实际上为无限的. 尽管如此，由于白噪声在数学处理上具有简单方便的优点，所以在应用中仍占有重要的地位. 如果某种随机信号在比它所通过的实际系统频带宽得多的范围内具有比较"平坦"的功率谱密度，就可以将它近似为白噪声.

例 12.4.4

已知平稳过程的相关函数 $R(\tau) = \dfrac{1}{2\pi}\rho^{|\tau|}$ $(\tau = 0, \pm 1, \pm 2, \cdots), |\rho| < 1$，试求功率谱密度.

解　$S(\omega) = \dfrac{1}{2\pi}\displaystyle\sum_{\tau=-\infty}^{+\infty} \rho^{|\tau|} e^{-i\omega\tau} = \dfrac{1}{2\pi}\Big[\sum_{\tau=0}^{+\infty}(\rho e^{-i\omega})^\tau + \sum_{\tau=0}^{+\infty}(\rho e^{i\omega})^\tau - 1\Big]$

$$= \frac{1}{2\pi} \cdot \frac{1 - \rho^2}{|1 - \rho e^{i\omega}|^2} = \frac{1}{2\pi} \cdot \frac{1 - \rho^2}{1 - 2\rho\cos\omega + \rho^2}.$$

例 12.4.5

设 $X(t)$ 是平稳过程,其相关函数 $R(\tau) = \alpha e^{-\beta|\tau|}$,其中 α, β 是正数,求 $X(t)$ 的功率谱密度 $S(\omega)$.

解　$S(\omega) = \int_{-\infty}^{+\infty} R(\tau) e^{-i\omega\tau} d\tau = \int_{-\infty}^{+\infty} \alpha e^{-\beta|\tau|} e^{-i\omega\tau} d\tau = \dfrac{2\alpha\beta}{\beta^2 + \alpha^2}.$

例 12.4.6

若随机过程 $X(t)$ 的相关函数为

$$R(\tau) = \frac{1}{2}\cos\omega_0\tau,$$

求 $X(t)$ 的功率谱密度 $S(\omega)$.

解　$S(\omega) = \displaystyle\int_{-\infty}^{+\infty} R(\tau) e^{-i\omega\tau} d\tau = \int_{-\infty}^{+\infty} \frac{1}{2}\cos\omega_0\tau e^{-i\omega\tau} d\tau = \int_{-\infty}^{+\infty} \frac{1}{2}(e^{i\omega_0\tau} + e^{-i\omega_0\tau})e^{-i\omega\tau} d\tau$

$\qquad = \dfrac{1}{4}\displaystyle\int_{-\infty}^{+\infty} e^{-i(\omega-\omega_0)\tau} d\tau + \frac{1}{4}\int_{-\infty}^{+\infty} e^{-i(\omega+\omega_0)\tau} d\tau = \frac{1}{4}\cdot 2\pi\delta(\omega-\omega_0) + \frac{1}{4}\cdot 2\pi\delta(\omega+\omega_0)$

$\qquad = \dfrac{\pi}{2}\big[\delta(\omega-\omega_0) + \delta(\omega+\omega_0)\big].$

12.4.3　互谱密度及性质

两个平稳过程是否与一个平稳过程一样,也具有维纳-辛钦公式呢?这里不做证明,只是给出相应的结论. 为此先给出互谱密度的概念.

定义 12.4.2　设 $\{X(t), -\infty < t < +\infty\}$ 和 $\{Y(t), -\infty < t < +\infty\}$ 都是平稳过程,记

$$F_X(\omega, T) = \int_{-T}^{T} X(t) e^{-i\omega t} dt,$$

$$F_Y(\omega, T) = \int_{-T}^{T} Y(t) e^{-i\omega t} dt,$$

则称

$$S_{XY}(\omega) = \lim_{T\to+\infty} \frac{1}{2T} E\big[F_X(-\omega, T)F_Y(\omega, T)\big]$$

为平稳过程 $X(t)$ 和 $Y(t)$ 的**互谱密度**.

互谱密度 $S_{XY}(\omega)$ 的性质如下:

(1) $S_{XY}(\omega) = \overline{S_{YX}(\omega)}$,即 $S_{XY}(\omega)$ 与 $S_{YX}(\omega)$ 互为共轭函数;

(2) $\mathrm{Re}[S_{XY}(\omega)]$ 与 $\mathrm{Re}[S_{YX}(\omega)]$ 是 ω 的偶函数,$\mathrm{Im}[S_{XY}(\omega)]$ 和 $\mathrm{Im}[S_{YX}(\omega)]$ 是 ω 的奇函数;

(3) $|S_{XY}(\omega)|^2 \leqslant S_X(\omega)S_Y(\omega)$;

(4) 维纳-辛钦公式

$$S_{XY}(\omega) = \int_{-\infty}^{+\infty} R_{XY}(\tau) e^{-i\omega\tau} d\tau,$$

$$R_{XY}(\tau) = \frac{1}{2\pi}\int_{-\infty}^{+\infty} S_{XY}(\omega) e^{i\omega\tau} d\omega,$$

其中 $R_{XY}(\tau)$ 是平稳过程 $X(t)$ 与 $Y(t)$ 的互相关函数.

例 12.4.7

已知平稳过程 $X(t), Y(t)$ 的互谱密度为

$$R_{XY}(\omega) = \begin{cases} a + \dfrac{ib\omega}{\Omega}, & -\Omega < \omega < \Omega, \\ 0, & \text{其他}, \end{cases}$$

其中 $\Omega > 0, a, b$ 为实数,求互相关函数 $R_{XY}(\tau)$.

解 $\quad R_{XY}(\tau) = \dfrac{1}{2\pi} \displaystyle\int_{-\Omega}^{\Omega} \left(a + \dfrac{ib\omega}{\Omega} \right) e^{-i\omega\tau} \, d\omega$

$\qquad\qquad = \dfrac{1}{2\pi} \displaystyle\int_{-\Omega}^{\Omega} a \, e^{-i\omega\tau} \, d\omega + i \dfrac{b}{2\pi\Omega} \int_{-\Omega}^{\Omega} \omega e^{-i\omega\tau} \, d\omega$

$\qquad\qquad = \dfrac{1}{\pi\Omega\tau^2} \left[(a\Omega\tau + b) \sin \Omega\tau - b\Omega\tau \cos \Omega\tau \right].$

相关函数和谱密度的一个重要应用是分析线性系统的随机输入的响应,其具体内容在有关专业课程里加以介绍.

习题 12.4

1. 已知平稳过程 $\{X(t), -\infty < t < +\infty\}$ 的功率谱密度为

(1) $S(\omega) = \begin{cases} a, & |\omega| \leqslant b, \\ 0, & |\omega| > b, \end{cases}$ $\quad$ (a, b 为常数);

(2) $S(\omega) = S_0 e^{-c|\omega|}$ $\quad$ (c, S_0 为常数).

求 $R(\tau)$.

2. 已知平稳过程 $\{X(t), -\infty < t < +\infty\}$ 的相关函数为

(1) $R(\tau) = e^{-\alpha|\tau|} \cos \beta\tau$ $\quad$ (α, β 为正常数);

(2) $R(\tau) = 4e^{-|\tau|} \cos \pi\tau + \cos 3\pi\tau$;

(3) $R(\tau) = De^{-\alpha|\tau|}$ $\quad$ (α, D 为正常数).

求功率谱密度 $S(\omega)$.

3. 已知平稳过程 $\{X(t), -\infty < t < +\infty\}$ 的相关函数为

$$R(\tau) = \begin{cases} \alpha_0 \left(1 - \dfrac{|\tau|}{T} \right), & |\tau| \leqslant T, \\ 0, & |\tau| > T \end{cases} \quad (\alpha_0, T \text{ 为正常数}).$$

求功率谱密度 $S(\omega)$.

4. 已知平稳过程 $X(t)$ 的相关函数为

$$R(\tau) = 4e^{-|\tau|} \cos \pi\tau + \cos 2\pi\tau.$$

求 $S(\omega)$.

5. 已知平稳过程 $X(t)$ 的功率谱密度为

$$S(\omega) = \begin{cases} 8\delta(\omega) + 20 \left(1 - \dfrac{\omega}{10} \right), & |\omega| \leqslant 10, \\ 0, & \text{其他}. \end{cases}$$

求 $R(\tau)$.

6. 设 $\{X(t), -\infty < t < +\infty\}$ 与 $\{Y(t), -\infty < t < +\infty\}$ 是两个相互独立的平稳过程,均值 $m_X(t)$ 与 $m_Y(t)$ 都不为零,定义

$$Z(t) = X(t) + Y(t).$$

求互谱密度 $S_{XY}(\omega)$ 与 $S_{XZ}(\omega)$.

习　题　12

1. 设平稳过程 $\{X(t), -\infty < t < +\infty\}$ 的均值 $m(t) = 0$，相关函数为 $R(t)$，求 $X^2(t)$ 的均值函数与相关函数，并讨论 $X^2(t)$ 的平稳性.

2. 如果随机过程 $\{X(t), t \in T\}$ 对于任意的 $t \in T$，均值和方差都存在，那么称此过程为二阶矩过程. 设二阶矩过程 $\{X(t), -\infty < t < +\infty\}$ 有均值函数 $E[X(t)] = \alpha + \beta t$，协方差函数 $C_{XX}(s, t) = e^{\lambda |s-t|}$，试求 $Y(t) = X(t-1) - X(t)$ 的均值函数与相关函数，并讨论 $Y(t)$ 的平稳性.

3. 考虑一个具有随机相位的余弦波，它由如下定义的随机过程描述：
$$X(t) = \cos(\lambda t + \theta),$$
其中 λ 是常数，θ 在区间 $(-\pi, \pi)$ 内服从均匀分布. 证明：$X(t)$ 是平稳过程.

4. 考虑一个具有随机振幅的正弦波，它由如下定义的随机过程描述：
$$X(t) = A\cos 2\pi t + B\sin 2\pi t,$$
其中 A, B 为两个随机变量，且满足 $E(A) = E(B) = 0, D(A) = D(B) = 1, E(AB) = 0$. 证明：$X(t)$ 是平稳过程.

5. 设随机过程 $X(t) = Y, Y$ 是方差不为零的随机变量，试讨论其各态历经性.

6. 证明：随机相位周期过程是具有各态历经性的平稳过程.

7. 已知平稳过程 $\{X(t), -\infty < t < +\infty\}$ 的功率谱密度为
$$S(\omega) = \frac{\omega^2}{\omega^4 + 4\omega^2 + 3}.$$
求 $R(0)$.

8. 已知平稳过程 $X(t)$ 的功率谱密度 $S(\omega) = \dfrac{\omega^2}{\omega^4 + 3\omega^2 + 2}$，求 $X(t)$ 的均方值 $E[X^2(t)]$.

9. 设 $X(t)$ 是雷达的发射信号，遇到目标后返回接收机的微弱信号是 $aX(t-\tau_1)(a < 1)$，τ_1 是信号返回的时间. 由于接收到的信号总是伴有噪声，记噪声为 $N(t)$，于是接收机收到的全信号为 $Y(t) = aX(t-\tau_1) + N(t)$.

(1) 若 $X(t)$ 和 $Y(t)$ 是联合平稳过程，求互相关函数 $R_{XY}(\tau)$；

(2) 在 (1) 的条件下，假如 $N(t)$ 的均值为零，且 $X(t)$ 是相互独立的，求 $R_{XY}(\tau)$（这是利用互相关函数从全信号中检测小信号的接收法）.

10. 设 $X(t) = A\sin(\omega t + \varphi)$ 和 $Y(t) = B\sin(\omega t + \varphi - \alpha)$ 为两个平稳过程，其中 A, B, α 与 ω 为常数，φ 是在区间 $(0, 2\pi)$ 内服从均匀分布的随机变量，求 $R_{XY}(\tau)$ 和 $R_{YX}(\tau)$.

附表 1 标准正态分布表

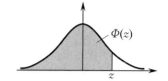

$$\Phi(z) = \int_{-\infty}^{z} \frac{1}{\sqrt{2\pi}} \mathrm{e}^{-u^2/2} \mathrm{d}u = P\{Z \leqslant z\}$$

z	0	1	2	3	4	5	6	7	8	9
0.0	0.500 0	0.504 0	0.508 0	0.512 0	0.516 0	0.519 9	0.523 9	0.527 9	0.531 9	0.535 9
0.1	0.539 8	0.543 8	0.547 8	0.551 7	0.555 7	0.559 6	0.563 6	0.567 5	0.571 4	0.575 3
0.2	0.579 3	0.583 2	0.587 1	0.591 0	0.594 8	0.598 7	0.602 6	0.606 4	0.610 3	0.614 1
0.3	0.617 9	0.621 7	0.625 5	0.629 3	0.633 1	0.636 8	0.640 6	0.644 3	0.648 0	0.651 7
0.4	0.655 4	0.659 1	0.662 8	0.666 4	0.670 0	0.673 6	0.677 2	0.680 8	0.684 4	0.687 9
0.5	0.691 5	0.695 0	0.698 5	0.701 9	0.705 4	0.708 8	0.712 3	0.715 7	0.719 0	0.722 4
0.6	0.725 7	0.729 1	0.732 4	0.735 7	0.738 9	0.742 2	0.745 4	0.748 6	0.751 7	0.754 9
0.7	0.758 0	0.761 1	0.764 2	0.767 3	0.770 3	0.773 4	0.776 4	0.779 4	0.782 3	0.785 2
0.8	0.788 1	0.791 0	0.793 9	0.796 7	0.799 5	0.802 3	0.805 1	0.807 8	0.810 6	0.813 3
0.9	0.815 9	0.818 6	0.821 2	0.823 8	0.826 4	0.828 9	0.831 5	0.834 0	0.836 5	0.838 9
1.0	0.841 3	0.843 8	0.846 1	0.848 5	0.850 8	0.853 1	0.855 4	0.857 7	0.859 9	0.862 1
1.1	0.864 3	0.866 5	0.868 6	0.870 8	0.872 9	0.874 9	0.877 0	0.879 0	0.881 0	0.883 0
1.2	0.884 9	0.886 9	0.888 8	0.890 7	0.892 5	0.894 4	0.896 2	0.898 0	0.899 7	0.901 5
1.3	0.903 2	0.904 9	0.906 6	0.908 2	0.909 9	0.911 5	0.913 1	0.914 7	0.916 2	0.917 7
1.4	0.919 2	0.920 7	0.922 2	0.923 6	0.925 1	0.926 5	0.927 8	0.929 2	0.930 6	0.931 9
1.5	0.933 2	0.934 5	0.935 7	0.937 0	0.938 2	0.939 4	0.940 6	0.941 8	0.943 0	0.944 1
1.6	0.945 2	0.946 3	0.947 4	0.948 4	0.949 5	0.950 5	0.951 5	0.952 5	0.953 5	0.954 5
1.7	0.955 4	0.956 4	0.957 3	0.958 2	0.959 1	0.959 9	0.960 8	0.961 6	0.962 5	0.963 3
1.8	0.964 1	0.964 8	0.965 6	0.966 4	0.967 1	0.967 8	0.968 6	0.969 3	0.970 0	0.970 6
1.9	0.971 3	0.971 9	0.972 6	0.973 2	0.973 8	0.974 4	0.975 0	0.975 6	0.976 2	0.976 7
2.0	0.977 2	0.977 8	0.978 3	0.978 8	0.979 3	0.979 8	0.980 3	0.980 8	0.981 2	0.981 7
2.1	0.982 1	0.982 6	0.983 0	0.983 4	0.983 8	0.984 2	0.984 6	0.985 0	0.985 4	0.985 7
2.2	0.986 1	0.986 4	0.986 8	0.987 1	0.987 4	0.987 8	0.988 1	0.988 4	0.988 7	0.989 0
2.3	0.989 3	0.989 6	0.989 8	0.990 1	0.990 4	0.990 6	0.990 9	0.991 1	0.991 3	0.991 6
2.4	0.991 8	0.992 0	0.992 2	0.992 5	0.992 7	0.992 9	0.993 1	0.993 2	0.993 4	0.993 6
2.5	0.993 8	0.994 0	0.994 1	0.994 3	0.994 5	0.994 6	0.994 8	0.994 9	0.995 1	0.995 2
2.6	0.995 3	0.995 5	0.995 6	0.995 7	0.995 9	0.996 0	0.996 1	0.996 2	0.996 3	0.996 4
2.7	0.996 5	0.996 6	0.996 7	0.996 8	0.996 9	0.997 0	0.997 1	0.997 2	0.997 3	0.997 4
2.8	0.997 4	0.997 5	0.997 6	0.997 7	0.997 7	0.997 8	0.997 9	0.997 9	0.998 0	0.998 1
2.9	0.998 1	0.998 2	0.998 2	0.998 3	0.998 4	0.998 4	0.998 5	0.998 5	0.998 6	0.998 6
3	0.998 65	0.999 03	0.999 31	0.999 52	0.999 66	0.999 77	0.999 84	0.999 89	0.999 93	0.999 95
4	0.999 968	0.999 979	0.999 987	0.999 991	0.999 995	0.999 997	0.999 998	0.999 999	0.999 999	1.000 000

注:表中末两行系函数值 $\Phi(3.0), \Phi(3.1), \cdots, \Phi(3.9)$; $\Phi(4.0), \Phi(4.1), \cdots, \Phi(4.9)$.

附表 2　　泊松分布表

$$P\{X \geqslant x\} = 1 - F(x-1) = \sum_{r=x}^{\infty} \frac{e^{-\lambda}\lambda^r}{r!}$$

x	$\lambda = 0.2$	$\lambda = 0.3$	$\lambda = 0.4$	$\lambda = 0.5$	$\lambda = 0.6$
0	1.000 000 0	1.000 000 0	1.000 000 0	1.000 000	1.000 000
1	0.181 269 2	0.259 181 8	0.329 680 0	0.323 469	0.451 188
2	0.017 523 1	0.036 936 3	0.061 551 9	0.090 204	0.121 901
3	0.001 148 5	0.003 599 5	0.007 926 3	0.014 388	0.023 115
4	0.000 056 8	0.000 265 8	0.000 776 3	0.001 752	0.003 358
5	0.000 002 3	0.000 015 8	0.000 061 2	0.000 172	0.000 394
6	0.000 000 1	0.000 000 8	0.000 004 0	0.000 014	0.000 039
7			0.000 000 2	0.000 001	0.000 003

x	$\lambda = 0.7$	$\lambda = 0.8$	$\lambda = 0.9$	$\lambda = 1.0$	$\lambda = 1.2$
0	1.000 000	1.000 000	1.000 000	1.000 000	1.000 000
1	0.503 415	0.550 671	0.593 430	0.632 121	0.698 806
2	0.155 805	0.191 208	0.227 518	0.264 241	0.337 373
3	0.034 142	0.047 423	0.062 857	0.080 301	0.120 513
4	0.005 753	0.009 080	0.013 459	0.018 988	0.033 769
5	0.000 786	0.001 411	0.002 344	0.003 660	0.007 746
6	0.000 090	0.000 184	0.000 343	0.000 594	0.001 500
7	0.000 009	0.000 021	0.000 043	0.000 083	0.000 251
8	0.000 001	0.000 002	0.000 005	0.000 010	0.000 037
9				0.000 001	0.000 005
10					0.000 001

x	$\lambda = 1.4$	$\lambda = 1.6$	$\lambda = 1.8$	$\lambda = 2.0$	$\lambda = 2.5$
0	1.000 000	1.000 000	1.000 000	1.000 000	1.000 000
1	0.753 403	0.798 103	0.834 701	0.864 665	0.917 915
2	0.408 167	0.475 069	0.537 163	0.593 994	0.712 703
3	0.166 502	0.216 642	0.269 379	0.323 324	0.456 187
4	0.053 725	0.078 813	0.108 708	0.142 877	0.242 424
5	0.014 253	0.023 682	0.036 407	0.052 653	0.108 822
6	0.003 201	0.006 040	0.010 378	0.016 564	0.042 021
7	0.000 622	0.001 336	0.002 569	0.004 534	0.014 187
8	0.000 107	0.000 260	0.000 562	0.001 097	0.004 247
9	0.000 016	0.000 045	0.000 110	0.000 237	0.001 140
10	0.000 002	0.000 007	0.000 019	0.000 046	0.000 277
11		0.000 001	0.000 003	0.000 008	0.000 062
12				0.000 001	0.000 013
13					0.000 020

x	$\lambda = 3.0$	$\lambda = 3.5$	$\lambda = 4.0$	$\lambda = 4.5$	$\lambda = 5.0$
0	1.000 000	1.000 000	1.000 000	1.000 000	1.000 000
1	0.950 213	0.969 803	0.981 684	0.988 891	0.993 262
2	0.800 852	0.864 112	0.908 422	0.938 901	0.959 572
3	0.576 810	0.679 153	0.761 897	0.826 422	0.875 348
4	0.352 768	0.463 367	0.566 530	0.657 704	0.734 974
5	0.184 737	0.274 555	0.371 163	0.467 896	0.559 507
6	0.083 918	0.142 386	0.214 870	0.297 070	0.384 039
7	0.033 509	0.065 288	0.110 674	0.168 949	0.237 817
8	0.011 905	0.026 739	0.051 134	0.086 586	0.133 372
9	0.003 803	0.009 874	0.021 363	0.040 257	0.068 094
10	0.001 102	0.003 315	0.008 132	0.017 093	0.031 828
11	0.000 292	0.001 019	0.002 840	0.006 669	0.013 695
12	0.000 071	0.000 289	0.000 915	0.002 404	0.005 453
13	0.000 016	0.000 076	0.000 274	0.000 805	0.002 019
14	0.000 003	0.000 019	0.000 076	0.000 252	0.000 698
15	0.000 001	0.000 004	0.000 020	0.000 074	0.000 226
16		0.000 001	0.000 005	0.000 020	0.000 069
17			0.000 001	0.000 005	0.000 020
18				0.000 001	0.000 005
19					0.000 001

附表3 χ² 分布表

$$P\{\chi^2(n) > \chi^2_\alpha(n)\} = \alpha$$

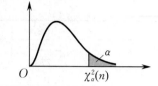

n	$\alpha=0.995$	$\alpha=0.99$	$\alpha=0.975$	$\alpha=0.95$	$\alpha=0.90$	$\alpha=0.75$
1	—	—	0.001	0.004	0.016	0.102
2	0.010	0.020	0.051	0.103	0.211	0.575
3	0.072	0.115	0.216	0.352	0.584	1.213
4	0.207	0.297	0.484	0.711	1.064	1.923
5	0.412	0.554	0.831	1.145	1.610	2.675
6	0.676	0.872	1.237	1.635	2.204	3.455
7	0.989	1.239	1.690	2.167	2.833	4.255
8	1.344	1.646	2.180	2.733	3.490	5.071
9	1.735	2.088	2.700	3.325	4.168	5.899
10	2.156	2.558	3.247	3.940	4.865	6.737
11	2.603	3.053	3.816	4.575	5.578	7.584
12	3.074	3.571	4.404	5.226	6.034	8.438
13	3.565	4.107	5.009	5.892	7.042	9.299
14	4.075	4.660	5.629	6.571	7.790	10.165
15	4.601	5.229	6.262	7.261	8.547	11.037
16	5.142	5.812	6.908	7.962	9.312	11.912
17	5.697	6.408	7.564	8.672	10.085	12.792
18	6.265	7.015	8.231	9.390	10.865	13.675
19	6.844	7.633	8.907	10.117	11.651	14.562
20	7.434	8.260	9.591	10.851	12.443	15.452
21	8.034	8.897	10.283	11.591	13.240	16.344
22	8.643	9.542	10.982	12.338	14.042	17.240
23	9.260	10.196	11.689	13.091	14.848	18.137
24	9.886	10.856	12.401	13.848	15.659	19.037
25	10.520	11.524	13.120	14.611	16.473	19.939
26	11.160	12.198	13.844	15.379	17.292	20.843
27	11.808	12.879	14.573	16.151	18.114	21.749
28	12.461	13.565	15.308	16.928	18.939	22.657
29	13.121	14.257	16.047	17.708	19.768	23.567
30	13.787	14.954	16.791	18.493	20.599	24.478
31	14.458	15.655	17.539	19.281	21.434	25.390
32	15.134	16.362	18.291	20.072	22.271	26.304
33	15.815	17.074	19.047	20.867	23.110	27.219
34	16.501	17.789	19.806	21.664	23.952	28.136
35	17.192	18.509	20.569	22.465	24.797	29.054
36	17.887	19.233	21.336	23.269	25.643	29.973
37	18.586	19.960	22.106	24.075	26.492	30.893
38	19.289	20.691	22.878	24.884	27.343	31.815
39	19.996	21.426	23.654	25.695	28.196	32.737
40	20.707	22.164	24.433	26.509	29.051	33.660
41	21.421	22.906	25.215	27.326	29.907	34.585
42	22.138	23.650	25.999	28.144	30.765	35.510
43	22.859	24.398	26.785	28.965	31.625	36.436
44	23.584	25.148	27.575	29.787	32.487	37.363
45	24.311	25.901	28.366	30.612	33.350	38.291

n	$\alpha = 0.25$	$\alpha = 0.10$	$\alpha = 0.05$	$\alpha = 0.025$	$\alpha = 0.01$	$\alpha = 0.005$
1	1.323	2.706	3.841	5.024	6.635	7.879
2	2.773	4.605	5.991	7.378	9.210	10.597
3	4.108	6.251	7.815	9.348	11.345	12.838
4	5.385	7.779	9.488	11.143	13.277	14.860
5	6.626	9.236	11.071	12.833	15.086	16.750
6	7.841	10.645	12.592	14.449	16.812	18.548
7	9.037	12.017	14.067	16.013	18.475	20.278
8	10.219	13.362	15.507	17.535	20.090	21.955
9	11.389	14.684	16.919	19.023	21.666	23.589
10	12.549	15.987	18.307	20.483	23.209	25.188
11	13.701	17.275	19.675	21.920	24.725	26.757
12	14.845	18.549	21.026	23.337	26.217	28.299
13	15.984	19.812	22.362	24.736	27.688	29.819
14	17.117	21.064	23.685	26.119	29.141	31.319
15	18.245	22.307	24.996	27.488	30.578	32.801
16	19.369	23.542	26.296	28.845	32.000	34.267
17	20.489	24.769	27.587	30.191	33.409	35.718
18	21.605	25.989	28.869	31.526	34.805	37.156
19	22.718	27.204	30.144	32.852	36.191	38.582
20	23.828	28.412	31.410	34.170	37.566	39.997
21	24.935	29.615	32.671	35.479	38.932	41.401
22	26.039	30.813	33.924	36.781	40.289	42.796
23	27.141	32.007	35.172	38.076	41.638	44.181
24	28.241	33.196	36.415	39.364	42.980	45.559
25	29.339	34.382	37.652	40.646	44.314	46.928
26	30.435	35.563	38.885	41.923	45.642	48.290
27	31.528	36.741	40.113	43.194	46.963	49.645
28	32.620	37.916	41.337	44.461	48.278	50.993
29	33.711	39.087	42.557	45.722	49.588	52.336
30	34.800	40.256	43.773	46.979	50.892	53.672
31	35.887	41.422	44.985	48.232	52.191	55.003
32	36.973	42.585	46.194	49.480	53.486	56.328
33	38.058	43.745	47.400	50.725	54.776	57.648
34	39.141	44.903	48.602	51.966	56.061	58.964
35	40.223	46.059	49.802	53.203	57.342	60.275
36	41.304	47.212	50.998	54.437	58.619	61.581
37	43.383	48.363	52.192	55.668	59.892	62.883
38	43.462	49.513	53.384	56.896	61.162	64.181
39	44.539	50.660	54.572	58.120	62.428	65.476
40	45.616	51.805	55.758	59.342	63.691	66.766
41	46.692	52.949	56.942	60.561	64.950	68.053
42	47.766	54.090	58.124	61.777	66.206	69.336
43	48.840	55.230	59.304	62.990	67.459	70.616
44	49.913	56.369	60.481	64.201	68.710	71.893
45	50.985	57.505	61.656	65.410	69.957	73.166

附表 4　*t* 分 布 表

$$P\{t(n) > t_\alpha(n)\} = \alpha$$

n	α = 0.25	α = 0.10	α = 0.05	α = 0.025	α = 0.01	α = 0.005
1	1.000 0	3.077 7	6.313 8	12.706 2	31.820 7	63.657 4
2	0.816 5	1.885 6	2.920 0	4.302 7	6.964 6	9.924 8
3	0.764 9	1.637 7	2.353 4	3.182 4	4.540 7	5.840 9
4	0.740 7	1.533 2	2.131 8	2.776 4	3.746 9	4.604 1
5	0.726 7	1.475 9	2.015 0	2.570 6	3.364 9	4.032 2
6	0.717 6	1.439 8	1.943 2	2.446 9	3.142 7	3.707 4
7	0.711 1	1.414 9	1.894 6	2.364 6	2.998 0	3.499 5
8	0.706 4	1.396 8	1.859 5	2.306 0	2.896 5	3.355 4
9	0.702 7	1.383 0	1.833 1	2.262 2	2.821 4	3.249 8
10	0.699 8	1.372 2	1.812 5	2.228 1	2.763 8	3.169 3
11	0.697 4	1.363 4	1.795 9	2.201 0	2.718 1	3.105 8
12	0.695 5	1.356 2	1.782 3	2.178 8	2.681 0	3.054 5
13	0.693 8	1.350 2	1.770 9	2.160 4	2.650 3	3.012 3
14	0.692 4	1.345 0	1.761 3	2.144 8	2.624 5	2.976 8
15	0.691 2	1.340 6	1.753 1	2.131 5	2.602 5	2.946 7
16	0.690 1	1.336 8	1.745 9	2.119 9	2.583 5	2.920 8
17	0.689 2	1.333 4	1.739 6	2.109 8	2.566 9	2.898 2
18	0.688 4	1.330 4	1.734 1	2.100 9	2.552 4	2.878 4
19	0.687 6	1.327 7	1.729 1	2.093 0	2.539 5	2.860 9
20	0.687 0	1.325 3	1.724 7	2.086 0	2.528 0	2.845 3
21	0.686 4	1.323 2	1.720 7	2.079 6	2.517 7	2.831 4
22	0.685 8	1.321 2	1.717 1	2.073 9	2.508 3	2.818 8
23	0.685 3	1.319 5	1.713 9	2.068 7	2.499 9	2.807 3
24	0.684 8	1.317 8	1.710 9	2.063 9	2.492 2	2.796 9
25	0.684 4	1.316 3	1.708 1	2.059 5	2.485 1	2.787 4
26	0.684 0	1.315 0	1.705 6	2.055 5	2.478 6	2.778 7
27	0.683 7	1.313 7	1.703 3	2.051 8	2.472 7	2.770 7
28	0.683 4	1.312 5	1.701 1	2.048 4	2.467 1	2.763 3
29	0.683 0	1.311 4	1.699 1	2.045 2	2.462 0	2.756 4
30	0.682 8	1.310 4	1.697 3	2.042 3	2.457 3	2.750 0
31	0.682 5	1.309 5	1.695 5	2.039 5	2.452 8	2.744 0
32	0.682 2	1.308 6	1.693 9	2.036 9	2.448 7	2.738 5
33	0.682 0	1.307 7	1.692 4	2.034 5	2.444 8	2.733 3
34	0.681 8	1.307 0	1.690 9	2.032 2	2.441 1	2.728 4
35	0.681 6	1.306 2	1.689 6	2.030 1	2.437 7	2.723 8
36	0.681 4	1.305 5	1.688 3	2.028 1	2.434 5	2.719 5
37	0.681 2	1.304 9	1.687 1	2.026 2	2.431 4	2.715 4
38	0.681 0	1.304 2	1.686 0	2.024 4	2.428 6	2.711 6
39	0.680 8	1.303 6	1.684 9	2.022 7	2.425 8	2.707 9
40	0.680 7	1.303 1	1.683 9	2.021 1	2.423 3	2.704 5
41	0.680 5	1.302 5	1.682 9	2.019 5	2.420 8	2.701 2
42	0.680 4	1.302 0	1.682 0	2.018 1	2.418 5	2.698 1
43	0.680 2	1.301 6	1.681 1	2.016 7	2.416 3	2.695 1
44	0.680 1	1.301 1	1.680 2	2.015 4	2.414 1	2.692 3
45	0.680 0	1.300 6	1.679 4	2.014 1	2.412 1	2.689 6

附表 5 F 分 布 表

$$P\{F(n_1,n_2)>F_\alpha(n_1,n_2)\}=\alpha$$

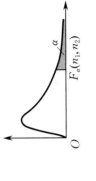

$\alpha=0.10$

n_2 \ n_1	1	2	3	4	5	6	7	8	9	10	12	15	20	24	30	40	60	120	∞
1	39.86	49.50	53.59	55.83	57.24	58.20	58.91	59.44	59.86	60.19	60.71	61.22	61.74	62.00	62.26	62.53	62.79	63.06	63.33
2	8.53	9.00	9.16	9.24	9.29	9.33	9.35	9.37	9.38	9.39	9.41	9.42	9.44	9.45	9.46	9.47	9.47	9.48	9.49
3	5.54	5.46	5.39	5.34	5.31	5.28	5.27	5.25	5.24	5.23	5.22	5.20	5.18	5.18	5.17	5.16	5.15	5.14	5.13
4	4.54	4.32	4.19	4.11	4.05	4.01	3.98	3.95	3.94	3.92	3.90	3.87	3.84	3.83	3.82	3.80	3.79	3.78	3.76
5	4.06	3.78	3.62	3.52	3.45	3.40	3.37	3.34	3.32	3.30	3.27	3.24	3.21	3.19	3.17	3.16	3.14	3.12	3.10
6	3.78	3.46	3.29	3.18	3.11	3.05	3.01	2.98	2.96	2.94	2.90	2.87	2.84	2.82	2.80	2.78	2.76	2.74	2.72
7	3.59	3.26	3.07	2.96	2.88	2.83	2.78	2.75	2.72	2.70	2.67	2.63	2.59	2.58	2.56	2.54	2.51	2.49	2.47
8	3.46	3.11	2.92	2.81	2.73	2.67	2.62	2.59	2.56	2.54	2.50	2.46	2.42	2.40	2.38	2.36	2.34	2.32	2.29
9	3.36	3.01	2.81	2.69	2.61	2.55	2.51	2.47	2.44	2.42	2.38	2.34	2.30	2.28	2.25	2.23	2.21	2.18	2.16
10	3.29	2.92	2.73	2.61	2.52	2.46	2.41	2.38	2.35	2.32	2.28	2.24	2.20	2.18	2.16	2.13	2.11	2.08	2.06
11	3.23	2.86	2.66	2.54	2.45	2.39	2.34	2.30	2.27	2.25	2.21	2.17	2.12	2.10	2.08	2.05	2.03	2.00	1.97
12	3.18	2.81	2.61	2.48	2.39	2.33	2.28	2.24	2.21	2.19	2.15	2.10	2.06	2.04	2.01	1.99	1.96	1.93	1.90
13	3.14	2.76	2.56	2.43	2.35	2.28	2.23	2.20	2.16	2.14	2.10	2.05	2.01	1.98	1.96	1.93	1.90	1.88	1.85
14	3.10	2.73	2.52	2.39	2.31	2.24	2.19	2.15	2.12	2.10	2.05	2.01	1.96	1.94	1.91	1.89	1.86	1.83	1.80
15	3.07	2.70	2.49	2.36	2.27	2.21	2.16	2.12	2.09	2.06	2.02	1.97	1.92	1.90	1.87	1.85	1.82	1.79	1.76
16	3.05	2.67	2.46	2.33	2.24	2.18	2.13	2.09	2.06	2.03	1.99	1.94	1.89	1.87	1.84	1.81	1.78	1.75	1.72
17	3.03	2.64	2.44	2.31	2.22	2.15	2.10	2.06	2.03	2.00	1.96	1.91	1.86	1.84	1.81	1.78	1.75	1.72	1.69
18	3.01	2.62	2.42	2.29	2.20	2.13	2.08	2.04	2.00	1.98	1.93	1.89	1.84	1.81	1.78	1.75	1.72	1.69	1.66
19	2.99	2.61	2.40	2.27	2.18	2.11	2.06	2.02	1.98	1.96	1.91	1.86	1.81	1.79	1.76	1.73	1.70	1.67	1.63

续表

n_2	1	2	3	4	5	6	7	8	9	10	12	15	20	24	30	40	60	120	∞
20	2.97	2.59	2.38	2.25	2.16	2.09	2.04	2.00	1.96	1.94	1.89	1.84	1.79	1.77	1.74	1.71	1.68	1.64	1.61
21	2.96	2.57	2.36	2.23	2.14	2.08	2.02	1.98	1.95	1.92	1.87	1.83	1.78	1.75	1.72	1.69	1.66	1.62	1.59
22	2.95	2.56	2.35	2.22	2.13	2.06	2.01	1.97	1.93	1.90	1.86	1.81	1.76	1.73	1.70	1.67	1.64	1.60	1.57
23	2.94	2.55	2.34	2.21	2.11	2.05	1.99	1.95	1.92	1.89	1.84	1.80	1.74	1.72	1.69	1.66	1.62	1.59	1.55
24	2.93	2.54	2.33	2.19	2.10	2.04	1.98	1.94	1.91	1.88	1.83	1.78	1.73	1.70	1.67	1.64	1.61	1.57	1.53
25	2.92	2.53	2.32	2.18	2.09	2.02	1.97	1.93	1.89	1.87	1.82	1.77	1.72	1.69	1.66	1.63	1.59	1.56	1.52
26	2.91	2.52	2.31	2.17	2.08	2.01	1.96	1.92	1.88	1.86	1.81	1.76	1.71	1.68	1.65	1.61	1.58	1.54	1.50
27	2.90	2.51	2.30	2.17	2.07	2.00	1.95	1.91	1.87	1.85	1.80	1.75	1.70	1.67	1.64	1.60	1.57	1.53	1.49
28	2.89	2.50	2.29	2.16	2.06	2.00	1.94	1.90	1.87	1.84	1.79	1.74	1.69	1.66	1.63	1.59	1.56	1.52	1.48
29	2.89	2.50	2.28	2.15	2.06	1.99	1.93	1.89	1.86	1.83	1.78	1.73	1.68	1.65	1.62	1.58	1.55	1.51	1.47
30	2.88	2.49	2.28	2.14	2.05	1.98	1.93	1.88	1.85	1.82	1.77	1.72	1.67	1.64	1.61	1.57	1.54	1.50	1.46
40	2.84	2.44	2.23	2.09	2.00	1.93	1.87	1.83	1.79	1.76	1.71	1.66	1.61	1.57	1.54	1.51	1.47	1.42	1.38
60	2.79	2.39	2.18	2.04	1.95	1.87	1.82	1.77	1.74	1.71	1.66	1.60	1.54	1.51	1.48	1.44	1.40	1.35	1.29
120	2.75	2.35	2.13	1.99	1.90	1.82	1.77	1.72	1.68	1.65	1.60	1.55	1.48	1.45	1.41	1.37	1.32	1.26	1.19
∞	2.71	2.30	2.08	1.94	1.85	1.77	1.72	1.67	1.63	1.60	1.55	1.49	1.42	1.38	1.34	1.30	1.24	1.17	1.00

n_1

$\alpha = 0.05$

n_2	\multicolumn{19}{c}{n_1}
	1	2	3	4	5	6	7	8	9	10	12	15	20	24	30	40	60	120	∞
1	161.4	199.5	215.7	224.6	230.2	234.0	236.8	238.9	240.5	241.9	243.9	245.9	248.0	249.1	250.1	251.1	252.2	253.3	254.3
2	18.51	19.00	19.16	19.25	19.30	19.33	19.35	19.37	19.38	19.40	19.41	19.43	19.45	19.45	19.46	19.47	19.48	19.49	19.50
3	10.13	9.55	9.28	9.12	9.01	8.94	8.89	8.85	8.81	8.79	8.74	8.70	8.66	8.64	8.62	8.59	8.57	8.55	8.53
4	7.71	6.94	6.59	6.39	6.26	6.16	6.09	6.04	6.00	5.96	5.91	5.86	5.80	5.77	5.75	5.72	5.69	5.66	5.63
5	6.61	5.79	5.41	5.19	5.05	4.95	4.88	4.82	4.77	4.74	4.68	4.62	4.56	4.53	4.50	4.46	4.43	4.40	4.36
6	5.99	5.14	4.76	4.53	4.39	4.28	4.21	4.15	4.10	4.06	4.00	3.94	3.87	3.84	3.81	3.77	3.74	3.70	3.67
7	5.59	4.74	4.35	4.12	3.97	3.87	3.79	3.73	3.68	3.64	3.57	3.51	3.44	3.41	3.38	3.34	3.30	3.27	3.23
8	5.32	4.46	4.07	3.84	3.69	3.58	3.50	3.44	3.39	3.35	3.28	3.22	3.15	3.12	3.08	3.04	3.01	2.97	2.93
9	5.12	4.26	3.86	3.63	3.48	3.37	3.29	3.23	3.18	3.14	3.07	3.01	2.94	2.90	2.86	2.83	2.79	2.75	2.71
10	4.96	4.10	3.71	3.48	3.33	3.22	3.14	3.07	3.02	2.98	2.91	2.85	2.77	2.74	2.70	2.66	2.62	2.58	2.54
11	4.84	3.98	3.59	3.36	3.20	3.09	3.01	2.95	2.90	2.85	2.79	2.72	2.65	2.61	2.57	2.53	2.49	2.45	2.40
12	4.75	3.89	3.49	3.26	3.11	3.00	2.91	2.85	2.80	2.75	2.69	2.62	2.54	2.51	2.47	2.43	2.38	2.34	2.30
13	4.67	3.81	3.41	3.18	3.03	2.92	2.83	2.77	2.71	2.67	2.60	2.53	2.46	2.42	2.38	2.34	2.30	2.25	2.21
14	4.60	3.74	3.34	3.11	2.96	2.85	2.76	2.70	2.65	2.60	2.53	2.46	2.39	2.35	2.31	2.27	2.22	2.18	2.13
15	4.54	3.68	3.29	3.06	2.90	2.79	2.71	2.64	2.59	2.54	2.48	2.40	2.33	2.29	2.25	2.20	2.16	2.11	2.07
16	4.49	3.63	3.24	3.01	2.85	2.74	2.66	2.59	2.54	2.49	2.42	2.35	2.28	2.24	2.19	2.15	2.11	2.06	2.01
17	4.45	3.59	3.20	2.96	2.81	2.70	2.61	2.55	2.49	2.45	2.38	2.31	2.23	2.19	2.15	2.10	2.06	2.01	1.96
18	4.41	3.55	3.16	2.93	2.77	2.66	2.58	2.51	2.46	2.41	2.34	2.27	2.19	2.15	2.11	2.06	2.02	1.97	1.92
19	4.38	3.52	3.13	2.90	2.74	2.63	2.54	2.48	2.42	2.38	2.31	2.23	2.16	2.11	2.07	2.03	1.98	1.93	1.88
20	4.35	3.49	3.10	2.87	2.71	2.60	2.51	2.45	2.39	2.35	2.28	2.20	2.12	2.08	2.04	1.99	1.95	1.90	1.84
21	4.32	3.47	3.07	2.84	2.68	2.57	2.49	2.42	2.37	2.32	2.25	2.18	2.10	2.05	2.01	1.96	1.92	1.87	1.81
22	4.30	3.44	3.05	2.82	2.66	2.55	2.46	2.40	2.34	2.30	2.23	2.15	2.07	2.03	1.98	1.94	1.89	1.84	1.78
23	4.28	3.42	3.03	2.80	2.64	2.53	2.44	2.37	2.32	2.27	2.20	2.13	2.05	2.01	1.96	1.91	1.86	1.81	1.76
24	4.26	3.40	3.01	2.78	2.62	2.51	2.42	2.36	2.30	2.25	2.18	2.11	2.03	1.98	1.94	1.89	1.84	1.79	1.73

续表

n_2	\multicolumn{19}{c}{n_1}																		
	1	2	3	4	5	6	7	8	9	10	12	15	20	24	30	40	60	120	∞
25	4.24	3.39	2.99	2.76	2.60	2.49	2.40	2.34	2.28	2.24	2.16	2.09	2.01	1.96	1.92	1.87	1.82	1.77	1.71
26	4.23	3.37	2.98	2.74	2.59	2.47	2.39	2.32	2.27	2.22	2.15	2.07	1.99	1.95	1.90	1.85	1.80	1.75	1.69
27	4.21	3.35	2.96	2.73	2.57	2.46	2.37	2.31	2.25	2.20	2.13	2.06	1.97	1.93	1.88	1.84	1.79	1.73	1.67
28	4.20	3.34	2.95	2.71	2.56	2.45	2.36	2.29	2.24	2.19	2.12	2.04	1.96	1.91	1.87	1.82	1.77	1.71	1.65
29	4.18	3.33	2.93	2.70	2.55	2.43	2.35	2.28	2.22	2.18	2.10	2.03	1.94	1.90	1.85	1.81	1.75	1.70	1.64
30	4.17	3.32	2.92	2.69	2.53	2.42	2.33	2.27	2.21	2.16	2.09	2.01	1.93	1.89	1.84	1.79	1.74	1.68	1.62
40	4.08	3.23	2.84	2.61	2.45	2.34	2.25	2.18	2.12	2.08	2.00	1.92	1.84	1.79	1.74	1.69	1.64	1.58	1.51
60	4.00	3.15	2.76	2.53	2.37	2.25	2.17	2.10	2.04	1.99	1.92	1.84	1.75	1.70	1.65	1.59	1.53	1.47	1.39
120	3.92	3.07	2.68	2.45	2.29	2.17	2.09	2.02	1.96	1.91	1.83	1.75	1.66	1.61	1.55	1.50	1.43	1.35	1.25
∞	3.84	3.00	2.60	2.37	2.21	2.10	2.01	1.94	1.88	1.83	1.75	1.67	1.57	1.52	1.46	1.39	1.32	1.22	1.00

$\alpha = 0.025$

n_2 \ n_1	1	2	3	4	5	6	7	8	9	10	12	15	20	24	30	40	60	120	∞
1	647.8	799.5	864.2	899.6	921.8	937.1	948.2	956.7	963.3	368.6	976.7	984.9	993.1	997.2	1001	1006	1010	1014	1018
2	38.51	39.00	39.17	39.25	39.30	39.33	39.36	39.37	39.39	39.40	39.41	39.43	39.45	39.46	39.46	39.47	39.48	39.49	39.50
3	17.44	16.04	15.44	15.10	14.88	14.73	14.62	14.54	14.47	14.42	14.34	14.25	14.17	14.12	14.08	14.04	13.99	13.95	13.90
4	12.22	10.65	9.98	9.60	9.36	9.20	9.07	8.98	8.90	8.84	8.75	8.66	8.56	8.51	8.46	8.41	8.36	8.31	8.26
5	10.01	8.43	7.76	7.39	7.15	6.98	6.85	6.76	6.68	6.62	6.52	6.43	6.33	6.28	6.23	6.18	6.12	6.07	6.02
6	8.81	7.26	6.60	6.23	5.99	5.82	5.70	5.60	5.52	5.46	5.37	5.27	5.17	5.12	5.07	5.01	4.96	4.90	4.85
7	8.07	6.54	5.89	5.52	5.29	5.12	4.99	4.90	4.82	4.76	4.67	4.57	4.47	4.42	4.36	4.31	4.25	4.20	4.14
8	7.57	6.06	5.42	5.05	4.82	4.65	4.53	4.43	4.36	4.30	4.20	4.10	4.00	3.95	3.89	3.84	3.78	3.73	3.67
9	7.21	5.71	5.08	4.72	4.48	4.32	4.20	4.10	4.03	3.96	3.87	3.77	3.67	3.61	3.56	3.51	3.45	3.39	3.33
10	6.94	5.46	4.83	4.47	4.24	4.07	3.95	3.85	3.78	3.72	3.62	3.52	3.42	3.37	3.31	3.26	3.20	3.14	3.08
11	6.72	5.26	4.63	4.28	4.04	3.88	3.76	3.66	3.59	3.53	3.43	3.33	3.23	3.17	3.12	3.06	3.00	2.94	2.88
12	6.55	5.10	4.47	4.12	3.89	3.73	3.61	3.51	3.44	3.37	3.28	3.18	3.07	3.02	2.96	2.91	2.85	2.79	2.72
13	6.41	4.97	4.35	4.00	3.77	3.60	3.48	3.39	3.31	3.25	3.15	3.05	2.95	2.89	2.84	2.78	2.72	2.66	2.60
14	6.30	4.86	4.24	3.89	3.66	3.50	3.38	3.29	3.21	3.15	3.05	2.95	2.84	2.79	2.73	2.67	2.61	2.55	2.49
15	6.20	4.77	4.15	3.80	3.58	3.41	3.29	3.20	3.12	3.06	2.96	2.86	2.76	2.70	2.64	2.59	2.52	2.46	2.40
16	6.12	4.69	4.08	3.73	3.50	3.34	3.22	3.12	3.05	2.99	2.89	2.79	2.68	2.63	2.57	2.51	2.45	2.38	2.32
17	6.04	4.62	4.01	3.66	3.44	3.28	3.16	3.06	2.98	2.92	2.82	2.72	2.62	2.56	2.50	2.44	2.38	2.32	2.25
18	5.98	4.56	3.95	3.61	3.38	3.22	3.10	3.01	2.93	2.87	2.77	2.67	2.56	2.50	2.44	2.38	2.32	2.26	2.19
19	5.92	4.51	3.90	3.56	3.33	3.17	3.05	2.96	2.88	2.82	2.72	2.62	2.51	2.45	2.39	2.33	2.27	2.20	2.13
20	5.87	4.46	3.86	3.51	3.29	3.13	3.01	2.91	2.84	2.77	2.68	2.57	2.46	2.41	2.35	2.29	2.22	2.16	2.09
21	5.83	4.42	3.82	3.48	3.25	3.09	2.97	2.87	2.80	2.73	2.64	2.53	2.42	2.37	2.31	2.25	2.18	2.11	2.04
22	5.79	4.38	3.78	3.44	3.22	3.05	2.93	2.84	2.76	2.70	2.60	2.50	2.39	2.33	2.27	2.21	2.14	2.08	2.00
23	5.75	4.35	3.75	3.41	3.18	3.02	2.90	2.81	2.73	2.67	2.57	2.47	2.36	2.30	2.24	2.18	2.11	2.04	1.97
24	5.72	4.32	3.72	3.38	3.15	2.99	2.87	2.78	2.70	2.64	2.54	2.44	2.33	2.27	2.21	2.15	2.08	2.01	1.94

续表

n_2	\ n_1																		
	1	2	3	4	5	6	7	8	9	10	12	15	20	24	30	40	60	120	∞
25	5.69	4.29	3.69	3.35	3.13	2.97	2.85	2.75	2.68	2.61	2.51	2.41	2.30	2.24	2.18	2.12	2.05	1.98	1.91
26	5.66	4.27	3.67	3.33	3.10	2.94	2.82	2.73	2.65	2.59	2.49	2.39	2.28	2.22	2.16	2.09	2.03	1.95	1.88
27	5.63	4.24	3.65	3.31	3.08	2.92	2.80	2.71	2.63	2.57	2.47	2.36	2.25	2.19	2.13	2.07	2.00	1.93	1.85
28	5.61	4.22	3.63	3.29	3.06	2.90	2.78	2.69	2.61	2.55	2.45	2.34	2.23	2.17	2.11	2.05	1.98	1.91	1.83
29	5.59	4.20	3.61	3.27	3.04	2.88	2.76	2.67	2.59	2.53	2.43	2.32	2.21	2.15	2.09	2.03	1.96	1.89	1.81
30	5.57	4.18	3.59	3.25	3.03	2.87	2.75	2.65	2.57	2.51	2.41	2.31	2.20	2.14	2.07	2.01	1.94	1.87	1.79
40	5.42	4.05	3.46	3.13	2.90	2.74	2.62	2.53	2.45	2.39	2.29	2.18	2.07	2.01	1.94	1.88	1.80	1.72	1.64
60	5.29	3.93	3.34	3.01	2.79	2.63	2.51	2.41	2.33	2.27	2.17	2.06	1.94	1.88	1.82	1.74	1.67	1.58	1.48
120	5.15	3.80	3.23	2.89	2.67	2.52	2.39	2.30	2.22	2.16	2.05	1.94	1.82	1.76	1.69	1.61	1.53	1.43	1.31
∞	5.02	3.69	3.12	2.79	2.57	2.41	2.29	2.19	2.11	2.05	1.94	1.83	1.71	1.64	1.57	1.48	1.39	1.27	1.00

$\alpha = 0.01$

n_2	n_1																		
	1	2	3	4	5	6	7	8	9	10	12	15	20	24	30	40	60	120	∞
1	4 052	4 999.5	5 403	5 625	5 764	5 859	5 928	5 982	6 022	6 056	6 106	6 157	6 209	6 235	6 261	6 287	6 313	6 639	6 366
2	98.50	99.00	99.17	99.25	99.30	99.33	99.36	99.37	99.39	99.40	99.42	99.43	99.45	99.46	99.47	99.47	99.48	99.49	99.50
3	34.12	30.82	29.46	28.71	28.24	27.91	27.67	27.49	27.35	27.23	27.05	26.87	26.69	26.60	26.50	26.41	26.32	26.22	26.13
4	21.20	18.00	16.69	15.98	15.52	15.21	14.98	14.80	14.66	14.55	14.37	14.20	14.02	13.93	13.84	13.75	13.65	13.56	13.46
5	16.26	13.27	12.06	11.39	10.97	10.67	10.46	10.29	10.16	10.05	9.89	9.72	9.55	9.47	9.38	9.29	9.20	9.11	9.02
6	13.75	10.92	9.78	9.15	8.75	8.47	8.26	8.10	7.98	7.87	7.72	7.56	7.40	7.31	7.23	7.14	7.06	6.97	6.88
7	12.25	9.55	8.45	7.85	7.46	7.19	6.99	6.84	6.72	6.62	6.47	6.31	6.16	6.07	5.99	5.91	5.82	5.74	5.65
8	11.26	8.65	7.59	7.01	6.63	6.37	6.18	6.03	5.91	5.81	5.67	5.52	5.36	5.28	5.20	5.12	5.03	4.95	4.86
9	10.56	8.02	6.99	6.42	6.06	5.80	5.61	5.47	5.35	5.26	5.11	4.96	4.81	4.73	4.65	4.57	4.48	4.40	4.31
10	10.04	7.56	6.55	5.99	5.64	5.39	5.20	5.06	4.94	4.85	4.71	4.56	4.41	4.33	4.25	4.17	4.08	4.00	3.91
11	9.65	7.21	6.22	5.67	5.32	5.07	4.89	4.74	4.63	4.54	4.40	4.25	4.10	4.02	3.94	3.86	3.78	3.69	3.60
12	9.33	6.93	5.95	5.41	5.06	4.82	4.64	4.50	4.39	4.30	4.16	4.01	3.86	3.78	3.70	3.62	3.54	3.45	3.36
13	9.07	6.70	5.74	5.21	4.86	4.62	4.44	4.30	4.19	4.10	3.96	3.82	3.66	3.59	3.51	3.43	3.34	3.25	3.17
14	8.86	6.51	5.56	5.04	4.69	4.46	4.28	4.14	4.03	3.94	3.80	3.66	3.51	3.43	3.35	3.27	3.18	3.09	3.00
15	8.68	6.36	5.42	4.89	4.56	4.32	4.14	4.00	3.89	3.80	3.67	3.52	3.37	3.29	3.21	3.13	3.05	2.96	2.87
16	8.53	6.23	5.29	4.77	4.44	4.20	4.03	3.89	3.78	3.69	3.55	3.41	3.26	3.18	3.10	3.02	2.93	2.84	2.75
17	8.40	6.11	5.18	4.67	4.34	4.10	3.93	3.79	3.68	3.59	3.46	3.31	3.16	3.08	3.00	2.92	2.83	2.75	2.65
18	8.29	6.01	5.09	4.58	4.25	4.01	3.84	3.71	3.60	3.51	3.37	3.23	3.08	3.00	2.92	2.84	2.75	2.66	2.57
19	8.18	5.93	5.01	4.50	4.17	3.94	3.77	3.63	3.52	3.43	3.30	3.15	3.00	2.92	2.84	2.76	2.67	2.58	2.49
20	8.10	5.85	4.94	4.43	4.10	3.87	3.70	3.56	3.46	3.37	3.23	3.09	2.94	2.86	2.78	2.69	2.61	2.52	2.42
21	8.02	5.78	4.87	4.37	4.04	3.81	3.64	3.51	3.40	3.31	3.17	3.03	2.88	2.80	2.72	2.64	2.55	2.46	2.36
22	7.95	5.72	4.82	4.31	3.99	3.76	3.59	3.45	3.35	3.26	3.12	2.98	2.83	2.75	2.67	2.58	2.50	2.40	2.31
23	7.88	5.66	4.76	4.26	3.94	3.71	3.54	3.41	3.30	3.21	3.07	2.93	2.78	2.70	2.62	2.54	2.45	2.35	2.26
24	7.82	5.61	4.72	4.22	3.90	3.67	3.50	3.36	3.26	3.17	3.03	2.89	2.74	2.66	2.58	2.49	2.40	2.31	2.21

续表

n_2										n_1									
	1	2	3	4	5	6	7	8	9	10	12	15	20	24	30	40	60	120	∞
25	7.77	5.57	4.68	4.18	3.85	3.63	3.46	3.32	3.22	3.13	2.99	2.85	2.70	2.12	2.54	2.45	2.36	2.27	2.17
26	7.72	5.53	4.64	4.14	3.82	3.59	3.42	3.29	3.18	3.09	2.96	2.81	2.66	2.58	2.50	2.42	2.33	2.23	2.13
27	7.68	5.49	4.60	4.11	3.78	3.56	3.39	3.26	3.15	3.06	2.93	2.78	2.63	2.55	2.47	2.38	2.29	2.20	2.10
28	7.64	5.45	4.57	4.07	3.75	3.53	3.36	3.23	3.12	3.03	2.90	2.75	2.60	2.52	2.44	2.35	2.26	2.17	2.06
29	7.60	5.42	4.54	4.04	3.73	3.50	3.33	3.20	3.09	3.00	2.87	2.73	2.57	2.49	2.41	2.33	2.23	2.14	2.03
30	7.56	5.39	4.51	4.02	3.70	3.47	3.30	3.17	3.07	2.89	2.84	2.70	2.55	2.47	2.39	2.30	2.21	2.11	2.01
40	7.31	5.18	4.31	3.83	3.51	3.29	3.12	2.99	2.89	2.80	2.66	2.52	2.37	2.29	3.20	2.11	2.02	1.92	1.80
60	7.08	4.98	4.13	3.65	3.34	3.12	2.95	2.82	2.72	2.63	2.50	2.35	2.20	2.12	2.03	1.94	1.84	1.73	1.60
120	6.85	4.79	3.95	3.48	3.17	2.96	3.79	2.66	2.56	2.47	2.34	2.19	2.03	1.95	1.86	1.76	1.66	1.53	1.38
∞	6.63	4.61	3.78	3.32	3.02	2.80	2.64	2.51	2.41	2.32	2.18	2.04	1.88	1.79	1.70	1.59	1.47	1.32	1.00

$\alpha = 0.005$

n_2 \ n_1	1	2	3	4	5	6	7	8	9	10	12	15	20	24	30	40	60	120	∞
1	16 211	20 000	21 615	22 500	23 056	23 437	23 715	23 925	24 091	24 224	24 426	24 630	24 836	24 940	25 044	25 148	25 253	25 359	25 465
2	198.5	199.0	199.2	199.2	199.3	199.3	199.4	199.4	199.4	199.4	199.4	199.4	199.4	199.5	199.5	199.5	199.5	199.5	199.5
3	55.55	49.80	47.47	46.19	45.39	44.84	44.43	44.13	43.88	43.69	43.39	43.08	42.78	42.62	42.47	42.31	42.15	41.99	41.83
4	31.33	26.28	24.26	23.15	22.46	21.97	21.62	21.35	21.14	20.97	20.70	20.44	20.17	20.03	19.89	19.75	19.61	19.47	19.32
5	22.78	18.31	16.53	15.56	14.94	14.51	14.20	13.96	13.77	13.62	13.38	13.15	12.90	12.78	12.66	12.53	12.40	12.27	12.14
6	18.63	14.54	12.92	12.03	11.46	11.07	10.79	10.57	10.39	10.25	10.03	9.81	9.59	9.47	9.36	9.24	9.12	9.00	8.88
7	16.24	12.40	10.88	10.05	9.52	9.16	8.89	8.68	8.51	8.38	8.18	7.97	7.75	7.65	7.53	7.42	7.31	7.19	7.08
8	14.69	11.04	9.60	8.81	8.30	7.95	7.69	7.50	7.34	7.21	7.01	6.81	6.61	6.50	6.40	6.29	6.18	6.06	5.95
9	13.61	10.11	8.72	7.96	7.47	7.13	6.88	6.69	6.54	6.42	6.23	6.03	5.83	5.73	5.62	5.52	5.41	5.30	5.19
10	12.83	9.43	8.08	7.34	6.87	6.54	6.30	6.12	5.97	5.85	5.66	5.47	5.27	5.17	5.07	4.97	4.86	4.75	4.64
11	12.23	8.91	7.60	6.88	6.42	6.10	5.86	5.68	5.54	5.42	5.24	5.05	4.86	4.76	4.65	4.55	4.44	4.34	4.23
12	11.75	8.51	7.23	6.52	6.07	5.76	5.52	5.35	5.20	5.09	4.91	4.72	4.53	4.43	4.33	4.23	4.12	4.01	3.90
13	11.37	8.19	6.93	6.23	5.79	5.48	5.25	5.08	4.94	4.82	4.64	4.46	4.27	4.17	4.07	3.97	3.87	3.76	3.65
14	11.06	7.92	6.68	6.00	5.56	5.26	5.03	4.86	4.72	4.60	4.43	4.25	4.06	3.96	3.86	3.76	3.66	3.55	3.44
15	10.80	7.70	6.48	5.80	5.37	5.07	4.85	4.67	4.54	4.42	4.25	4.07	3.88	3.79	3.69	3.58	3.48	3.37	3.26
16	10.58	7.51	6.30	5.64	5.21	4.91	4.69	4.52	4.38	4.27	4.10	3.92	3.73	3.64	3.54	3.44	3.33	3.22	3.11
17	10.38	7.35	6.16	5.50	5.07	4.78	4.56	4.39	4.25	4.14	3.97	3.79	3.61	3.51	3.41	3.31	3.21	3.10	2.98
18	10.22	7.21	6.03	5.37	4.96	4.66	4.44	4.28	4.14	4.03	3.86	3.68	3.50	3.40	3.30	3.20	3.10	2.99	2.87
19	10.07	7.09	5.92	5.27	4.85	4.56	4.34	4.18	4.04	3.93	3.76	3.59	3.40	3.31	3.21	3.11	3.00	2.89	2.78
20	9.94	6.99	5.82	5.17	4.76	4.47	4.26	4.09	3.96	3.85	3.68	3.50	3.32	3.22	3.12	3.02	2.92	2.81	2.69
21	9.83	6.89	5.73	5.09	4.68	4.39	4.18	4.01	3.88	3.77	3.60	3.43	3.24	3.15	3.05	2.95	2.84	2.73	2.61
22	9.73	6.81	5.65	5.02	4.61	4.32	4.11	3.94	3.81	3.70	3.54	3.36	3.18	3.08	2.98	2.88	2.77	2.66	2.55
23	9.63	6.73	5.58	4.95	4.54	4.26	4.05	3.88	3.75	3.64	3.47	3.30	3.12	3.02	2.92	2.82	2.71	2.60	2.48
24	9.55	6.66	5.52	4.89	4.49	4.20	3.99	3.83	3.69	3.59	3.42	3.25	3.06	2.97	2.87	2.77	2.66	2.55	2.43

续表

n_2	n_1																		
	1	2	3	4	5	6	7	8	9	10	12	15	20	24	30	40	60	120	∞
25	9.48	6.60	5.46	4.84	4.43	4.15	3.94	3.78	3.64	3.54	3.37	3.20	3.01	2.92	2.82	2.72	2.61	2.50	2.38
26	9.41	6.54	5.41	4.79	4.38	4.10	3.89	3.73	3.60	3.49	3.33	3.15	2.97	2.87	2.77	2.67	2.56	2.45	2.33
27	9.34	6.49	5.36	4.74	4.34	4.06	3.85	3.69	3.56	3.45	3.28	3.11	2.93	2.83	2.73	2.63	2.52	2.41	2.29
28	9.28	6.44	5.32	4.70	4.30	4.02	3.81	3.65	3.52	3.41	3.25	3.07	2.89	2.79	2.69	2.59	2.48	2.37	2.25
29	9.23	6.40	5.28	4.66	4.26	3.98	3.77	3.61	3.48	3.38	3.21	3.04	2.86	2.76	2.66	2.56	2.45	2.33	2.21
30	9.18	6.35	5.24	4.62	4.23	3.95	3.74	3.58	3.45	3.34	3.18	3.01	2.82	2.73	2.63	2.52	2.42	2.30	2.18
40	8.83	6.07	4.98	4.37	3.99	3.71	3.51	3.35	3.22	3.12	2.95	2.78	2.60	2.50	2.40	2.30	2.18	2.06	1.93
60	8.49	5.79	4.73	4.14	3.76	3.49	3.29	3.13	3.01	2.90	2.74	2.57	2.39	2.29	2.19	2.08	1.96	1.83	1.69
120	8.18	5.54	4.50	3.92	3.55	3.28	3.09	2.93	2.81	2.71	2.54	2.37	2.19	2.09	1.98	1.87	1.75	1.61	1.43
∞	7.88	5.30	4.28	3.72	3.35	3.09	2.90	2.74	2.62	2.52	2.36	2.19	2.00	1.90	1.79	1.67	1.53	1.36	1.00

$\alpha = 0.001$

n_2	\ n_1 1	2	3	4	5	6	7	8	9	10	12	15	20	24	30	40	60	120	∞
1	4 053†	5 000†	5 404†	5 625†	5 764†	5 859†	5 929†	5 981†	6 023†	6 056†	6 107†	6 158†	6 209†	6 235†	6 261†	6 287†	6 313†	6 340†	6 366†
2	998.5	999.0	999.2	999.2	999.3	999.3	999.4	999.4	999.4	999.4	999.4	999.4	999.4	999.5	999.5	999.5	999.5	999.5	999.5
3	167.0	148.5	141.1	137.1	134.6	132.8	131.6	130.6	129.9	129.2	128.3	127.4	126.4	125.9	125.4	125.0	124.5	124.0	123.5
4	74.14	61.25	56.18	53.44	51.71	50.53	49.66	49.00	48.47	48.05	47.41	46.76	46.10	45.77	45.43	45.09	44.75	44.40	44.05
5	47.18	37.12	33.20	31.09	27.75	28.84	29.16	27.64	27.24	26.92	26.42	25.91	25.39	25.14	24.87	24.60	24.33	24.06	23.79
6	35.51	27.00	23.70	21.92	20.81	20.03	19.46	19.03	18.69	18.41	17.99	17.56	17.12	16.89	16.67	16.44	16.21	15.99	15.57
7	29.25	21.69	18.77	17.19	16.21	15.52	15.02	14.63	14.33	14.08	13.71	13.32	12.93	12.73	12.53	12.33	12.12	11.91	11.70
8	25.42	18.49	15.83	14.39	13.49	12.86	12.40	12.04	11.77	11.54	11.19	10.84	10.48	10.30	10.11	9.92	9.73	9.53	9.33
9	22.86	16.39	13.90	12.56	11.7	11.13	10.70	10.37	10.11	9.89	9.57	9.24	8.90	8.72	8.55	8.37	8.19	8.00	7.81
10	21.04	14.91	12.55	11.28	10.48	9.92	9.52	9.20	8.96	8.75	8.45	8.13	7.80	7.64	7.47	7.30	7.12	6.94	6.76
11	19.69	13.81	11.56	10.35	9.58	9.05	8.66	8.35	8.12	7.92	7.63	7.32	7.01	6.85	6.68	6.52	6.35	6.17	6.00
12	18.64	12.97	10.80	9.63	8.89	8.38	8.00	7.71	7.48	7.29	7.00	6.71	6.40	6.25	6.09	5.93	5.76	5.59	5.42
13	17.81	12.31	10.21	9.07	8.35	7.86	7.49	7.21	6.98	6.80	6.52	6.23	5.93	5.78	5.63	5.47	5.30	5.14	4.97
14	17.14	11.78	9.73	8.62	7.92	7.43	7.08	6.80	6.58	6.40	6.13	5.85	5.56	5.41	5.25	5.10	4.94	4.77	4.60
15	16.59	11.34	9.34	8.25	7.57	7.09	6.74	6.47	6.26	6.08	5.81	5.54	5.25	5.10	4.95	4.80	4.64	4.47	4.31
16	16.12	10.97	9.00	7.94	7.27	6.81	6.46	6.19	5.98	5.81	5.55	5.27	4.99	4.85	4.70	4.54	4.39	4.23	4.06
17	15.72	10.66	8.73	7.68	7.02	6.56	6.22	5.96	5.75	5.58	5.32	5.05	4.78	4.63	4.48	4.33	4.18	4.02	3.85
18	15.38	10.39	8.49	7.46	6.81	6.35	6.02	5.76	5.56	5.39	5.13	4.87	4.59	4.45	4.30	4.15	4.00	3.84	3.67
19	15.08	10.16	8.28	7.26	6.62	6.18	5.85	5.59	5.39	5.22	4.97	4.70	4.43	4.29	4.14	3.99	3.84	3.68	3.51
20	14.82	9.95	8.10	7.10	6.46	6.02	5.69	5.44	5.24	5.08	4.82	4.56	4.29	4.15	4.00	3.86	3.70	3.54	3.38
21	14.59	9.77	7.94	6.95	6.32	5.88	5.56	5.31	5.11	4.95	4.70	4.44	4.17	4.03	3.88	3.74	3.58	3.42	3.26
22	14.38	9.61	7.80	6.81	6.19	5.76	5.44	5.19	4.99	4.83	4.58	4.33	4.06	3.92	3.78	3.63	3.48	3.32	3.15
23	14.19	9.47	7.67	6.69	6.08	5.65	5.33	5.09	4.89	4.73	4.48	4.23	3.96	3.82	3.68	3.53	3.38	3.22	3.05
24	14.03	9.34	7.55	6.59	5.98	5.55	5.23	4.99	4.80	4.64	4.39	4.14	3.87	3.74	3.59	3.45	3.29	3.14	2.97

续表

n_2 \ n_1	1	2	3	4	5	6	7	8	9	10	12	15	20	24	30	40	60	120	∞
25	13.88	9.22	7.45	6.49	5.88	5.46	5.15	4.91	4.71	4.56	4.31	4.06	3.79	3.66	3.52	3.37	3.22	3.06	2.89
26	13.74	9.12	7.36	6.41	5.80	5.38	5.07	4.83	4.64	4.48	4.24	3.99	3.72	3.59	3.44	3.30	3.15	2.99	2.82
27	13.61	9.02	7.27	6.33	5.73	5.31	5.00	4.76	4.57	4.41	4.17	3.92	3.66	3.52	3.38	3.23	3.08	2.92	2.75
28	13.50	8.93	7.19	6.25	5.66	5.24	4.93	4.69	4.50	4.35	4.11	3.86	3.60	3.46	3.32	3.18	3.02	2.86	2.69
29	13.39	8.85	7.12	6.19	5.59	5.18	4.87	4.64	4.45	4.29	4.05	3.80	3.54	3.41	3.27	3.12	2.97	2.81	2.64
30	13.29	8.77	7.05	6.12	5.53	5.12	4.82	4.58	4.39	4.24	4.00	3.75	3.49	3.36	3.22	3.07	2.92	2.76	2.59
40	12.61	8.25	6.60	5.70	5.13	4.73	4.44	4.21	4.02	3.87	3.64	3.40	3.15	3.01	2.87	2.73	2.57	2.41	2.23
60	11.97	7.76	6.17	5.31	4.76	4.37	4.09	3.87	3.69	3.54	3.31	3.08	2.83	2.69	2.55	2.41	2.25	2.08	1.89
120	11.38	7.32	5.79	4.95	4.42	4.04	3.77	3.55	3.38	3.24	3.02	2.78	2.53	2.40	2.26	2.11	1.95	1.76	1.54
∞	10.83	6.91	5.42	4.62	4.10	3.74	3.47	3.27	3.10	2.96	2.74	2.51	2.27	2.13	1.99	1.84	1.66	1.45	1.00

注: † 表示要将所列数乘以 100.

习题参考答案

第 1 章

习题 1.1

1. (1) $U = \{HHH, HHT, HTH, HTT, THH, THT, TTH, TTT\}$；

   (2) $U = \{0, 1, 2, 3, 4\}$；

   (3) $U = \{A_a B_b C_c, A_b B_c C_a, A_c B_a C_b, A_a B_c C_b, A_b B_a C_c, A_c B_b C_a\}$，其中 A_a 表示 a 球装入 A 盒中，其余类推；

   (4) $U = \{2, 3, 4, 5, 6, 7, 8, 9, 10, 11, 12\}$；

   (5) $U = \{(x, y, z) \mid x > 0, y > 0, z > 0 \text{ 且 } x + y + z = 1\}$，其中 x, y, z 分别表示第一、第二、第三段的长度（单位：尺）；

   (6) $U = \{(1,2), (1,3), (2,1), (2,3), (3,1), (3,2)\}$.

2. (1) $\overline{A}\,\overline{B}CD$；   (2) $A \bigcup B \bigcup C \bigcup D$；

   (3) $AB\overline{C}\,\overline{D} \bigcup \overline{A}BC\overline{D} \bigcup \overline{A}\,\overline{B}CD \bigcup A\overline{B}\,\overline{C}D$；

   (4) $\overline{A}\,\overline{B}\,\overline{C} \bigcup \overline{A}\,\overline{B}\,\overline{D} \bigcup \overline{A}\,\overline{C}\,\overline{D} \bigcup \overline{B}\,\overline{C}\,\overline{D} \bigcup \overline{A}\,\overline{B}\,\overline{C}\,\overline{D}$；

   (5) $\overline{A}\,\overline{B}\,\overline{C}\,\overline{D}$；   (6) $ABCD$.

3. (1) $\overline{A_1}\,\overline{A_2}\,\overline{A_3}\,\overline{A_4}\,\overline{A_5}$；   (2) $A_1 \bigcup A_2 \bigcup A_3 \bigcup A_4 \bigcup A_5$；   (3) $A_1 A_2 A_3 A_4 A_5$.

习题 1.2

1. 0.9.

2. (1) $\dfrac{1}{2}$；   (2) $\dfrac{3}{8}$.

3. 0.4, 0.1.

4. (1) 0.3；   (2) 0.3, 0.6.

5. (1) $A \subset B, P(AB) = 0.6$；   (2) $A \bigcup B = U, P(AB) = 0.3$.

6. 提示：由 $P(A \bigcup B) = P(A) + P(B) - P(AB)$ 得

$$P(A) + P(B) - P(C) = P(A \bigcup B) + P(AB) - P(C) \leqslant P(A \bigcup B) \leqslant 1.$$

习题 1.3

1. $\dfrac{1}{15}$.

2. 0.01.

3. (1) $\dfrac{1}{10^4}$；   (2) $\dfrac{10 \cdot 9 \cdot 8 \cdot 7 \cdot 6}{10^5} \approx 0.302\,4$；   (3) 0.697\,6.

4. (1) $\dfrac{1}{10^6 \times 5}$，即五百万分之一；   (2) 1 000 万元，即必须把所有可能出现的号码都买下.

5. $\dfrac{3}{4}$.

6. (1) $\dfrac{25}{91}$; (2) $\dfrac{6}{91}$.

7. 接待时间是有规定的. 提示:这 12 次接待都是在周二或周四进行的概率为 $\dfrac{2^{12}}{7^{12}} \approx 0.000\,000\,3$,根据实际推断原理,即小概率事件在一次试验中几乎是不发生的,但在一次试验中小概率事件发生了,我们有理由认为接待时间是有规定的.

8. $\dfrac{252}{2\,431}$.

9. (1) $\dfrac{4}{33}$; (2) $\dfrac{10}{33}$.

习题 1.4

1. 0.25.

2. $\dfrac{1}{3}$.

3. $\dfrac{3}{200}$.

4. 0.18

5. 0.012 5.

6. $\dfrac{9}{13}$.

7. 设 A_i 表示事件"第 i 次考试及格", $i = 1, 2$, A 表示事件"他能取得某种资格".

(1) $\dfrac{3}{2}p - \dfrac{1}{2}p^2$. 提示:

$$P(A) = P(A_1 \bigcup \overline{A_1}A_2) = P(A_1) + P(\overline{A_1}A_2) = P(A_1) + P(A_2 \mid \overline{A_1})P(\overline{A_1}) = \dfrac{3}{2}p - \dfrac{1}{2}p^2.$$

(2) $\dfrac{2p}{p+1}$. 提示: $P(A_1 \mid A_2) = \dfrac{P(A_1 A_2)}{P(A_2)} = \dfrac{P(A_2 \mid A_1)P(A_1)}{P(A_2 \mid A_1)P(A_1) + P(A_2 \mid \overline{A_1})P(\overline{A_1})} = \dfrac{2p}{p+1}$.

8. 0.97.

习题 1.5

1. 0.8.

2. (1) 0.72; (2) 0.98.

3. 当 $p > \dfrac{1}{2}$ 时,对于甲来说采用五局三胜制有利;当 $p = \dfrac{1}{2}$ 时,两种赛制对于甲、乙来说获胜的概率是相同的,都是 50%.

4. 6.

5. (1) $\dfrac{5}{9}$; (2) $\dfrac{16}{63}$.

6. 略.

7. $\dfrac{1}{4}$.

8. $C_3^1 p (1-p)^2 p = 3p^2 (1-p)^2$.

习题 1

1. (1) n 表示该班的学生数,有 $U = \left\{ \dfrac{i}{n} \,\middle|\, i = 0, 1, 2, \cdots, 100n \right\}$;

(2) $U = \{10, 11, 12, \cdots\}$;

(3) 用 0 表示检查到一件次品, 用 1 表示检查到一件正品, 有

$$U = \{00, 100, 0100, 0101, 0110, 1100, 1010, 1011, 0111, 1101, 1110, 1111\};$$

(4) 取直角坐标系, 有 $U = \{(x, y) \mid x^2 + y^2 < 1\}$, 取极坐标系, 有 $U = \{(\rho, \theta) \mid \rho < 1, 0 \leqslant \theta < 2\pi\}$.

2. (1) $A\overline{B}\,\overline{C}$; (2) $AB\overline{C}$; (3) $A \bigcup B \bigcup C$; (4) ABC; (5) $\overline{A}\,\overline{B}\,\overline{C}$;

(6) $\overline{A}\,\overline{B} \bigcup \overline{B}\,\overline{C} \bigcup \overline{A}\,\overline{C}$ 或 $\overline{A}\,\overline{B}\,\overline{C} \bigcup A\overline{B}\,\overline{C} \bigcup \overline{A}B\overline{C} \bigcup \overline{A}\,\overline{B}C$; (7) $\overline{A} \bigcup \overline{B} \bigcup \overline{C}$;

(8) $AB \bigcup BC \bigcup CA$ 或 $ABC \bigcup \overline{A}BC \bigcup A\overline{B}C \bigcup AB\overline{C}$.

3. $AB = \{(H, T), (T, H)\}$.

4. $1 - p$.

5. $\dfrac{5}{8}$.

6. 由 $P(A \bigcup B) = P(A) + P(B) - P(AB)$ 得

$$P(AB) = P(A) + P(B) - P(A \bigcup B) = p + q - r,$$
$$P(A\overline{B}) = P(A - AB) = P(A) - P(AB) = r - q,$$
$$P(\overline{A}B) = r - p,$$
$$P(\overline{A}\,\overline{B}) = P(\overline{A \bigcup B}) = 1 - P(A \bigcup B) = 1 - r.$$

7. (1) $\dfrac{1}{12}$; (2) $\dfrac{1}{20}$.

8. (1) $\dfrac{C_{300}^{50} C_{1\,700}^{350}}{C_{2\,000}^{400}}$; (2) $1 - \dfrac{C_{300}^{1} C_{1\,700}^{399} + C_{300}^{0} C_{1\,700}^{400}}{C_{2\,000}^{400}}$.

9. 0.504.

10. 事件 A "恰好组成'MATHEMATICIAN'" 包含 $3!2!2!2!$ 个样本点, 所以 $P(A) = \dfrac{3!2!2!2!}{13!} = \dfrac{48}{13!}$.

11. $\dfrac{13}{21}$.

12. 放回抽样: (1) 0.49; (2) 0.09; (3) 0.42; (4) 0.3.

  不放回抽样: (1) 0.467; (2) 0.067; (3) 0.467; (4) 0.3.

13. 设 A 表示事件 "订甲报", B 表示事件 "订乙报", C 表示事件 "订丙报".

(1) $P(A\overline{B}\,\overline{C}) = P(A - (AB \bigcup AC)) = P(A) - P(AB \bigcup AC) = 30\%$;

(2) $P(AB\overline{C}) = P(AB - ABC) = 7\%$;

(3) $P(B\overline{A}\,\overline{C}) = P(B) - [P(AB) + P(BC) - P(ABC)] = 23\%$,

   $P(C\overline{A}\,\overline{B}) = P(C) - [P(AC) + P(BC) - P(ABC)] = 20\%$,

   $P(A\overline{B}\,\overline{C} \bigcup B\overline{A}\,\overline{C} \bigcup C\overline{A}\,\overline{B}) = P(A\overline{B}\,\overline{C}) + P(B\overline{A}\,\overline{C}) + P(C\overline{A}\,\overline{B}) = 73\%$;

(4) $P(AB\overline{C} \bigcup AC\overline{B} \bigcup BC\overline{A}) = 14\%$;

(5) $P(A \bigcup B \bigcup C) = 90\%$;

(6) $P(\overline{A}\,\overline{B}\,\overline{C}) = 1 - P(A \bigcup B \bigcup C) = 1 - 90\% = 10\%$.

14. $\dfrac{6}{16}, \dfrac{9}{16}, \dfrac{1}{16}$.

15. $\dfrac{1}{3}$.

16. $\dfrac{41}{96}$.

17. $\dfrac{b}{a+b}, \dfrac{b}{a+b}, \dfrac{b}{a+b}$.

18. (1) $\dfrac{1}{9}$; (2) $\dfrac{1}{3}$.

19. (1) $\dfrac{28}{45}$;　(2) $\dfrac{1}{45}$;　(3) $\dfrac{16}{45}$;　(4) $\dfrac{1}{5}$.

20. 略.

21. $\dfrac{69}{2\,000}$.

22. $\dfrac{21}{160}$.

23. $\dfrac{n}{m+n}\cdot\dfrac{N+1}{M+N+1}+\dfrac{m}{m+n}\cdot\dfrac{N}{M+N+1}$.

24. $\dfrac{a}{a+b}$.

25. $\dfrac{20}{21}$.

26. (1) 0.4;　(2) 0.485 6.

27. (1) 0.977 5;　(2) $\dfrac{1}{3}$.

28. 0.146 3,0.341 5,0.512 2.

29. 0.976.

30. $\dfrac{1}{23}$.

31. $\dfrac{196}{197}$.

32. 0.6.

33. 0.458.

34. 0.105 7.

35. 0.56.

第 2 章

习题 2.2

1. (1) 是;　(2) 不是;　(3) 不是;　(4) 是.

2.

X_1	2	3	4	5	6	7	8	9	10	11	12
p_k	$\dfrac{1}{36}$	$\dfrac{2}{36}$	$\dfrac{3}{36}$	$\dfrac{4}{36}$	$\dfrac{5}{36}$	$\dfrac{6}{36}$	$\dfrac{5}{36}$	$\dfrac{4}{36}$	$\dfrac{3}{36}$	$\dfrac{2}{36}$	$\dfrac{1}{36}$

X_2	1	2	3	4	5	6
p_k	$\dfrac{11}{36}$	$\dfrac{9}{36}$	$\dfrac{7}{36}$	$\dfrac{5}{36}$	$\dfrac{3}{36}$	$\dfrac{1}{36}$

3. (1) $P\{X=k\}=pq^{k-1}$ $(k=1,2,\cdots)$;

　(2) $P\{Y=k\}=C_{k-1}^{r-1}p^r q^{k-r}$　$(k=r,r+1,\cdots)$;

　(3) $P\{X=k\}=0.45\,(0.55)^{k-1}(k=1,2,\cdots)$, $p=\displaystyle\sum_{k=1}^{\infty}P\{X=2k\}=\dfrac{11}{31}$.

4. (1) 0.309;　(2) 0.472.

5. 0.91.

6. (1) $P\{X=8\}=\dfrac{4^8\mathrm{e}^{-4}}{8!}\approx 0.029\,8$;　(2) $p=\displaystyle\sum_{k=4}^{\infty}P\{X=k\}=0.566\,530$.

7. $P\{X=k\}=\dfrac{\lambda^k}{k!}\mathrm{e}^{-\lambda}(\lambda>0,k=0,1,2,\cdots)$. 由于 $\lambda\mathrm{e}^{-\lambda}=\dfrac{\lambda^2}{2}\mathrm{e}^{-\lambda}$,得 $\lambda_1=2,\lambda_2=0$(不合要求),因此

$$P\{X=4\} = \frac{2^4}{4!}e^{-2} = \frac{2}{3}e^{-2}.$$

8. 15.

9. 0.004 7.

习题 2.3

1. (1) 不是，$F(+\infty) = F_1(+\infty) + F_2(+\infty) = 2$； (2) 提示:按定义逐条证明.

2. $F(x) = \begin{cases} 0, & x < 1, \\ 0.2, & 1 \leqslant x < 2, \\ 0.5, & 2 \leqslant x < 3, \\ 1, & x \geqslant 3. \end{cases}$

3. $a = e^{-\lambda}$.

4. (1) $A = 1, B = -2$； (2) $e^{-6} - e^{-9}$.

5. $F(x) = \begin{cases} 0, & x < 1, \\ 2\left(x + \dfrac{1}{x} - 2\right), & 1 \leqslant x < 2, \\ 1, & x \geqslant 2. \end{cases}$

6. $F(x) = \begin{cases} 0, & x < 0, \\ \dfrac{x^2}{4}, & 0 \leqslant x < 2, \\ 1, & x \geqslant 2. \end{cases}$

7. (1) $A = \dfrac{1}{2}$； (2) $\dfrac{1}{2}\left(1 - \dfrac{1}{e}\right)$； (3) $F(x) = \begin{cases} \dfrac{1}{2}e^x, & x < 0, \\ 1 - \dfrac{1}{2}e^{-x}, & x \geqslant 0. \end{cases}$

8. (1) $A = \dfrac{1}{\pi}$； (2) $\dfrac{1}{3}$； (3) $F(x) = \begin{cases} 0, & x \leqslant -1, \\ \dfrac{1}{2} + \dfrac{1}{\pi}\arcsin x, & |x| < 1, \\ 1, & x \geqslant 1. \end{cases}$

9. (1) $k = \dfrac{1}{6}$； (2) $\dfrac{41}{48}$； (3) $F(x) = \begin{cases} 0, & x < 0, \\ \dfrac{x^2}{12}, & 0 \leqslant x < 3, \\ -3 + 2x - \dfrac{x^2}{4}, & 3 \leqslant x < 4, \\ 1, & x \geqslant 4. \end{cases}$

10. (1) $C = \dfrac{1}{2}$； (2) $a = \dfrac{\pi}{2}$.

11. $a = -\dfrac{3}{4}, b = \dfrac{7}{4}$.

习题 2.4

1. $f(r) = \begin{cases} \dfrac{1}{200}, & 900 < r < 1\,100, \\ 0, & 其他, \end{cases}$ 0.5.

2. 根据 $\Delta \geqslant 0$，得 $X \geqslant 2$ 或 $X \leqslant -1$. 方程有实根的概率为

$$p = P\{X \geqslant 2\} + P\{X \leqslant -1\} = P\{X \geqslant 2\} = \int_2^5 \frac{1}{5}\,\mathrm{d}x = 0.6.$$

3. $F(t) = \begin{cases} 0, & t < 0, \\ 1 - e^{-\frac{t}{241}}, & t \geqslant 0, \end{cases}$ $P\{50 < T < 100\} = e^{-\frac{50}{241}} - e^{-\frac{100}{241}}$.

4. $P\{Y = k\} = C_5^k e^{-2k}(1 - e^{-2})^{5-k}$ $(k = 0,1,2,3,4,5)$,

$P\{Y \geqslant 1\} = 1 - P\{Y = 0\} = 0.5167$.

5. 0.2.

6. (1) $P\{2 < X < 5\} = 0.5328$, $P\{-4 < X < 10\} = 0.9996$,

$P\{|X| > 2\} = 0.6977$, $P\{X > 3\} = 0.5$;

(2) $c = 3$.

7. (1) 0.0228; (2) 81.1635.

8. (1) $P\{X \leqslant 105\} = 0.3383$, $P\{100 < X \leqslant 120\} = 0.5952$; (2) 129.74.

习题 2.5

1.

Y	0	1	4
p_k	0.1	0.7	0.2

2. $f_Y(y) = \begin{cases} \frac{1}{32}(y-8), & y \in (8,16), \\ 0, & \text{其他}. \end{cases}$

3. (1) $f_Y(y) = \begin{cases} \frac{1}{\sqrt{2\pi}\,y} e^{-\frac{(\ln y)^2}{2}}, & y > 0, \\ 0, & y \leqslant 0; \end{cases}$ (2) $f_Y(y) = \begin{cases} \frac{1}{\sqrt{2\pi}} y^{-\frac{1}{2}} e^{-\frac{y}{2}}, & y > 0, \\ 0, & y \leqslant 0; \end{cases}$

(3) $f_Y(y) = \begin{cases} \sqrt{\frac{2}{y}} e^{-\frac{y^2}{2}}, & y > 0, \\ 0, & y \leqslant 0. \end{cases}$

4. $f_Y(y) = \begin{cases} \frac{1}{2\sqrt{y}} e^{-\sqrt{y}}, & y > 0, \\ 0, & y \leqslant 0. \end{cases}$

5. $f_Y(y) = \begin{cases} \frac{2}{\pi\sqrt{1-y^2}}, & 0 < y < 1, \\ 0, & \text{其他}. \end{cases}$ 提示：因为 $Y = \sin X$ 在区间 $(0,1)$ 内取值，所以当 $y \leqslant 0, y \geqslant 1$ 时，

$f_Y(y) = 0$；当 $0 < y < 1$ 时，

$$F_Y(y) = P\{0 \leqslant Y \leqslant y\} = P\{0 \leqslant \sin X \leqslant y\}$$
$$= P\{(0 \leqslant X \leqslant \arcsin y) \cup (\pi - \arcsin y \leqslant X \leqslant \pi)\}$$
$$= \int_0^{\arcsin y} \frac{2x}{\pi^2} dx + \int_{\pi - \arcsin y}^{\pi} \frac{2x}{\pi^2} dx = \frac{2}{\pi} \arcsin y,$$

所以当 $0 < y < 1$ 时，$f_Y(y) = \frac{2}{\pi\sqrt{1-y^2}}$.

6. $f_X(x) = \begin{cases} \frac{1}{\pi\sqrt{R^2-x^2}}, & |x| < R, \\ 0, & \text{其他}. \end{cases}$ 提示：设 Z 为 x 轴与 OM 的夹角，则 $Z \sim U[-\pi,\pi]$. 显然，$X = R\cos Z$. 当 $|x| < R$ 时，

$$F_X(x) = P\left\{-\pi \leqslant Z \leqslant -\arccos\frac{x}{R}\right\} + P\left\{\arccos\frac{x}{R} \leqslant Z \leqslant \pi\right\}$$
$$= F_Z\left(-\arccos\frac{x}{R}\right) + 1 + F_Z\left(\arccos\frac{x}{R}\right),$$

所以 $f_X(x) = \dfrac{1}{\pi\sqrt{R^2-x^2}}$.

习题 2

1.

X	3	4	5
p_k	$\dfrac{1}{10}$	$\dfrac{3}{10}$	$\dfrac{6}{10}$

2. (1)

X	0	1	2
p_k	$\dfrac{22}{35}$	$\dfrac{12}{35}$	$\dfrac{1}{35}$

(2) 图形略.

3.

X	0	1	2	3	4
p_k	0.5	0.25	0.125	0.062 5	0.062 5

4. (1) 0.072 9;　(2) 0.008 56;　(3) 0.999 54;　(4) 0.409 51.

5. (1) 0.163;　(2) 0.353.

6. 0.321.

7. (1) $\dfrac{1}{70}$;　(2) 按实际推断原理,认为他确有区分这两种酒的能力.

8. 在指定的一页上有 1 个错误的概率 $p = \dfrac{1}{500}$,因而至少有 3 个错误的概率为

$$p_1 = \sum_{k=3}^{500} C_{500}^k \left(\frac{1}{500}\right)^k \left(\frac{499}{500}\right)^{500-k}.$$

利用泊松定理求近似值,取 $\lambda = np = 500 \times \dfrac{1}{500} = 1$,于是

$$p_1 = \sum_{k=3}^{\infty} \frac{e^{-1}}{k!} = 0.080\ 301.$$

9. $F(x) = \begin{cases} 0, & x < 0, \\ 1-p, & 0 \leqslant x < 1, \\ 1, & x \geqslant 1, \end{cases}$ 图形略.

10. $F(x) = \begin{cases} 0, & x < 0, \\ \dfrac{x}{a}, & 0 \leqslant x < a, \\ 1, & x \geqslant a. \end{cases}$

11. (1) $\ln 2, 1, \ln \dfrac{5}{4}$;　(2) $f(x) = \begin{cases} \dfrac{1}{x}, & 1 < x < e, \\ 0, & 其他. \end{cases}$

12. $F(x) = \begin{cases} 0, & x < -1, \\ \dfrac{x}{\pi}\sqrt{1-x^2} + \dfrac{1}{\pi}\arcsin x + \dfrac{1}{2}, & -1 \leqslant x < 1, \\ 1, & x \geqslant 1. \end{cases}$

13. (1) $F(x) = \begin{cases} 0, & x \leqslant 0, \\ \displaystyle\int_0^x y\,\mathrm{d}y = \dfrac{1}{2}x^2, & 0 < x \leqslant 1, \\ \displaystyle\int_0^1 y\,\mathrm{d}y + \int_1^x (2-y)\,\mathrm{d}y = 2x - \dfrac{1}{2}x^2 - 1, & 1 < x \leqslant 2, \\ 1, & x > 2; \end{cases}$

(2) $P\{X < 0.5\} = F(0.5) = \dfrac{1}{8}$,

$P\{X > 1.3\} = 1 - P\{X \leqslant 1.3\} = 1 - F(1.3) = 0.245$,

$P\{0.2 < X < 1.2\} = F(1.2) - F(0.2) = 0.66$.

14. 0.8.

15. $A = \dfrac{4}{b\sqrt{b\pi}}$.

16. $\dfrac{232}{243}$.

17. $\dfrac{20}{27}$.

18. (1) 0.988; (2) 111.84; (3) 57.5.

19. 0.682.

20. 0.045 6.

21. 31.20.

22. (1) $z_{0.01} = 2.33$; (2) $z_{0.003} = 2.75, z_{0.0015} = 2.96$.

23.

Y	0	1	4	9
p_k	$\dfrac{1}{5}$	$\dfrac{7}{30}$	$\dfrac{1}{5}$	$\dfrac{11}{30}$

24. (1) $f_Y(y) = \begin{cases} \dfrac{1}{y}, & 1 < y < \mathrm{e}, \\ 0, & \text{其他}; \end{cases}$ (2) $f_Y(y) = \begin{cases} \dfrac{1}{2}\mathrm{e}^{-\frac{y}{2}}, & y > 0, \\ 0, & y \leqslant 0. \end{cases}$

25. $f_Y(y) = \begin{cases} \dfrac{1}{y^2}, & y > 1, \\ 0, & y \leqslant 1. \end{cases}$

第 3 章

习题 3.1

1.

Y	\multicolumn{4}{c}{X}
	1	2	3	4
1	0	$\dfrac{1}{12}$	$\dfrac{1}{12}$	$\dfrac{1}{12}$
2	$\dfrac{1}{12}$	0	$\dfrac{1}{12}$	$\dfrac{1}{12}$
3	$\dfrac{1}{12}$	$\dfrac{1}{12}$	0	$\dfrac{1}{12}$
4	$\dfrac{1}{12}$	$\dfrac{1}{12}$	$\dfrac{1}{12}$	0

2.

Y	\multicolumn{3}{c}{X}
	0	1	2
0	$\dfrac{1}{8}$	0	0
1	$\dfrac{1}{8}$	$\dfrac{2}{8}$	0
2	0	$\dfrac{2}{8}$	$\dfrac{1}{8}$
3	0	0	$\dfrac{1}{8}$

3. $P\{X=i,Y=j\}=C_3^i C_{3-i}^j \left(\dfrac{1}{2}\right)^i \left(\dfrac{1}{4}\right)^j \left(\dfrac{1}{4}\right)^{3-i-j}$ $(i+j\leqslant 3)$.

4. (1) $\dfrac{1}{8}$; (2) $\dfrac{3}{8}$; (3) $\dfrac{27}{32}$; (4) $\dfrac{2}{3}$.

5. (1) $\dfrac{1}{96}$; (2) $\dfrac{5}{128}$; (3) $\dfrac{7}{128}$; (4) $\dfrac{1}{48}$.

6. (1) $\dfrac{3}{\pi R^3}$; (2) $\dfrac{3r^2}{R^2}\left(1-\dfrac{2r}{3R}\right)$.

7. $\dfrac{1}{4}$.

习题 3.2

1. (1) $A=\dfrac{1}{\pi^2}, B=\dfrac{\pi}{2}, C=\dfrac{\pi}{2}$;

(2) $F_X(x)=\dfrac{1}{2}+\dfrac{1}{\pi}\arctan x(-\infty< x<+\infty), F_Y(y)=\dfrac{1}{2}+\dfrac{1}{\pi}\arctan y(-\infty< y<+\infty)$;

(3) $\dfrac{1}{4}$.

2. $F_X(x)=\begin{cases}1-\mathrm{e}^{-x}, & x>0,\\ 0, & \text{其他,}\end{cases}$ $F_Y(y)=\begin{cases}1-\mathrm{e}^{-y}, & y>0,\\ 0, & \text{其他.}\end{cases}$

3. (1)

X	1	2	3	4
p_k	$\dfrac{1}{4}$	$\dfrac{1}{4}$	$\dfrac{1}{4}$	$\dfrac{1}{4}$

Y	1	2	3	4
p_k	$\dfrac{1}{4}$	$\dfrac{1}{4}$	$\dfrac{1}{4}$	$\dfrac{1}{4}$

(2)

X	0	1	2
p_k	$\dfrac{1}{4}$	$\dfrac{1}{2}$	$\dfrac{1}{4}$

Y	0	1	2	3
p_k	$\dfrac{1}{8}$	$\dfrac{3}{8}$	$\dfrac{3}{8}$	$\dfrac{1}{8}$

4. $f_X(x)=\begin{cases}\mathrm{e}^{-x}, & x>0,\\ 0, & \text{其他,}\end{cases}$ $f_Y(y)=\begin{cases}y\mathrm{e}^{-y}, & y>0,\\ 0, & \text{其他,}\end{cases}$ $1+\mathrm{e}^{-1}-2\mathrm{e}^{-\frac{1}{2}}$.

5. $f_X(x)=\begin{cases}2x^2+\dfrac{2}{3}x, & 0\leqslant x\leqslant 1,\\ 0, & \text{其他,}\end{cases}$ $f_Y(y)=\begin{cases}\dfrac{1}{6}y+\dfrac{1}{3}, & 0\leqslant y\leqslant 2,\\ 0, & \text{其他.}\end{cases}$

6. $f(x,y)=\begin{cases}6, & x^2\leqslant y\leqslant x,\\ 0, & \text{其他,}\end{cases}$ $f_X(x)=\begin{cases}6(x-x^2), & 0\leqslant x\leqslant 1,\\ 0, & \text{其他,}\end{cases}$ $f_Y(y)=\begin{cases}6(\sqrt{y}-y), & 0\leqslant y\leqslant 1,\\ 0, & \text{其他.}\end{cases}$

7. $f_X(x)=\begin{cases}2x, & 0<x<1,\\ 0, & \text{其他,}\end{cases}$ $f_Y(y)=\begin{cases}1-|y|, & |y|<1,\\ 0, & \text{其他.}\end{cases}$

习题 3.3

1. (1)

X	51	52	53	54	55
p_k	0.18	0.15	0.35	0.12	0.20

Y	51	52	53	54	55
p_k	0.28	0.28	0.22	0.09	0.13

(2)

k	51	52	53	54	55
$P\{X=k\mid Y=51\}$	$\dfrac{6}{28}$	$\dfrac{7}{28}$	$\dfrac{5}{28}$	$\dfrac{5}{28}$	$\dfrac{5}{28}$

2. $P\{X=m,Y=n\}=p^2 q^{n-2}$ $(m=1,2,\cdots,n-1;n=2,3,\cdots)$,

$$P\{X = m\} = \sum_{n=m+1}^{\infty} p^2 q^{n-2} = pq^{m-1} \quad (m = 1, 2, \cdots),$$

$$P\{Y = m\} = \sum_{m=1}^{n-1} p^2 q^{n-2} = (n-1)p^2 q^{n-2} \quad (n = 2, 3, \cdots; m = 0, 1, 2, \cdots),$$

$$P\{X = m \mid Y = n\} = \frac{1}{n-1} \quad (n = 2, 3, \cdots; m = 1, 2, \cdots, n-1),$$

$$P\{Y = n \mid X = m\} = pq^{n-m-1} \quad (m = 1, 2, \cdots, n; n = m+1, m+2, \cdots).$$

3. (1) $f(x, y) = \begin{cases} x, & 0 < y < \dfrac{1}{x}, 0 < x < 1, \\ 0, & \text{其他;} \end{cases}$

(2) $f_Y(y) = \begin{cases} \dfrac{1}{2}, & 0 < y < 1, \\ \dfrac{1}{2y^2}, & y \geqslant 1, \\ 0, & \text{其他;} \end{cases}$

(3) $P\{X > Y\} = \dfrac{1}{3}$.

4. 当 $0 \leqslant y \leqslant 1$ 时，$f_{X|Y}(x \mid y) = \begin{cases} \dfrac{x+y}{y+0.5}, & 0 \leqslant x \leqslant 1, \\ 0, & \text{其他,} \end{cases}$

当 $0 \leqslant x \leqslant 1$ 时，$f_{Y|X}(y \mid x) = \begin{cases} \dfrac{x+y}{x+0.5}, & 0 \leqslant y \leqslant 1, \\ 0, & \text{其他.} \end{cases}$

5. 略.

6. (1) $f_{Y|X}(y \mid x) = \begin{cases} \dfrac{1}{x}, & 0 < y < x, \\ 0, & \text{其他;} \end{cases}$

(2) $P\{X \leqslant 1 \mid Y \leqslant 1\} = \dfrac{1 - 2e^{-1}}{1 - e^{-1}} = \dfrac{e-2}{e-1}$.

习题 3.4

1. (1) X 与 Y 相互独立； (2) $e^{-0.1}$.

2. X 与 Y 相互独立.

3. (1)　　　　　　　　　　　　　　　　(2) X 与 Y 相互独立.

Y	X			$p_{\cdot j}$
	-1	0	1	
0	$\dfrac{1}{4}$	0	$\dfrac{1}{4}$	$\dfrac{1}{2}$
1	0	$\dfrac{1}{2}$	0	$\dfrac{1}{2}$
$p_{i\cdot}$	$\dfrac{1}{4}$	$\dfrac{1}{2}$	$\dfrac{1}{4}$	1

4. X 与 Y 不相互独立.

5. X 与 Y 不相互独立.

6. X 与 Y 相互独立.

7. 提示：X 的分布函数为 $F_X(x) = \begin{cases} 0, & x \leqslant a, \\ 1, & x > a, \end{cases}$ 设 Y 的分布函数、(X, Y) 的分布函数分别为 $F_Y(y)$ 和

$F(x, y)$，则 $F(x, y) = F_X(x) F_Y(y)$.

8. 提示：由于 $P\{X<x\}=P\{X<x,X<x\}=P\{X<x\}P\{X<x\}$，因此 $F(x)=[F(x)]^2$，$F(x)=0$ 或 1。由于

$F(-\infty)=0$，$F(+\infty)=1$，$F(x)$ 非降、左连续，因此必有常数 c，使得 $F(x)=\begin{cases}0, & x<c,\\ 1, & x\geqslant c,\end{cases}$ 故 $P\{X=c\}=1$。

9. 略.

10. (1) $f(x,y)=\begin{cases}\dfrac{1}{2}\mathrm{e}^{-\frac{y}{2}}, & 0<x<1,y>0,\\ 0, & \text{其他；}\end{cases}$

(2) $P\{X^2\geqslant Y\}=1-\displaystyle\int_0^1\mathrm{e}^{-x^2}\mathrm{d}x=1-\sqrt{2\pi}[\varPhi(1)-\varPhi(0)]\approx 0.1445$.

习题 3.5

1. $\dfrac{n-1}{2^n}$ $(n=2,3,\cdots)$.

2. $f_Z(z)=\begin{cases}\dfrac{z+2a}{4a^2}, & -2a\leqslant z<0,\\[2mm] \dfrac{2a-z}{4a^2}, & 0\leqslant z\leqslant 2a,\\[2mm] 0, & \text{其他.}\end{cases}$

3. $f_Z(z)=\begin{cases}1-\mathrm{e}^{-z}, & 0\leqslant z<1,\\ (\mathrm{e}-1)\mathrm{e}^{-z}, & z\geqslant 1,\\ 0, & \text{其他.}\end{cases}$

4. $f_Z(z)=\begin{cases}\mathrm{e}^{2-z}(z-2), & z>2,\\ 0, & \text{其他.}\end{cases}$

5. $f_Z(z)=\begin{cases}\dfrac{1}{(z+1)^2}, & z>0,\\ 0, & z\leqslant 0.\end{cases}$

6. $f_Z(z)=\begin{cases}\dfrac{1}{32}, & 0<z<1,\\[2mm] \dfrac{1}{2z^2}, & z\geqslant 1,\\[2mm] 0, & \text{其他.}\end{cases}$

7. $f_{\max}(z)=\begin{cases}\alpha\mathrm{e}^{-\alpha z}+\beta\mathrm{e}^{-\beta z}-(\alpha+\beta)\mathrm{e}^{-(\alpha+\beta)z}, & z>0,\\ 0, & \text{其他,}\end{cases}$ $f_{\min}(z)=\begin{cases}(\alpha+\beta)\mathrm{e}^{-(\alpha+\beta)z}, & z>0,\\ 0, & \text{其他.}\end{cases}$

习题 3

1. (1) 放回抽样的联合分布律如下：

Y	X	
	0	1
0	$\dfrac{25}{36}$	$\dfrac{5}{36}$
1	$\dfrac{5}{36}$	$\dfrac{1}{36}$

(2) 不放回抽样的联合分布律如下：

Y	X	
	0	1
0	$\frac{45}{66}$	$\frac{10}{66}$
1	$\frac{10}{66}$	$\frac{1}{66}$

2.

Y	X			
	0	1	2	3
1	0	$\frac{3}{8}$	$\frac{3}{8}$	0
3	$\frac{1}{8}$	0	0	$\frac{1}{8}$

3.

Y	X			
	0	1	2	3
0	0	0	$\frac{3}{35}$	$\frac{2}{35}$
1	0	$\frac{6}{35}$	$\frac{12}{35}$	$\frac{2}{35}$
2	$\frac{1}{35}$	$\frac{6}{35}$	$\frac{3}{35}$	0

4.

X	Y			
	0	1	2	3
0	0	0	$\frac{21}{120}$	$\frac{35}{120}$
1	0	$\frac{14}{120}$	$\frac{42}{120}$	0
2	$\frac{1}{120}$	$\frac{7}{120}$	0	0

5. (1) $c = \frac{1}{42}$；　(2) $\frac{4}{7}$.

6. (1) 放回抽样和不放回抽样的边缘分布律分别为

X	0	1
p_k	$\frac{5}{6}$	$\frac{1}{6}$

Y	0	1
p_k	$\frac{5}{6}$	$\frac{1}{6}$

(2)

X	0	1	2	3
p_k	$\frac{1}{8}$	$\frac{3}{8}$	$\frac{3}{8}$	$\frac{1}{8}$

Y	1	3
p_k	$\frac{6}{8}$	$\frac{2}{8}$

7. $f_X(x) = \begin{cases} 2.4x^2(2-x), & 0 \leqslant x \leqslant 1, \\ 0, & 其他, \end{cases}$ $f_Y(y) = \begin{cases} 2.4y(3-4y+y^2), & 0 \leqslant y \leqslant 1, \\ 0, & 其他. \end{cases}$

8. (1) $c = \frac{21}{4}$；

(2) $f_X(x) = \begin{cases} \frac{21}{8}x^2(1-x^4), & -1 \leqslant x \leqslant 1, \\ 0, & 其他, \end{cases}$ $f_Y(y) = \begin{cases} \frac{7}{2}y^{\frac{5}{2}}, & 0 \leqslant y \leqslant 1, \\ 0, & 其他. \end{cases}$

9. (1) $P\{X=n\}=\dfrac{14^n\mathrm{e}^{-14}}{n!}(n=0,1,2,\cdots),P\{Y=m\}=\dfrac{7.14^m\mathrm{e}^{7.14}}{m!}(m=0,1,2,\cdots);$

(2) 当 $m=0,1,2,\cdots$ 时,$P\{X=n\mid Y=m\}=\dfrac{6.86^{n-m}\mathrm{e}^{-6.86}}{(n-m)!}\quad(n=m,m+1,\cdots),$

当 $n=0,1,2,\cdots$ 时,$P\{Y=m\mid X=n\}=C_n^m\,(0.51)^m(0.49)^{n-m}\quad(m=0,1,2,\cdots,n);$

(3) $P\{Y=m\mid X=20\}=C_{20}^m\,(0.51)^m(0.49)^{20-m}\quad(m=0,1,2,\cdots,20).$

10.

j	1
$P\{Y=j\mid X=1\}$	1

j	1	2
$P\{Y=j\mid X=2\}$	$\dfrac{1}{2}$	$\dfrac{1}{2}$

j	1	2	3
$P\{Y=j\mid X=3\}$	$\dfrac{1}{3}$	$\dfrac{1}{3}$	$\dfrac{1}{3}$

j	1	2	3	4
$P\{Y=j\mid X=4\}$	$\dfrac{1}{4}$	$\dfrac{1}{4}$	$\dfrac{1}{4}$	$\dfrac{1}{4}$

11. (1) 当 $0<y\leqslant 1$ 时,$f_{X\mid Y}(x\mid y)=\begin{cases}\dfrac{3}{2}x^2y^{-\frac{3}{2}}, & -\sqrt{y}<x<\sqrt{y},\\ 0, & \text{其他},\end{cases}$

$$f_{X\mid Y}\left(x\,\Big|\,y=\frac{1}{2}\right)=\begin{cases}3\sqrt{2}\,x^2, & -\dfrac{1}{\sqrt{2}}<x<\dfrac{1}{\sqrt{2}},\\ 0, & \text{其他};\end{cases}$$

(2) 当 $-1<x<1$ 时,$f_{Y\mid X}(y\mid x)=\begin{cases}\dfrac{2y}{1-x^4}, & x^2<y<1,\\ 0, & \text{其他},\end{cases}$

$$f_{Y\mid X}\left(y\,\Big|\,x=\frac{1}{3}\right)=\begin{cases}\dfrac{81y}{40}, & \dfrac{1}{9}<y<1,\\ 0, & \text{其他},\end{cases}\quad f_{Y\mid X}\left(y\,\Big|\,x=\frac{1}{2}\right)=\begin{cases}\dfrac{32y}{15}, & \dfrac{1}{4}<y<1,\\ 0, & \text{其他};\end{cases}$$

(3) $P\left\{Y\geqslant\dfrac{1}{4}\,\Big|\,X=\dfrac{1}{2}\right\}=1,P\left\{Y\geqslant\dfrac{3}{4}\,\Big|\,X=\dfrac{1}{2}\right\}=\dfrac{7}{15}.$

12. 当 $|y|<1$ 时,$f_{X\mid Y}(x\mid y)=\begin{cases}\dfrac{1}{1-|y|}, & |y|<x<1,\\ 0, & \text{其他},\end{cases}$

当 $0<x<1$ 时,$f_{Y\mid X}(y\mid x)=\begin{cases}\dfrac{1}{2x}, & |y|<x,\\ 0, & \text{其他}.\end{cases}$

13. (1) 当 $y>0$ 时,$f_{X\mid Y}(x\mid y)=\begin{cases}\lambda\mathrm{e}^{-\lambda x}, & x>0,\\ 0, & x\leqslant 0;\end{cases}$

(2)

Z	0	1
p_k	$\dfrac{\mu}{\lambda+\mu}$	$\dfrac{\lambda}{\lambda+\mu}$

$$F_Z(z)=\begin{cases}0, & z<0,\\ \dfrac{\mu}{\lambda+\mu}, & 0\leqslant z<1,\\ 1, & z\geqslant 1.\end{cases}$$

14. $f_Z(z) = \begin{cases} \dfrac{1}{2}(1 - e^{-z}), & 0 \leqslant z < 2, \\ \dfrac{1}{2}(e^2 - 1)e^{-z}, & z \geqslant 2, \\ 0, & \text{其他.} \end{cases}$

15. (1) $f_1(x) = \begin{cases} \dfrac{x^3 e^{-x}}{3!}, & x > 0, \\ 0, & x \leqslant 0; \end{cases}$ (2) $f_2(x) = \begin{cases} \dfrac{x^5 e^{-x}}{5!}, & x > 0, \\ 0, & x \leqslant 0. \end{cases}$

16. 略.

17. $(0.158\,7)^4 = 0.000\,63.$

18. (1) $F_Z(z) = \begin{cases} (1 - e^{-z^2/8})^5, & z \geqslant 0, \\ 0, & z < 0; \end{cases}$ (2) $1 - (1 - e^{-2})^5 = 0.516\,7.$

19. 20. 21. 略.

22. $P\{X^2 \geqslant 4Y\} = \begin{cases} \dfrac{1}{2} + \dfrac{b}{24}, & 0 < b \leqslant 4, \\ 1 - \dfrac{2}{3\sqrt{b}}, & b > 4. \end{cases}$

23. (1) $P\{X = 2 \mid Y = 2\} = 0.2, P\{Y = 3 \mid X = 0\} = \dfrac{1}{3};$

(2)

V	0	1	2	3	4	5
p_k	0	0.04	0.16	0.28	0.24	0.28

(3)

U	0	1	2	3
p_k	0.28	0.30	0.25	0.17

(4)

W	0	1	2	3	4	5	6	7	8
p_k	0	0.02	0.06	0.13	0.19	0.24	0.19	0.12	0.05

24. 因为 $f_{X+Y}(y) = \displaystyle\int_{-\infty}^{+\infty} \dfrac{1}{\pi^2} \cdot \dfrac{1}{1+x^2} \cdot \dfrac{1}{1+(y-x)^2} \mathrm{d}x = \dfrac{2}{\pi(y^2+4)}$, 所以 $f_{\frac{1}{2}(X+Y)}(z) = \dfrac{2}{\pi[(2z)^2+4]} 2 = \dfrac{1}{\pi(1+z^2)}$, 即 $Z = \dfrac{1}{2}(X+Y)$ 也服从相同的柯西分布.

25. $F_Z(z) = \begin{cases} 0, & z \leqslant 0, \\ 1 - e^{-z} - z e^{-z}, & z > 0. \end{cases}$

26. (1) $f_X(x) = \begin{cases} 2x, & 0 < x < 1, \\ 0, & \text{其他,} \end{cases}$ $f_Y(y) = \begin{cases} 1 - \dfrac{y}{2}, & 0 < y < 2, \\ 0, & \text{其他;} \end{cases}$

(2) $f_Z(z) = \begin{cases} 1 - \dfrac{z}{2}, & 0 < z < 2, \\ 0, & \text{其他;} \end{cases}$ (3) $P\left\{Y \leqslant \dfrac{1}{2} \,\middle|\, X \leqslant \dfrac{1}{2}\right\} = \dfrac{P\left\{X \leqslant \frac{1}{2}, Y \leqslant \frac{1}{2}\right\}}{P\left\{X \leqslant \frac{1}{2}\right\}} = \dfrac{3}{4}.$

第 4 章

习题 4.1

1. $E(X) = \dfrac{1}{3}, E(1 - X) = \dfrac{2}{3}, E(X^2) = \dfrac{35}{24}.$

2. $\dfrac{1}{\pi}\ln 2 + \dfrac{1}{2}$. 提示:

$$E(\min\{|x|,1\}) = \int_{|x|<1} |x| f(x)\mathrm{d}x + \int_{|x|\geqslant 1} f(x)\mathrm{d}x$$
$$= \int_{-1}^{1} \frac{|x|}{\pi(1+x^2)}\mathrm{d}x + \int_{|x|>1} \frac{1}{\pi(1+x^2)}\mathrm{d}x$$
$$= 2\int_{0}^{1} \frac{x}{\pi(1+x^2)}\mathrm{d}x + 2\int_{1}^{+\infty} \frac{1}{\pi(1+x^2)}\mathrm{d}x$$
$$= \frac{1}{\pi}\ln 2 + \frac{1}{2}.$$

3. $E(X) = 4$.

4. $\dfrac{ca}{a+b}$. 提示:记 $X_i = \begin{cases} 1, & \text{第 } i \text{ 次摸到白球,} \\ 0, & \text{第 } i \text{ 次摸到黑球,} \end{cases} i = 1,2,\cdots,c,$ 而 $E(X_i) = \dfrac{a}{a+b}$,所以

$$E(X) = E\left(\sum_{i=1}^{c} X_i\right) = \frac{ca}{a+b}.$$

习题 4.2

1. $E(X) = \displaystyle\int_{0}^{1} x^2\mathrm{d}x + \int_{1}^{2} x(2-x)\mathrm{d}x = 1, D(X) = E(X^2) - [E(X)]^2 = \dfrac{1}{6}$.

2. $E(X) = 2, D(X) = 1$.

3. (1) $P\{X=-1,Y=-1\} = P\{U\leqslant -1, U\leqslant 1\} = P\{U\leqslant -1\} = \dfrac{1}{4}$,

$P\{X=-1,Y=1\} = P\{U\leqslant -1, U>1\} = 0$,

$P\{X=1,Y=-1\} = P\{U>-1, U\leqslant 1\} = P\{-1<U\leqslant 1\} = \dfrac{1}{2}$,

$P\{X=1,Y=1\} = P\{U>-1, U>1\} = P\{U>1\} = \dfrac{1}{4}$;

(2)

$X+Y$	-2	0	2
p_k	$\dfrac{1}{4}$	$\dfrac{1}{2}$	$\dfrac{1}{4}$

$(X+Y)^2$	0	4
p_k	$\dfrac{1}{2}$	$\dfrac{1}{2}$

$$E(X+Y) = 0, D(X+Y) = E[(X+Y)^2] = 4\times\frac{1}{2} = 2.$$

习题 4.3

1. 略.

2. 利用协方差的性质求解. 令 $X_i = \begin{cases} 1, & \text{第 } i \text{ 次出现 1 点,} \\ 0, & \text{第 } i \text{ 次不出现 1 点,} \end{cases} Y_j = \begin{cases} 1, & \text{第 } j \text{ 次出现 6 点,} \\ 0, & \text{第 } j \text{ 次不出现 6 点} \end{cases} (i,j=1,2,\cdots,n),$

当 $i \neq j$ 时,X_i 与 Y_j 相互独立,$\mathrm{cov}(X_i,Y_j) = 0$;当 $i = j$ 时,

$$\mathrm{cov}(X_i,Y_j) = E(X_iY_j) - E(X_i)E(Y_j) = -\left(\frac{1}{6}\right)^2 = -\frac{1}{36},$$

所以

$$\mathrm{cov}(X,Y) = \sum_{i=j}\mathrm{cov}(X_i,Y_j) + \sum_{i\neq j}\mathrm{cov}(X_i,Y_j) = -\frac{n}{36}.$$

因为 $D(X) = D(Y) = \dfrac{5n}{36}$,所以 $\rho_{XY} = -\dfrac{1}{5}$.

3. $-\dfrac{2}{3}$.

4. 提示:记 $P(A) = p_1, P(B) = p_2, P(AB) = p_{12}$. 由数学期望的定义可知

$$E(X) = P(A) - P(\overline{A}) = 2p_1 - 1, \quad E(Y) = 2p_2 - 1.$$

现求 $E(XY)$. 由于 XY 只有两个可能值 1 和 -1, 因此

$$P\{XY = 1\} = P(AB) + P(\overline{A}\,\overline{B}) = 2p_{12} - p_1 - p_2 + 1,$$

$$P\{XY = -1\} = 1 - P\{XY = 1\} = p_1 + p_2 - 2p_{12},$$

$$E(XY) = P\{XY = 1\} - P\{XY = -1\} = 4p_{12} - 2p_1 - 2p_2 + 1,$$

从而

$$\text{cov}(X,Y) = E(XY) - E(X)E(Y) = 4p_{12} - 4p_1 p_2.$$

因此, $\text{cov}(X,Y) = 0$ 当且仅当 $p_{12} = p_1 p_2$, 即 X 与 Y 不相关当且仅当事件 A 与事件 B 相互独立.

习题 4. 4

1. (1) $\begin{pmatrix} \dfrac{1}{18} & 0 \\ 0 & \dfrac{3}{80} \end{pmatrix}$; (2) $\begin{pmatrix} \dfrac{11}{36} & -\dfrac{1}{36} \\ -\dfrac{1}{36} & \dfrac{11}{36} \end{pmatrix}$.

2. 3. 略.

习题 4

1. $E(X) = \dfrac{1}{p}, D(X) = \dfrac{1-p}{p^2}$.

2. $a = \dfrac{1}{2}, b = \dfrac{1}{\pi}, E(X) = 0, D(X) = \dfrac{1}{2}$.

3. $E(X) = 1.0556$.

4. $\sqrt{\dfrac{1}{\pi}}$.

5. $E(X) = 0, D(X) = 2$.

6. $E(X) = \dfrac{4}{5}, E(Y) = \dfrac{3}{5}, E(XY) = \dfrac{1}{2}, E(X^2 + Y^2) = \dfrac{16}{15}$.

7. 略.

8. $E(X) = 1, D(X) = 1$.

9. $E(|X - \mu|) = \sqrt{\dfrac{2}{\pi}}\sigma, E(\alpha^X) = \alpha^\mu e^{\frac{\sigma^2}{2}\ln^2 \alpha}$.

10. $E(X) = -\dfrac{1}{3}, E(-3X + 2Y) = \dfrac{1}{3}, E(XY) = \dfrac{1}{12}$.

11. $E(Y) = \displaystyle\int_{-\frac{1}{2}}^{\frac{1}{2}} \sin \pi x \, dx = 0, D(Y) = E(Y^2) = \displaystyle\int_{-\frac{1}{2}}^{\frac{1}{2}} \sin^2 \pi x \, dx = \dfrac{1}{2}$.

12. $E(X) = M\left[1 - \left(1 - \dfrac{1}{M}\right)^n\right]$.

13. $300e^{-\frac{1}{4}} - 200 = 33.64(\text{元})$.

14. (1) $E(X) = 33.33(\text{min})$; (2) $E(X) = 27.22(\text{min})$.

15. (1) $E(N) = \dfrac{\theta}{5}$; (2) $E(M) = \dfrac{137}{60}\theta$.

16. 17. 略.

18. $E(X) = \sqrt{\dfrac{\pi}{2}}\sigma, D(X) = \dfrac{(4-\pi)\sigma^2}{2}$.

19. $E(X) = \dfrac{\alpha}{\beta}, D(X) = \dfrac{\alpha}{\beta^2}$.

20. $\rho_{XY} = \dfrac{1}{2}$.

21. (1) $f_1(x) = \dfrac{1}{\sqrt{2\pi}}\mathrm{e}^{\frac{-x^2}{2}}$, $f_2(y) = \dfrac{1}{\sqrt{2\pi}}\mathrm{e}^{\frac{-y^2}{2}}$; (2) 0; (3) 不独立,理由略.

22. $\mathrm{cov}(X,Y) = -\dfrac{1}{36}$, $\rho_{XY} = -\dfrac{1}{11}$, $D(X+Y) = \dfrac{5}{9}$.

23. 略.

24. $E(Y^2) = 5$.

25. (1)

X	Y	
	0	1
0	$\dfrac{2}{3}$	$\dfrac{1}{12}$
1	$\dfrac{1}{6}$	$\dfrac{1}{12}$

(2) $\rho_{XY} = \dfrac{\sqrt{15}}{15}$;

(3)

Z	0	1	2
p_k	$\dfrac{2}{3}$	$\dfrac{1}{4}$	$\dfrac{1}{12}$

26. (1) X 与 Y 不相互独立,X 与 Y 相关; (2) $D(X+Y) = \dfrac{5}{36}$.

27. (1) $f_Y(y) = \begin{cases} \dfrac{3}{8\sqrt{y}}, & 0 < y < 1, \\ \dfrac{1}{8\sqrt{y}}, & 1 \leqslant y < 4, \\ 0, & \text{其他}; \end{cases}$ (2) $\mathrm{cov}(X,Y) = \dfrac{2}{3}$; (3) $F\left(-\dfrac{1}{2}, 4\right) = \dfrac{1}{4}$.

28. 略.

第 5 章

习题 5.1

1. 略.

2. $n \geqslant 250$.

3. $P\{450 < X < 550\} \geqslant 0.9$ (提示:$\varepsilon = 50$).

4. 略.

习题 5.2

1. 98 箱.

2. 0.006 2.

3. 0.013 6.

4. 0.079 3.

习题 5

1. 0.999 5.

2. 略.

3. 14 根.

4. $P\{V > 105\} \approx 0.348$.

5. (1) 0.000 3；　(2) 0.5.

6. $n = 25$.

7. (1) 0；　(2) 0.995，0.5.

8. 0.477 2.

9. 537 个.

10. (1) 0.96；　(2) 5 336 个.

11. (1) 0.896 8；　(2) 0.749 8.

12. 令 $X_i = \begin{cases} 1, & \text{第 } i \text{ 粒为良种,} \\ 0, & \text{第 } i \text{ 粒不是良种,} \end{cases}$ $i = 1, 2, \cdots, n$，则 $P\{X_i = 1\} = \dfrac{1}{6}$. 记 $p = \dfrac{1}{6}$, $Y_n = \sum\limits_{i=1}^{n} X_i$，已知 $n =$

6 000，求 α，使其满足 $P\left\{\left|\dfrac{Y_n}{n} - \dfrac{1}{6}\right| \leqslant \alpha\right\} \geqslant 0.99$. 令 $q = 1 - p$, $b = \dfrac{n\alpha}{\sqrt{npq}}$，因为 n 很大，由中心极限定

理有

$$P\left\{\left|\dfrac{Y_n}{n} - \dfrac{1}{6}\right| \leqslant \alpha\right\} = P\left\{-b \leqslant \dfrac{Y_n - np}{\sqrt{npq}} \leqslant b\right\} \approx 2\Phi(b) - 1 \geqslant 0.99.$$

查附表 1 得，当 $b = 2.575$ 时，能满足上述不等式. 于是，$\alpha = \dfrac{b}{n}\sqrt{npq} \approx 0.012\,4$，即能以 0.99 的概率保

证其中良种的比例与 $\dfrac{1}{6}$ 相差不超过 0.012 4.

第 6 章

习题 6.1

1. (1) 否；　(2) 否；　(3) 是；　(4) 是.

2. 总体为该批机器零件重量 X，样本为 $X_1, X_2, \cdots, X_8$，观察值为 230, 243, 185, 240, 228, 196, 246, 200，样本容量 $n = 8$.

3. (1) $P\{X_1 = x_1, X_2 = x_2, \cdots, X_n = x_n\} = \prod\limits_{i=1}^{n} P\{X_i = x_i\} = p^{\sum\limits_{i=1}^{n} x_i}(1-p)^{\sum\limits_{i=1}^{n}(1-x_i)}$；

(2) $P\{X_1 = x_1, X_2 = x_2, \cdots, X_n = x_n\} = \prod\limits_{i=1}^{n} P\{X_i = x_i\} = \dfrac{\lambda^{\sum\limits_{i=1}^{n} x_i}}{\prod\limits_{i=1}^{n} x_i!} e^{-n\lambda}$；

(3) $f(x_1, x_2, \cdots, x_n) = \prod\limits_{i=1}^{n} f(x_i) = (2\pi\sigma^2)^{-\frac{n}{2}} e^{-\frac{\sum\limits_{i=1}^{n}(x_i - \mu)^2}{2\sigma^2}}$；

(4) $f(x_1, x_2, \cdots, x_n) = \prod\limits_{i=1}^{n} f(x_i) = \begin{cases} \dfrac{1}{\theta^n} e^{-\frac{\sum\limits_{i=1}^{n}(x_i - c)}{\theta}}, & x_i > c, \\ 0, & \text{其他.} \end{cases}$

习题 6.2

1. 0.674 4.

2. 0.1.

3. $F_Z(x) = [F(x)]^n$, $F_T(x) = 1 - [1 - F(x)]^n$,

$f_Z(x) = n[F(x)]^{n-1} f(x)$, $f_T(x) = n[1 - F(x)]^{n-1} f(x)$.

4. $a = \dfrac{1}{20}, b = \dfrac{1}{100}$,自由度为 2.

习题 6

1. 0. 829 3.

2. 0. 133 6.

3. 4. 5. 略.

6. $C = \dfrac{1}{3}$.

7. 略.

8. 0. 99.

第 7 章

习题 7. 1

1. $\hat{\mu} = 74.002, \hat{\sigma} = 6 \times 10^{-6}$.

2. (1) $\hat{\alpha} = \sqrt{\dfrac{3}{n} \sum\limits_{i=1}^{n} X_i^2}$; (2) $\hat{\alpha} = \max\limits_{1 \leqslant i \leqslant n} \{ |X_i| \}$.

3. 验证略, $E(X)$ 的极大似然估计为 $e^{\hat{\mu}+\frac{1}{2}\hat{\sigma}^2}$, 其中 $\hat{\mu} = \dfrac{1}{n}\sum\limits_{j=1}^{n} \ln X_j, \hat{\sigma}^2 = \dfrac{1}{n}\sum\limits_{j=1}^{n}(X_j - \hat{\mu})^2$.

4. θ 的矩估计值为 0. 25, 极大似然估计值为 $\dfrac{7-\sqrt{13}}{12}$.

习题 7. 2

1. 5. 76.

2. $C = \dfrac{1}{2(n-1)}$.

3. 4. 略.

习题 7. 3

1. (14. 8, 15. 2).

2. (0. 022 4, 0. 096 2).

3. (1) $e^{\mu + \frac{1}{2}}$; (2) $(-0.98, 0.98)$; (3) $(e^{-0.48}, e^{1.48})$.

习题 7. 4

1. (1) (5. 608, 6. 392); (2) (5. 558, 6. 442).

2. $(-0.002\,14, 0.006\,25)$.

3. (0. 18, 1. 42).

4. (39. 51, 40. 49).

习题 7. 5

1. 40 526.

2. 183. 351 5.

3. 单侧置信上限为 420. 12, 单侧置信下限为 409. 88.

习题 7

1. (1) $\hat{\theta} = \left(\dfrac{\overline{X}}{1 - \overline{X}} \right)^2$;　(2) $\hat{\theta} = \sqrt{\dfrac{n-1}{n}} S, \hat{\mu} = \overline{X} - \sqrt{\dfrac{n-1}{n}} S$;　(3) $\hat{p} = \dfrac{\overline{X}}{m}$.

2. (1) $\hat{\theta} = \dfrac{n^2}{\left(\displaystyle\sum_{i=1}^{n} \ln X_i \right)^2}$;　(2) $\hat{\theta} = \overline{X} - X_{(1)}, \hat{\mu} = X_{(1)}$, 其中 $X_{(1)} = \min\{X_1, X_2, \cdots, X_n\}$;　(3) $\hat{p} = \dfrac{\overline{X}}{m}$.

3. 矩估计与极大似然估计都是 $\hat{\lambda} = \overline{X}$.

4. (1) $e^{-\overline{X}}$;　(2) 0.325 3.

5. 略.

6. $a = \dfrac{n_1}{n_1 + n_2}, b = \dfrac{n_2}{n_1 + n_2}$.

7. 记 $\dfrac{1}{\sigma^2} = \displaystyle\sum_{i=1}^{n} \dfrac{1}{\sigma_i^2}, a_i = \dfrac{\sigma_0^2}{\sigma^2} \quad (i = 1, 2, \cdots, k)$.

8. 略.

9. $C = \dfrac{1}{n+1}$.

10. (1) 6.329;　(2) 6.442.

11. (1) $(6.675, 6.681), (6.8 \times 10^{-6}, 6.5 \times 10^{-5})$;　(2) $(6.661, 6.667), (3.8 \times 10^{-6}, 5.06 \times 10^{-5})$.

12. $(0.222, 3.601)$.

13. (1) $\hat{\theta} = 2\overline{X} - \dfrac{1}{2}$;　(2) 略.

14. (1) $\hat{\beta} = \dfrac{\overline{X}}{\overline{X} - 1}$;　(2) $\hat{\beta} = \dfrac{n}{\displaystyle\sum_{i=1}^{n} \ln X_i}$;　(3) $\hat{\alpha} = \min\{X_1, X_2, \cdots, X_n\}$.

第 8 章

习题 8.2

1. 认为该测量仪存在系统误差.

2. 认为平均重量有显著变化.

3. 认为灯管质量有显著提高.

4. 认为该批木材是不合格的.

5. 认为这批罐头符合要求.

6. 认为总体标准差不正常.

7. 不能, 认为钢板合规格.

习题 8.3

1. 接受 H_0.

2. 新工艺的精度没有显著变好.

3. 不能.

4. 否.

5. 可认为无显著差异.

习题 8.4

1. 能认为每分钟内电话用户的呼唤次数服从泊松分布.

2. 服从泊松分布.

3. 服从二项分布.

4. 匀称.

习题 8

1. 认为这批滚球的直径为 9 cm.

2. 能接受.

3. 认为不合格.

4. 认为显著大于 10 min.

5. 接受 H_0.

6. 接受 H_0.

7. 认为偏大.

8. 认为用两种原料所生产的产品重量无显著差别.

9. 接受 H_0 及 H'_0.

10. 认为无显著差异.

11. 认为无显著差异.

12. $(\overline{X} - \overline{Y}) \Big/ \sqrt{\dfrac{\sigma_1^2}{n_1} + \dfrac{\sigma_2^2}{n_2}} > z_\alpha$.

13. 认为服从泊松分布.

14. 接受 H_0.

15. 接受 H_0,认为电池在货架上滞留的时间不超过 125 天.

第 9 章

习题 9.1

1. (1) $\hat{Y} = 67.531\,3 + 0.871\,9t$;　(2) 显著;　(3) $(86.811\,3, 91.845\,0)$.

2. (1) $\hat{Y} = 34.775\,2 + 87.838\,6x$;　(2) 显著;　(3) $(37.567\,7, 47.793\,6)$.

习题 9.2

1. $\hat{Y} = 0.697\,4 + 0.160\,6x_1 + 0.107\,6x_2 + 0.035\,9x_3$.

2. $\hat{Y} = 18.484 - 0.820\,5x + 0.009\,301x^2$.

习题 9.3

1. 有显著差异.

2. 有显著差异.

习题 9.4

不同的促进剂、不同份量的氧化锌都对橡胶定伸强度有显著影响.

习题 9

1. (1) $\hat{Y} = 13.958\,4 + 12.550\,3x$;　(2) 显著;　(3) $(11.82, 13.28)$;　(4) $(19.66, 20.81)$.

2. $\hat{Y} = 24.629 + 0.058\,86x$.

3. (1) $\hat{Y} = -0.104 + 0.998x$； (2) (13.29, 14.17).

4. 有显著差异.

5. 无显著差异.

6. 只有浓度的影响是显著的,温度和交互作用均不显著.

第10章

习题 10.2

1. $X(t)$ 服从一维正态分布 $N(0, 1+t^2)$，$(X(t_1), X(t_2))$ 服从二维正态分布,协方差矩阵为 $\begin{pmatrix} 1+t_1^2 & 1+t_1t_2 \\ 1+t_1t_2 & 1+t_2^2 \end{pmatrix}$.

2. (1) $F\left(x; \dfrac{\pi}{4}\right) = \begin{cases} 0, & x < \dfrac{\sqrt{2}}{2}, \\ \dfrac{1}{3}, & \dfrac{\sqrt{2}}{2} \leqslant x < \sqrt{2}, \\ \dfrac{2}{3}, & \sqrt{2} \leqslant x < \dfrac{3}{2}\sqrt{2}, \\ 1, & x \geqslant \dfrac{3}{2}\sqrt{2}, \end{cases}$ $F\left(x; \dfrac{\pi}{2}\right) = \begin{cases} 0, & x < 0, \\ 1, & x \geqslant 0; \end{cases}$

(2) $F\left(x_1, x_2; 0, \dfrac{\pi}{3}\right) = \begin{cases} 0, & x_1 \leqslant 2x_2, x_1 < 1 \text{ 或 } 2x_2 < x_1, x_2 < \dfrac{1}{2}, \\ \dfrac{1}{3}, & x_1 \leqslant 2x_2, 1 \leqslant x_1 < 2 \text{ 或 } 2x_2 < x_1, \dfrac{1}{2} \leqslant x_2 < 1, \\ \dfrac{2}{3}, & x_1 \leqslant 2x_2, 2 \leqslant x_1 < 3 \text{ 或 } 2x_2 < x_1, 1 \leqslant x_2 < \dfrac{3}{2}, \\ 1, & x_1 \leqslant 2x_2, x_1 \geqslant 3 \text{ 或 } 2x_2 < x_1, x_2 \geqslant \dfrac{3}{2}. \end{cases}$

习题 10.3

1. $m_X(t) = \dfrac{\cos t}{3}$，$R_X(t_1, t_2) = \cos t_1 \cos t_2$.

2. $m_X(t) = 0$，$R_X(t_1, t_2) = \dfrac{1}{6} \cos \omega(t_1 - t_2)$.

习题 10

1. $F\left(x; \dfrac{1}{2}\right) = \begin{cases} 0, & x < 0, \\ \dfrac{1}{2}, & 0 \leqslant x < 1, \\ 1, & x \geqslant 1, \end{cases}$ $F(x; 1) = \begin{cases} 0, & x < -1, \\ \dfrac{1}{2}, & -1 \leqslant x < 2, \\ 1, & x \geqslant 2, \end{cases}$

$F\left(x_1, x_2; \dfrac{1}{2}, 1\right) = \begin{cases} 0, & x_1 < 0, -\infty < x_2 < +\infty, \\ 0, & x_1 \geqslant 0, x_2 < -1, \\ \dfrac{1}{2}, & 0 \leqslant x_1 < 1, x_2 \geqslant 1, \\ \dfrac{1}{2}, & x_1 \geqslant 1, -1 \leqslant x_2 < 2, \\ 1, & x_1 \geqslant 1, x_2 \geqslant 2. \end{cases}$

2. $m_Y(t) = m_X(t) + \varphi(t)$，$C_{YY}(t_1, t_2) = C_{XX}(t_1, t_2)$.

3. (1) $R_Y(t_1, t_2) = (t_1 + 1)(t_2 + 1)R(t_1, t_2)$； (2) $R_Z(t_1, t_2) = C^2 R(t_1, t_2)$.

4. $R_Y(t_1,t_2) = R_X(t_1+a,t_2+a) - R_X(t_1+a,t_2) - R_X(t_1,t_2+a) + R_X(t_1,t_2)$.

5. $C_{ZZ}(t_1,t_2) = \sigma_1^2 + (t_1+t_2)\rho + t_1 t_2 \sigma_2^2$.

6. $R_X(t_1,t_2) = C_{XX}(t_1,t_2) = (1+t_1 t_2)\sigma^2$.

第 11 章

习题 11.1

1.(1) X_n 是马尔可夫链,其一步转移概率矩阵 $\mathbf{P} = \begin{pmatrix} \frac{1}{6} & \frac{1}{6} & \frac{1}{6} & \frac{1}{6} & \frac{1}{6} & \frac{1}{6} \\ \frac{1}{6} & \frac{1}{6} & \frac{1}{6} & \frac{1}{6} & \frac{1}{6} & \frac{1}{6} \\ \vdots & \vdots & \vdots & \vdots & \vdots & \vdots \\ \frac{1}{6} & \frac{1}{6} & \frac{1}{6} & \frac{1}{6} & \frac{1}{6} & \frac{1}{6} \end{pmatrix}$;

(2) Y_n 是马尔可夫链,其一步转移概率矩阵为 $\mathbf{P}(n) = (p_{ij}(n))$,其中

$$p_{ij}(n) = \begin{cases} \frac{1}{6}, & j = i+1, i+2, \cdots, i+6, \\ 0, & j = i, i+7, i+8, \cdots \text{ 或 } j < i, \end{cases} \quad i = n, n+1, \cdots, 6n; j = n+1, n+2, \cdots, 6(n+1).$$

2. $\mathbf{P} = \begin{pmatrix} \frac{1}{5} & \frac{1}{5} & \frac{2}{5} & \frac{1}{5} \\ \frac{1}{6} & \frac{2}{6} & \frac{1}{6} & \frac{2}{6} \\ 0 & 0 & 0 & 1 \\ \frac{1}{4} & \frac{3}{4} & 0 & 0 \end{pmatrix}$.

3. $\mathbf{P} = \begin{pmatrix} 0 & 1 & 0 & 0 & 0 \\ \frac{1}{3} & \frac{1}{3} & \frac{1}{3} & 0 & 0 \\ 0 & \frac{1}{3} & \frac{1}{3} & \frac{1}{3} & 0 \\ 0 & 0 & \frac{1}{3} & \frac{1}{3} & \frac{1}{3} \\ 0 & 0 & 0 & 1 & 0 \end{pmatrix}$.

4. $\begin{pmatrix} \frac{8}{11} & \frac{3}{11} \\ \frac{3}{4} & \frac{1}{4} \end{pmatrix}$.

习题 11.2

1. 有三个状态,二步转移概率矩阵 $\mathbf{P}^{(2)} = \mathbf{P}^2 = \mathbf{P}$.

2. 提示:令 $X_i = \begin{cases} 1, & \text{第 } i \text{ 次抛出正面,} \\ 0, & \text{第 } i \text{ 次抛出反面,} \end{cases}$ 则 $P\{X_n = 0\} = q, P\{X_n = 1\} = p$,且 $X_n = \sum_{i=1}^{n} X_i (n \geq 1)$. $I = \{0,1,2,\cdots\}$,对于 $i_1, i_2, \cdots, i_n \in I$,有

$$P\{X_n = i_n \mid X_{n-1} = i_{n-1}, \cdots, X_1 = i_1\} = P\{X_n = i_n - i_{n-1}\} = P\{X_n = i_n \mid X_{n-1} = i_{n-1}\},$$

所以 $\{X_n, n \geq 0\}$ 是一个马尔可夫链,其一步、二步转移概率矩阵分别为

$$\mathbf{P} = \begin{pmatrix} q & p & 0 & 0 & 0 & \cdots \\ 0 & q & p & 0 & 0 & \cdots \\ 0 & 0 & q & p & 0 & \cdots \\ \vdots & \vdots & \vdots & \vdots & \vdots & \end{pmatrix}, \quad \mathbf{P}^2 = \begin{pmatrix} q^2 & 2pq & p^2 & 0 & 0 & \cdots \\ 0 & q^2 & 2pq & p^2 & 0 & \cdots \\ 0 & 0 & q^2 & 2pq & p^2 & \cdots \\ \vdots & \vdots & \vdots & \vdots & \vdots & \end{pmatrix}.$$

习题 11. 3

1. 此链是遍历的,其平稳分布为 $\pi(j) = \dfrac{1}{3}(j = 1, 2, 3)$.

2. 证明略, $\pi(j) = \dfrac{1 - \dfrac{p}{q}}{1 - \left(\dfrac{p}{q}\right)^3}\left(\dfrac{p}{q}\right)^{j-1}$ $(j = 1, 2, 3)$.

习题 11

1. 证明略, $I = \{1, 2, \cdots, N\}$, $\boldsymbol{P} = \begin{pmatrix} 1 & 0 & 0 & \cdots & 0 & 0 \\ \dfrac{1}{2} & \dfrac{1}{2} & 0 & \cdots & 0 & 0 \\ \vdots & \vdots & \vdots & & \vdots & \vdots \\ \dfrac{1}{N-1} & \dfrac{1}{N-1} & \dfrac{1}{N-1} & \cdots & \dfrac{1}{N-1} & 0 \\ \dfrac{1}{N} & \dfrac{1}{N} & \dfrac{1}{N} & \cdots & \dfrac{1}{N} & \dfrac{1}{N} \end{pmatrix}$.

2. 证明略, 状态空间 $I = \{1, 2, \cdots\}$, $\boldsymbol{P} = \begin{pmatrix} q & p & 0 & \cdots & \cdots \\ 0 & q & p & 0 & \cdots \\ 0 & 0 & q & p & \cdots \\ \vdots & \vdots & \vdots & \vdots & \end{pmatrix}$.

3. $\boldsymbol{P}(2) = \boldsymbol{p}(0)\boldsymbol{P}^2 = (0.1, 0.1, 0.8)\begin{pmatrix} 0.32 & 0.42 & 0.26 \\ 0.25 & 0.52 & 0.23 \\ 0.27 & 0.40 & 0.33 \end{pmatrix} = (0.273, 0.414, 0.313), p_3(2) = 0.313$.

4. (1) $\boldsymbol{P} = \begin{pmatrix} \dfrac{2}{3} & \dfrac{1}{3} \\ \dfrac{1}{2} & \dfrac{1}{2} \end{pmatrix}$; (2) $p_1(2) = \dfrac{7}{12}$.

5. 略.

6. (1) $\dfrac{1}{16}$; (2) 略; (3) $\dfrac{7}{16}$.

第 12 章

习题 12. 1

1. $\{X(n), n = 0, \pm 1, \pm 2, \cdots\}$ 是一个平稳过程.

2. 不是一个平稳过程.

习题 12. 2

1. 2. 略.

3. $E(Y) = 1, D(Y) = \dfrac{1}{2}(1 + \mathrm{e}^{-2})$.

习题 12. 3

1. 有均值的各态历经性,无相关函数的各态历经性.

2. 有均值的各态历经性,无相关函数的各态历经性.

1.(1) $R(\tau) = \begin{cases} \dfrac{2a\sin b\tau}{\tau}, & \tau \neq 0, \\ 2ab, & \tau = 0; \end{cases}$ (2) $R(\tau) = \dfrac{cS_0}{\pi(c^2 + \tau^2)}.$

2.(1) $S(\omega) = \dfrac{2a(a^2 + \beta^2 + \omega^2)}{(a^2 + \beta^2 + \omega^2)^2 - 4\beta^2\omega^2}$;

(2) $S(\omega) = 4\left[\dfrac{1}{(\omega - \pi)^2 + 1} + \dfrac{1}{(\omega + \pi)^2 + 1}\right] + \pi[\delta(\omega - 3\pi) + \delta(\omega + 3\pi)]$;

(3) $S(\omega) = \dfrac{2D\alpha}{\alpha^2 + \omega^2}.$

3. $S(\omega) = \dfrac{4a_0}{T\omega^2}\sin^2\left(\dfrac{\omega T}{2}\right).$

4. $4\left[\dfrac{1}{(\omega - \pi)^2 + 1} + \dfrac{1}{(\omega + \pi)^2 + 1}\right] + \pi[\delta(\omega - 2\pi) + \delta(\omega + 2\pi)].$

5. $R(\tau) = \dfrac{4}{\pi}\left(1 + \dfrac{\sin^2 5\tau}{\tau^2}\right).$

6. $S_{XY}(\omega) = 2\pi m_X(t)m_Y(t)\delta(\omega), S_{XZ}(\omega) = S_X(\omega) + 2m_X(t)m_Y(t)\delta(\omega).$

习题 12

1. $m_{X^2}(t) = R_X(0), R_{X^2}(t) = 2[R_X(t)]^2, X^2(t)$ 是平稳过程.

2. $m_Y(t) = \beta, R_Y(t) = 2e^{-\lambda|t|} - e^{-\lambda|t+1|} - e^{-\lambda|t-1|}, Y(t)$ 是平稳过程.

3. 4. 略.

5. 不具有各态历经性.

6. 略.

7. $R(0) = \dfrac{\sqrt{3} - 1}{4}.$

8. $\dfrac{\sqrt{2} - 1}{2}.$

9.(1) $R_{XY}(\tau) = aR_X(\tau + \tau_1) + R_{XN}(\tau)$; (2) $R_{XY}(\tau) = aR_X(\tau + \tau_1).$

10. $R_{XY}(\tau) = R_{YX}(\tau) = \dfrac{AB}{2}\cos(\omega\tau - \alpha).$